Python 高等数学实验

主编 孙玺菁 司宛灵
参编 刘孝磊 赵文飞 郝树艳 杜彬彬 刘晓燕
主审 司守奎

国防工业出版社
·北京·

内 容 简 介

理工科院校"高等数学"课程多以理论教学为主,对学生借助计算机实现科学计算的能力培养不足。本书作者常年从事"大学数学"和"数学建模"课程的教学工作,基于各大高校广泛使用的教材——《高等数学》(第8版),选取典型例题和课后习题作为案例和习题,编写了《Python 高等数学实验》,以实现对"高等数学"中常见数学问题的程序设计和计算,是大一学生软件学习的入门级图书,降低了学生学习软件的难度。

本书内容体系完整,涵盖《高等数学》的全部内容,主要有 Python 程序设计基础、函数与极限、导数与微分、微分中值定理与导数的应用、函数的积分、定积分的应用、常微分方程、向量代数与空间解析几何、多元函数微分法及其应用、重积分、曲线积分与曲面积分、无穷级数 12 章内容,并附有每章课后习题的详细解答和程序设计。本书所有程序均在 Python 3.11.6 下调试通过,适用于"高等数学"课程同步开设的"数学实验"课程。本书适合大一学生自学 Python 软件使用,也是一般工程技术、经济管理人员 Python 学习软件的入门级图书。

图书在版编目(CIP)数据

Python 高等数学实验 / 孙玺菁,司宛灵主编.
北京:国防工业出版社,2025. 6. -- ISBN 978-7-118
-13658-6
Ⅰ. O13-33
中国国家版本馆 CIP 数据核字第 202525100T 号

※

国防工业出版社出版发行
(北京市海淀区紫竹院南路 23 号　邮政编码 100048)
天津嘉恒印务有限公司印刷
新华书店经售
*
开本 787×1092　1/16　印张 20¼　字数 453 千字
2025 年 6 月第 1 版第 1 次印刷　印数 1—3000 册　定价 68.00 元

(本书如有印装错误,我社负责调换)

国防书店:(010)88540777　　　书店传真:(010)88540776
发行业务:(010)88540717　　　发行传真:(010)88540762

前　　言

近年来，"高校数学"课程改革一直致力于从知识传授向学生素质能力培养的转变，2016年后，中国已经把人工智能技术提升到了国家发展战略的高度，这也说明，计算能力已经成为未来人才所必备的基本能力。目前，传统的"高等数学"课程更加注重基本概念、理论、方法的讲解，注重对学生人工计算方法、技巧和能力的培养，而缺乏对学生借助计算机实现科学计算能力的培养，已经不能满足人才培养的需求。

"高等数学"课程教学改革势在必行，学生科学计算能力是不能忽视的培养目标。本书作者多年来从事"大学数学"与"数学建模"课程教学，在数学实验和Python软件教学方面积累了丰富的经验，为了结合"高等数学"课程更好地开展一年级学生的"数学实验"课程，作者基于地方高校使用广泛的经典教材——《高等数学》（第8版）（高等教育出版社出版，同济大学数学系编写），专门编写了配套的《Python高等数学实验》一书，是与"高等数学"课程适配性非常高的数学实验教材。同时，该书可以作为软件零基础低年级学生"数学建模"实操课程或"Python软件"教学的辅导书，适合零基础、低年级、具备高等数学知识的学生自学，也可以作为具备大学数学基础知识的工程技术、经济管理人员学习Python软件的入门级图书。

本书除了第1章讲解Python程序设计基础以外，其他11章分别是函数与极限、导数与微分、微分中值定理与导数的应用、函数的积分、定积分的应用、常微分方程、向量代数与空间解析几何、多元函数微分法及其应用、重积分、曲线积分与曲面积分、无穷级数，涵盖了《高等数学》的全部内容。本书的案例与课后习题选自《高等数学》（第8版）的经典例题和典型习题，以及较为简单的数学建模题目，书中附有全部课后习题的详细解答和程序设计。

本书各章有一定的独立性，这样便于教师和学生按需要进行选择。本书的Python程序在Python 3.11.6下全部调试通过，在使用过程中若有疑问可以加入QQ群101728868，和作者进行交流。需要本书源程序电子文档的读者，可以使用手机浏览器扫描封底二维码下载，或者发电子邮件索取，E-mail：896369667@qq.com，sishoukui@163.com。

最后，作者十分感谢国防工业出版社对本书出版所给予的大力支持，尤其是责任编辑丁福志的热情支持和帮助。

编者
2025年1月

目　　录

第一部分　高等数学实验 ·· 1

第 1 章　Python 程序设计基础 ·· 1

1.1　Python 概述 ·· 1
1.1.1　Python 开发环境安装与配置 ··· 1
1.1.2　Python 核心工具库 ··· 4
1.1.3　Python 编程规范 ··· 5
1.1.4　标准库与扩展库中对象的导入与使用 ································· 6

1.2　变量和基本数据类型 ·· 7
1.2.1　变量 ·· 7
1.2.2　数值型数据 ··· 7
1.2.3　字符串类型 ··· 11

1.3　容器类型 ·· 13
1.3.1　列表 ·· 14
1.3.2　元组 ·· 15
1.3.3　字典 ·· 16
1.3.4　集合 ·· 17

1.4　程序的控制结构 ·· 18
1.4.1　程序的分支结构 ··· 18
1.4.2　程序的循环结构 ··· 20

1.5　函数 ·· 21
1.5.1　Python 常用内置函数 ·· 22
1.5.2　函数定义 ·· 23
1.5.3　两个特殊函数 ·· 25
1.5.4　函数的四种参数类型 ··· 26
1.5.5　参数传递 ·· 27

1.6　正则表达式 ··· 29
1.6.1　正则表达式基础 ··· 29
1.6.2　使用 re 模块实现正则表达式操作 ···································· 32

1.7　NumPy 库 ·· 35
1.7.1　数组的创建、属性、变形和索引 ······································ 36

         1.7.2 NumPy 矩阵与通用函数 ·· 38
         1.7.3 NumPy 中 array 与 matrix 比较 ···································· 40
    1.8 Matplotlib 库 ··· 42
         1.8.1 基础用法 ·· 43
         1.8.2 散点图 ··· 47
         1.8.3 三维绘图 ·· 48
         1.8.4 等高线和向量图 ··· 51
    1.9 SciPy 库 ·· 52
         1.9.1 文件输入和输出子模块 scipy.io ······································ 53
         1.9.2 优化子模块 scipy.optimize ··· 53
         1.9.3 模块 scipy.integrate ··· 56
    1.10 SymPy 库 ·· 58
         1.10.1 符号运算基础知识 ··· 58
         1.10.2 符号替换 ··· 60
         1.10.3 符号函数绘图 ·· 61
         1.10.4 符号表达式转换为数值函数 ······································ 63
    1.11 Pandas 库 ·· 65
         1.11.1 Pandas 库的基本操作 ··· 65
         1.11.2 DataFrame 对象的基本运算 ······································ 67
    1.12 文件操作 ··· 70
         1.12.1 文件操作基本知识 ··· 70
         1.12.2 文件管理方法 ·· 72
         1.12.3 NumPy 库的文件操作 ··· 73
         1.12.4 Pandas 库的文件操作 ··· 75
    习题 1 ··· 77
第 2 章 函数与极限 ·· 80
    2.1 函数的 Python 表示与计算 ··· 80
         2.1.1 函数的 Python 表示 ··· 80
         2.1.2 奇函数与偶函数 ·· 84
    2.2 极限 ··· 84
         2.2.1 数列的极限 ··· 84
         2.2.2 函数的极限 ··· 85
    2.3 非线性方程（组）的求解 ·· 87
         2.3.1 求非线性方程（组）的数值解 ····································· 87
         2.3.2 求非线性方程（组）的符号解 ····································· 90
    习题 2 ··· 91
第 3 章 导数与微分 ·· 92
    3.1 SymPy 求符号函数的导数 ··· 92

3.1.1　SymPy 符号求导函数 …………………… 92
　　　3.1.2　隐函数的导数 …………………………… 93
　　　3.1.3　参数方程的导数 ………………………… 95
　3.2　导数在经济学中的应用 ………………………… 96
　　　3.2.1　边际分析 ………………………………… 96
　　　3.2.2　弹性分析 ………………………………… 100
　习题 3 ……………………………………………………… 102

第 4 章　微分中值定理与导数的应用 ……………… 104
　4.1　微分中值定理和洛必达法则 …………………… 104
　　　4.1.1　微分中值定理 …………………………… 104
　　　4.1.2　洛必达法则 ……………………………… 105
　4.2　泰勒公式 …………………………………………… 106
　4.3　函数的单调性与曲线的凹凸性 ………………… 108
　　　4.3.1　函数单调性的判定法 …………………… 108
　　　4.3.2　曲线的凹凸性与拐点 …………………… 108
　4.4　函数的极值与最大值、最小值 ………………… 109
　　　4.4.1　函数的极值 ……………………………… 109
　　　4.4.2　最大值和最小值 ………………………… 110
　　　4.4.3　求一元函数极小值的数值解 …………… 112
　4.5　飞行员对座椅的压力问题 ……………………… 114
　4.6　方程的近似解 …………………………………… 115
　　　4.6.1　二分法求根 ……………………………… 116
　　　4.6.2　牛顿迭代法求根 ………………………… 117
　　　4.6.3　牛顿分形图案 …………………………… 118
　　　4.6.4　一般迭代法求根 ………………………… 120
　习题 4 ……………………………………………………… 121

第 5 章　函数的积分 …………………………………… 123
　5.1　SymPy 库符号积分函数 integrate() ………… 123
　　　5.1.1　不定积分 ………………………………… 123
　　　5.1.2　定积分 …………………………………… 124
　5.2　有理函数的部分分式展开 ……………………… 126
　5.3　特殊函数 …………………………………………… 127
　　　5.3.1　Γ 函数 …………………………………… 127
　　　5.3.2　Beta 函数 ……………………………… 128
　　　5.3.3　贝塞尔函数 ……………………………… 128
　5.4　一重积分的数值解 ……………………………… 131
　习题 5 ……………………………………………………… 131

第 6 章　定积分的应用 ………………………………… 133

6.1	定积分在几何学上的应用	133
	6.1.1 平面图形的面积	133
	6.1.2 体积	134
	6.1.3 平面曲线的弧长	136
6.2	定积分在物理学上的应用	137
6.3	定积分在经济学中的应用	138
	6.3.1 总成本、总收益与总利润	138
	6.3.2 资金现值和终值的近似计算	140
习题 6		143

第 7 章 常微分方程 ... 144

7.1	常微分方程的符号解	144
7.2	常微分方程的数值解	146
7.3	常微分方程的应用	151
7.4	降落伞空投物资问题	155
习题 7		159

第 8 章 向量代数与空间解析几何 ... 161

8.1	向量和矩阵的范数	161
8.2	数量积、向量积和混合积	163
	8.2.1 数量积	163
	8.2.2 向量积	164
	8.2.3 混合积	165
8.3	平面方程和直线方程	165
	8.3.1 平面方程	165
	8.3.2 直线方程	166
8.4	曲面及其方程	168
8.5	空间曲线及其方程	170
8.6	创意平板折叠桌	172
习题 8		174

第 9 章 多元函数微分法及其应用 ... 176

9.1	偏导数及多元复合函数的导数	176
	9.1.1 偏导数	176
	9.1.2 多元复合函数的导数	179
9.2	隐函数的求导	180
9.3	多元函数微分学的几何应用	182
9.4	多元函数的极值及其求法	183
9.5	最小二乘法	186
	9.5.1 最小二乘拟合	187
	9.5.2 线性最小二乘法的 Python 实现	189

- 9.6 抢渡长江 ·· 192
  - 9.6.1 问题描述 ·· 192
  - 9.6.2 基本假设 ·· 193
  - 9.6.3 模型的建立与求解 ·· 193
  - 9.6.4 竞渡策略短文 ·· 198
  - 9.6.5 模型的推广 ·· 198
- 习题 9 ·· 198

第 10 章 重积分 ·· 200
- 10.1 重积分的符号解和数值解 ·· 200
  - 10.1.1 重积分的符号解 ·· 200
  - 10.1.2 重积分的数值解 ·· 204
- 10.2 重积分的应用 ·· 206
- 10.3 储油罐的容积计算 ·· 212
- 习题 10 ·· 215

第 11 章 曲线积分与曲面积分 ·· 216
- 11.1 向量场的散度和旋度 ·· 216
- 11.2 曲线积分 ·· 217
- 11.3 格林公式及其应用 ·· 218
- 11.4 曲面积分 ·· 219
- 11.5 飞越北极问题 ·· 222
- 习题 11 ·· 226

第 12 章 无穷级数 ·· 228
- 12.1 级数求和 ·· 228
- 12.2 无穷级数的收敛性判定 ·· 230
  - 12.2.1 根据定义判定级数的收敛性 ·· 230
  - 12.2.2 正项级数的收敛性判定 ·· 230
  - 12.2.3 交错级数的收敛性判定 ·· 231
  - 12.2.4 幂级数的收敛半径 ·· 232
- 12.3 函数展开成幂级数 ·· 233
- 12.4 傅里叶级数 ·· 234
- 习题 12 ·· 239

参考文献 ·· 240

第二部分 习题解答 ·· 241
- **第 1 章** Python 程序设计基础习题解答 ·· 241
- **第 2 章** 函数与极限习题解答 ·· 253
- **第 3 章** 导数与微分习题解答 ·· 257
- **第 4 章** 微分中值定理与导数的应用习题解答 ·· 261

第 5 章　函数的积分习题解答 …………………………………………………… 266
第 6 章　定积分的应用习题解答 ………………………………………………… 269
第 7 章　常微分方程习题解答 …………………………………………………… 274
第 8 章　向量代数与空间解析几何习题解答 …………………………………… 283
第 9 章　多元函数微分法及其应用习题解答 …………………………………… 289
第 10 章　重积分习题解答 ………………………………………………………… 297
第 11 章　曲线积分与曲面积分习题解答 ………………………………………… 302
第 12 章　无穷级数习题解答 ……………………………………………………… 308
参考文献 ……………………………………………………………………………… 312

第一部分 高等数学实验

第1章 Python 程序设计基础

Python 是一种高级编程语言，由 Guido van Rossum 于 1991 年创建。它被设计成易于阅读和编写的语言，强调代码的可读性和简洁性。Python 具有简单而清晰的语法，使得初学者和专业开发人员都能够快速上手。

以下是 Python 语言的一些优点。

（1）简单易学：Python 的语法简洁明了，易于理解和学习。它使用简单的英语关键字和一致的语法结构，使得编写 Python 代码变得容易。

（2）开发效率高：Python 具有丰富的标准库和第三方库，提供了大量的可重用代码模块，可以加快开发速度。此外，Python 具有动态类型和自动内存管理，减少了开发人员的工作量。

（3）跨平台性：Python 可以在多个操作系统上运行，包括 Windows、Linux 和 macOS 等。这意味着编写一次代码就可以在不同的平台上运行，无须进行太多的修改。

（4）大型社区支持：Python 拥有庞大的开发者社区，提供了广泛的文档、教程和支持资源。可以轻松地获取帮助、分享经验和学习最佳实践。

（5）多用途性：Python 可用于各种应用程序开发，包括 Web 开发、科学计算、数据分析、人工智能、机器学习、自动化脚本等。它具有丰富的库和框架，使得开发各种类型的应用程序变得更加便捷。

（6）可扩展性：Python 支持 C/C++扩展，可以通过编写 C/C++代码来提高性能，并与其他语言进行集成。

总之，Python 是一种功能强大且易于学习的编程语言，适用于各种应用场景。它的简洁语法、丰富的库和活跃的社区使得 Python 成为许多开发者的首选语言。

1.1 Python 概述

1.1.1 Python 开发环境安装与配置

除了 Python 官方安装包自带的 IDLE，还有 Anaconda、PyCharm、Eclipse 等大量开发环境。

1. Python 安装

建议到网站 http://winpython.github.io/下载 WinPython，例如下载文件 Winpython64-

3.11.6.0.exe，双击该文件，把文件解压到某个目录，就可以直接运行 Python 了。此时，包括 cvxpy（优化库）等常用的数学建模库基本上都安装好了，不需要在命令行下运行 pip 命令单独进行每个库的安装。

例如把 Winpython64-3.11.6.0.exe 解压到 D:\Program Files\WPy64-31160 目录，该目录下的文件夹和文件名如图 1.1 所示。双击该目录下的文件 IDLEX.exe 可以打开通常的 Python 开发环境；双击 Jupyter Notebook.exe 可以打开 Jupyter Notebook 开发环境；双击 Spyder.exe 可以打开 Spyder 开发环境；双击 WinPython Command Prompt.exe 可以进入命令行，在命令行中使用 pip 命令可以安装一些新的 Python 第三方库，或者卸载一些不需要的 Python 第三方库。

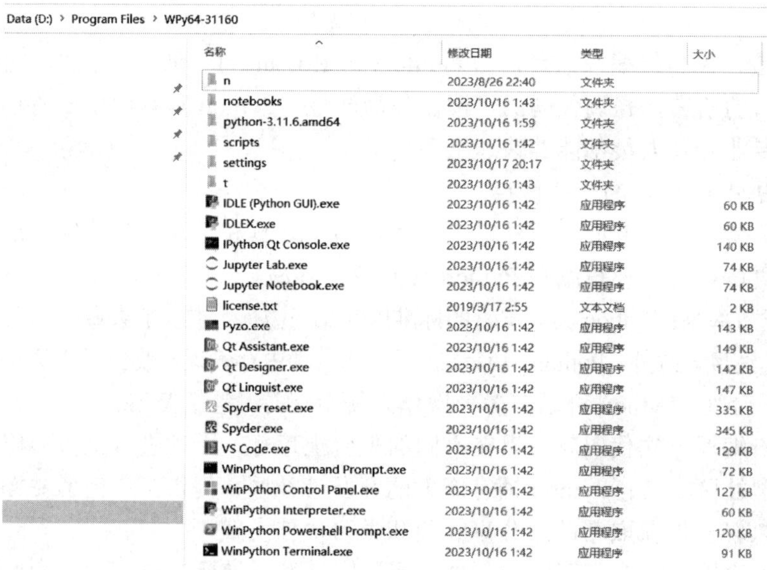

图 1.1 WinPython 3.10.9 安装目录的文件夹和文件名

使用文件 Winpython64-3.11.6.0.exe 解压后包含的常用库如表 1.1 所示。

表 1.1 WinPython 3.11.6.0 包含的常用库

库名	库说明	版本号
NumPy	科学计算和数据分析的基础库	1.26.1
SciPy	NumPy 基础上的科学计算库	1.11.3
SymPy	符号计算库	1.12
Pandas	NumPy 基础上的数据分析库	2.1.1
Matplotlib	数据可视化库	3.8.0
Scikit-learn	机器学习库	1.3.1
Statsmodels	SciPy 统计函数的补充库	0.14.0
NetworkX	图论和复杂网络库	3.1
Cvxpy	凸优化库	1.4.1
NLTK	自然语言库	3.8.1
PIL	数字图像处理库	(Pillow)10.0.0

2．使用 pip 命令安装其他的第三方库

Python 自带的 pip 工具是管理扩展库的主要方式，支持 Python 扩展库的安装、升级和卸载等操作。常用的 pip 命令的使用方法如表 1.2 所示。

表 1.2 常用 pip 命令的使用方法

pip 命令示例	说明
pip list	列出已安装库及其版本号
pip install SomePackage[==version]	在线安装 SomePackage 库的指定版本
pip install SomePackage.whl	使用 whl 文件离线安装扩展库
pip install package1 package2 …	依次（在线）安装 package1、package2 等扩展库
pip install –U SomePackage	升级 SomePackage 库
pip uninstall SomePackage[==version]	卸载 SomePackage 库

例如联网安装 TensorFlow 库，在命令行下输入：

  pip install tensorflow

使用 pip 联网安装第三方库时，实际上使用的是国外网站的源文件，安装速度慢，甚至经常由于 timeout 等原因中断。为了提高在线安装的速度，可以将下载库的源头切换至国内镜像源。

国内的一些主要镜像源有：

清 华：https://pypi.tuna.tsinghua.edu.cn/simple/

阿里云：http://mirrors.aliyun.com/pypi/simple/

中国科技大学：https://pypi.mirrors.ustc.edu.cn/simple/

在临时使用这些镜像源时，只要在平时的 pip 安装中加入–i 和源的 URL 即可，例如使用阿里云的镜像安装 TensorFlow 库时，在命令行输入：

  pip install –i http://mirrors.aliyun.com/pypi/simple/ tensorflow

或者

  pip install –i http://mirrors.aliyun.com/pypi/simple/ --trust mirrors.aliyun.com tensorflow
  pip install --user –i http://mirrors.aliyun.com/pypi/simple/ --trust mirrors.aliyun.com tensorflow

其中，参数--user 表示以管理员身份安装。

如果要升级 TensorFlow 库，可在命令行输入：

  pip install --user –i http://mirrors.aliyun.com/pypi/simple/ --trust mirrors.aliyun.com –U tensorflow

有些扩展库安装时要求本机已安装相应版本的 C/C++，或者有些扩展库暂时没有与本机 Python 版本对应的官方版本，这时可以从 http://www.lfd.uci.edu/~gohlke/pythonlibs/ 下载对应的.whl 文件，然后离线在命令行中使用 pip 命令进行安装。

3．Jupyter Notebook 和 Spyder

WinPython 集成了 Jupyter Notebook 和 Spyder 等编辑环境，使得 Python 的开发和科

学计算更加便捷和高效。

（1）Jupyter Notebook：Jupyter Notebook 是一个交互式的笔记本环境，可以在浏览器中创建和共享文档，支持代码、文本、图像等多种格式，并且可以实时运行代码和查看结果。

（2）Spyder：Spyder 是一个科学计算环境，类似于 MATLAB。它提供了一个集成的开发环境，包括代码编辑器、变量查看器、调试器等工具，方便进行 Python 代码的开发和调试。

1.1.2　Python 核心工具库

Python 有十几万个第三方库，下载这些库文件推荐下面两个网址：
- https://pypi.org/；
- https://www.lfd.uci.edu/~gohlke/pythonlibs/。

下面介绍网站 https://www.scipy.org/ 上的 6 个核心工具库，该网站上也有这些核心工具库的使用说明。

1. NumPy

NumPy 是 Python 用于科学计算的基础工具库。它主要包含 4 大功能：
- 强大的多维数组对象；
- 复杂的函数功能；
- 集成 C/C++ 和 Fortran 代码的工具；
- 有用的线性代数、傅里叶变换和随机数功能等。

Python 社区采用的一般惯例是导入 NumPy 工具库时，建议改变其名称为 np：

```
import numpy as np
```

这样的库或模块引用方法将贯穿本书。

2. SciPy

SciPy 完善了 NumPy 的功能，提供了文件输入、输出功能，为多种应用提供了大量工具和算法，如基本函数、特殊函数、积分、优化、插值、傅里叶变换、信号处理、线性代数、稀疏特征值、稀疏图、数据结构、数理统计和多维图像处理等。

3. Matplotlib

Matplotlib 是一个包含各种绘图模块的库，能根据数组创建高质量的图形，并交互式地显示它们。

Matplotlib 提供了 pylab 接口，pylab 包含许多像 MATLAB 一样的绘图组件。

使用如下命令，可以轻松导入可视化所需要的模块：

```
import matplotlib.pyplot as plt    或者  import pylab as plt
```

4. SymPy

SymPy 是一个 Python 的科学计算库，用一套强大的符号计算体系完成诸如多项式求值、求极限、解方程、求积分、微分方程、级数展开、矩阵运算等计算问题。虽然 MATLAB

的类似科学计算能力也很强大，但是 Python 以其语法简单、易上手、异常丰富的第三方库生态，可以更优雅地解决日常遇到的各种计算问题。

5．Pandas

Pandas 工具库能处理 NumPy 和 SciPy 所不能处理的问题。由于其特有的数据结构，Pandas 可以处理包含不同类型数据的复杂表格（这是 NumPy 数组无法做到的）和时间序列。Pandas 可以轻松又顺利地加载各种形式的数据。然后，可随意对数据进行切片、切块、处理缺失元素、添加、重命名、聚合、整形和可视化等操作。

通常，Pandas 库的导入名称为 pd：

```
import pandas as pd
```

1.1.3　Python 编程规范

Python 编程规范通常遵循 PEP 8（Python Enhancement Proposal 8）标准，它是 Python 社区广泛接受的编码风格指南。以下是一些常见的 Python 编程规范：

1．代码布局
- 使用 4 个空格作为缩进。
- 每行不超过 79 个字符。
- 使用空行分隔函数和类定义，以及函数内的逻辑块。
- 在二元运算符周围和逗号后面使用空格，但不要在括号内部使用空格。

2．命名规范
- 使用小写字母和下画线来命名变量、函数和模块。
- 类名使用驼峰命名法（CamelCase）。
- 避免使用单个字符的变量名，除非用于计数器或迭代器。

3．注释
- 使用注释解释代码的意图和功能。
- 在代码行上方使用注释，而不是在代码行的末尾。
- 避免使用不必要的注释，代码本身应该尽可能自解释。

4．函数和方法
- 使用小写字母和下画线命名函数和方法。
- 函数和方法应该有明确的功能和用途。
- 使用文档字符串（docstring）来描述函数和方法的使用方法和参数。

5．导入规范
- 每个导入语句应该独占一行。
- 尽量避免使用通配符导入（如 from module import *），而是明确导入需要的内容。

6．异常处理
- 明确指定捕获的异常类型，避免捕获所有异常。
- 在可能引发异常的代码块中使用 try-except 语句进行异常处理。

7. 冒号

冒号是 Python 的一种语句规则，具有特殊的含义。在 Python 中，冒号和缩进通常配合使用，用来区分语句之间的层次关系。例如，if 和 while 等控制语句，以及函数定义、类定义等语句后面要紧跟冒号"："，然后在新的一行中缩进 4 个空格，输入语句主体。

除了以上规范，PEP 8 中还有其他一些细节规范，如命名约定、常量命名、类的设计等。遵循这些规范可以使代码更易读、易维护，并提高代码的一致性。

在 Python 中，程序中的第一行可执行语句或 Python 解释器提示符后的第一列开始，前面不能有任何空格，否则会产生错误。每个语句以回车符结束。可以在同一行中使用多条语句，语句之间使用分号";"分隔。

1.1.4 标准库与扩展库中对象的导入与使用

Python 标准库和扩展库中的对象必须先导入才能使用，导入方式有如下三种。

1. import 模块名[as 别名]

使用 import 模块名 [as 别名]这种方式将模块导入以后，使用时需要在对象之前加上模块名作为前缀，必须以"模块名.对象名"的形式进行访问。如果模块名字很长，可以为导入的模块设置一个别名，然后使用"别名.对象名"的方式使用其中的对象。以下为使用 import 模块名 [as 别名]方式导入对象的用法。

```
import math                    #导入标准库 math
a=math.gcd(21,49)              #求最大公约数，返回值为 7

import numpy as np             #导入扩展库 NumPy，设置别名为 np
b=np.array([2,5,9,10])         #生成 4 个元素的数组
import numpy.random as nr      #导入扩展库中的模块，设置别名为 nr
c=nr.randint(1,9,(3,5))        #生成取值在[1,8]上的 3×5 随机整数矩阵
```

2. from 模块名 import 对象名 [as 别名]

使用 from 模块名 import 对象名 [as 别名]方式仅导入明确指定的对象，并且可以为导入的对象起一个别名。这种导入方式可以减少查询次数，提高访问速度，同时也可以减少程序员需要输入的代码量，不需要使用模块名作为前缀。以下为使用 from 模块名 import 对象名[as 别名]方式导入对象的用法。

```
from random import sample
a=sample(range(100),10)        #在 range(100)中选择不重复的 10 个元素

from numpy import sin as f
b=f([1,3,7])                   #返回 array([0.84147098, 0.14112001, 0.6569866 ])
```

3. from 模块名 import *

使用 from 模块名 import *方式可以一次导入模块中的所有对象，简单粗暴，写起来也比较省事，可以直接使用模块中的所有对象而不需要再使用模块名作为前缀，但一

般并不推荐这样使用。

1.2 变量和基本数据类型

本节将介绍 Python 中最重要和最基本的数据类型。

1.2.1 变量

变量是对 Python 对象的引用，可以通过赋值运算符来创建变量。例如：

a = 1; diameter = 3.; height = 5.
cylinder = [diameter, height]   #引用列表

变量名可以由任意的大小写字母、下画线和数字组合而成。变量名不能以数字开头。注意变量名是区分大小写的。Python 中有一些保留的关键字不能用作变量名（见表 1.3）。

表 1.3 Python 中的保留关键字

and	as	assert	break	class	continue	def	del	elif
else	except	exec	False	finally	for	from	global	if
import	in	is	lambda	None	nonlocal	not	or	pass
raise	return	True	try	while	yield			

Python 变量不需要进行类型声明，可以用一个多重赋值语句创建多个变量：

a = b = c = 1   #变量 a、b、c 的值均为 1

变量在它们定义后也可以被修改：

a=1; a = a + 1   #a 的值变为 2
a = 3 * a   #a 的值变为 6

1.2.2 数值型数据

在 Python 中，有以下几种常见的数值类型：
（1）整数（int）：表示整数值。
（2）浮点数（float）：表示带有小数点的数值。
（3）复数（complex）：表示由实部和虚部构成的复数。
（4）布尔类型（bool）：表示真（True）或假（False）的逻辑值。

1. 整数

将+、-、*运算符应用于整数会返回一个整数，除法运算符//会返回一个整数，而除法运算符/可能返回一个浮点数。

a = 6 // 2   #3
b = 7 // 2   #3
c = 7 / 2   #3.5

Python 中的整数集是无限的，没有最大的整数，这里的限制是计算机的内存，而不是语言给出的任何固定值。

2．浮点数

浮点数 a = 3.0e-3 表示 a = 3.0×10^{-3}。

将基本数学运算符+、−、*和/作用于两个浮点数或一个整数与一个浮点数时，将返回一个浮点数。浮点数之间的运算很少返回像有理数运算一样精确的预期结果：

  a = 0.4 - 0.3   #返回 0.10000000000000003

浮点数比较：

  0.4 - 0.3 == 0.1 #返回 False

1）无穷与非数字

在 Python 中，inf 和 nan 是浮点数的特殊值。

inf 表示无穷大，即正无穷大。它表示一个超过浮点数范围的值，可以用于表示一些特殊情况，例如除以零或计算无穷大的数学运算。

nan 表示非数字，即不是一个合法的数值。它可以用于表示无效的计算结果或不可确定的结果，例如 0/0 或对负数开平方根。

这些特殊值在 Python 中可以通过 math 模块访问。例如，可以使用 math.inf 获取正无穷大，使用 math.nan 获取非数字。

这些特殊值在 Python 中也可以通过 NumPy 和 SciPy 库访问。因为 NumPy 和 SciPy 库中的函数可以作用于向量，即求向量中每个元素的取值，这些特殊值和使用的函数都是使用 NumPy 和 SciPy 库导入的。

使用 nan 和 inf 执行运算时有一些特殊的规则。例如，nan 与任意数值（甚至其本身）作比较，总是返回 False。

检测浮点数 nan 和 inf 的一种方法是使用 isnan()和 isinf()函数。

例 1.1 nan 和 inf 使用示例。

```
#程序文件 pex1_1.py
from numpy import nan, inf, exp        #加载 nan,inf 和指数函数 exp

a = nan
b = a<0              #b=False
c = a>0              #c=False
d = a == a           #d=False
e = inf - inf        #e=nan
f = inf == inf       #f=True
g = exp(-inf)        #g=0
h = exp(1/inf)       #h=1
```

2）NumPy 中的其他浮点类型

NumPy 还提供了其他的浮点类型，在其他编程语言中称为双精度和单精度数，即

float64 和 float32。

例 1.2 浮点数的精度示例。

```
#程序文件 pex1_2.py
from numpy import pi, e, float32, float64, finfo
import numpy as np

a = np.array([pi, e])              #[3.14159265, 2.71828183]
a1 = float32(a)                    #[3.1415927, 2.7182817]
a2 = float64(a)                    #[3.14159265, 2.71828183]
#a3=[3.141592653589793, 2.718281828459045]
a3 = [float(b) for b in a]         #使用内置函数 float 和列表生成器
f1 = finfo(float32)                #显示精度、最小数和最大数
f2 = finfo(float64)
f3 = finfo(float)                  #f2 和 f3 是一样的
```

3．复数

1）符号 j

在 Python 中，虚数的特征在于其为后缀带有字母 j 的浮点数，例如 z=5.2j。复数是浮点数与虚数的总和，例如 z=3.2+5.2j。

在数学中，虽然虚部表示为实数 b 与虚数单位 i 的乘积，但在 Python 中，虚数的表示方式不是乘积，j 只是一个后缀，表明该数为虚数。

方法 conjugate 返回 z 的共轭。例如

```
z1 = 3.2 + 5.2j
z2 = z1.conjugate()
```

2）实部和虚部

通过使用属性 real 和 imag，可以访问复数 z 的实部和虚部。

例 1.3 求 10 次方根并可视化。

```
#程序文件 pex1_3.py
import numpy as np
import pylab as plt                      #加载接口 pylab 并命名别名为 plt

n = 10;
a = np.exp(1j*np.arange(n)*2*np.pi/n)    #求 10 次方根
plt.axes(aspect="equal")                 #x 轴和 y 轴等比例
plt.plot(a.real,a.imag,"o")              #画 10 次方根
t = np.linspace(0,2*np.pi,100)
plt.plot(np.cos(t),np.sin(t))            #画单位圆
plt.show()
```

10 次方根与单元圆的图形如图 1.2 所示。

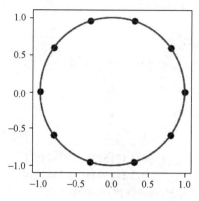

图 1.2　10 次方根与单位圆

例 1.4　已知 $\triangle ABC$ 三点的坐标为 $A(12,10)$，$B(2,6)$，$C(4,-10)$，求 $\triangle ABC$ 的面积。

解法一　利用复数运算的命令计算得到三角形的面积：
$$S = \frac{1}{2}|AB||AC|\sin\angle A = 84.$$

解法二　若三角形三个顶点 (x_1,y_1)，(x_2,y_2)，(x_3,y_3) 呈逆时针排列，则三角形的面积为
$$S = \frac{1}{2}\begin{vmatrix} x_1 & y_1 & 1 \\ x_2 & y_2 & 1 \\ x_3 & y_3 & 1 \end{vmatrix}.$$

```
#程序文件 pex1_4.py
import numpy as np

a=12+10j; b=2+6j; c=4-10j          #输入三角形三个顶点对应的复数
theta=np.angle((b-a)/(c-a))         #利用复数运算求两个向量夹角
S1=1/2*abs(b-a)*abs(c-a)*abs(np.sin(theta))     #第一种方法

t=np.array([[12,10,1],[2,6,1],[4,-10,1]])        #输入矩阵
S2=1/2*abs(np.linalg.det(t))        #不考虑顶点的排列，加上绝对值函数 abs
```

4．布尔类型

1）布尔运算符

一个布尔类型的变量只能取两个值，即 True 和 False。这种数据类型主要用在逻辑表达式中。在 Python 中，可以使用关键字 and、or 和 not 执行布尔运算。

and 运算符被隐式链接在以下布尔表达式中：

```
a < b < c      #相当于 a<b and b<c
a == b == c    #相当于 a==b and b==c
```

2）布尔类型转换

大多数 Python 对象均可被转换为布尔类型，这被称作布尔类型转换。内置函数 bool

可执行该转换。注意大多数对象都被转换为True（0除外），而空元组、空列表、空字符串或空数组被转换为False。

数组是不可能被转换为布尔值的，除非该数组不包含或只包含一个元素。

使用if语句作用于一个非布尔类型的数据，可使其转换为布尔值。换句话说，以下两个语句总是等效的：

```
if a:
    ...
```

和

```
if bool(a):
    ...
```

一个典型的示例是测试列表是否为空：

```
#L 是一个列表
if L:
    print("list not empty")
else:
    print("list is empty")
```

3）and 和 or 的返回值

and 和 or 运算符不一定总是生成布尔值。例如，表达式 x or y 等价于：

```
def or_as_function(x,y):
    if x:
        return x
    else:
        return y
```

例 1.5 and 和 or 返回值示例。

```
#程序文件 pex1_5.py
a1 = [1] and "a"
a2 = "a" and [1]
b1 = [] and "a"
b2 = "a" and []
c1 = [1] or "a"
c2 = "a" or [1]
```

1.2.3 字符串类型

字符串是由单引号或双引号括起来的。如果字符串包含多行，则必须用3个双引号或3个单引号括起来。字符串是不可改变的，也就是说，其子项不可更改。

字符串"\n"用于插入换行符，"\t"用于将水平制表符（TAB）插入字符串中。转义字符总是以反斜杠（\）开头，一个特殊的转义序列为"\\"，它代表文本中的反斜杠本身。

注意，在原始字符串中，反斜杠仍被保留在字符串中，用于转义一些特殊字符：

```
s1 = r"\""    #返回\"
s2 = r"\\"    #返回\\
```

字符串加法运算实际上是字符串连接，字符串乘法只是重复的加法。

字符串比较是指对两个字符串进行逐字符比较，以确定它们的相对顺序或是否相等。在字符串比较中，Python 使用字典顺序进行比较。字典顺序是一种基于字符编码的比较方式，它按照字符的 Unicode 码值进行比较。比较过程从字符串的第一个字符开始，逐个字符进行比较，直到找到不同的字符或比较完所有字符。字符串比较的结果可以是以下三种情况之一：

（1）相等：两个字符串的所有字符都相同，长度也相同。

（2）大于：第一个不同的字符在第一个字符串中的 Unicode 码值大于在第二个字符串中的 Unicode 码值。

（3）小于：第一个不同的字符在第一个字符串中的 Unicode 码值小于在第二个字符串中的 Unicode 码值。

例 1.6 字符串运算示例。

```
#程序文件 pex1_6.py
姓 = "李"; 名 = "四"
全称 = 姓 + 名                #返回'李四'
s1 = "A"*10                   #返回'AAAAAAAAAA'
s2 = "ABZ" > "AAAABB"         #返回 True
s3 = "abc" > "ABC"            #返回 True
```

下面介绍一些重要的字符串方法。

1．字符串分割

在 Python 中，有多种方法可以对字符串进行分割，常用的方法包括：

split()方法：使用指定的分隔符将字符串分割成多个子字符串，并返回一个列表。默认情况下，分隔符是空格。

splitlines()方法：将字符串按行分割，并返回一个包含各行内容的列表。

split()方法的变体：除了使用单个字符作为分隔符外，还可以使用多个字符作为分隔符，或者使用正则表达式进行分割。

例 1.7 字符串分割示例。

```
#程序文件 pex1_7.py
import re                     #加载正则表达式模块
import string                 #加载字符串模块

a = "Hello, World! How are you?"
b = "Hello, World! How are you?\nHello\nWorld\nPython"

wa1 = a.split()               #使用空格和换行符分割
```

```
wb1 = b.split()

wa2 = a.translate(str.maketrans("", "", string.punctuation)).split()
wb2 = b.translate(str.maketrans("", "", string.punctuation)).split()

wa3 = re.findall("\w+", a)    #使用 re 模块从给定的字符串 a 中找所有的单词
wb3 = re.findall("\w+", b)
```

在上述代码中，首先使用 string.punctuation 获取所有的标点符号，并使用 str.maketrans()方法创建一个转换表，将标点符号映射为空字符；然后使用 translate()方法去除字符串中的标点符号；最后使用 split()方法按空格分割字符串。

2．列表连接为字符串

将列表连接为字符串是字符串分割的反操作。

```
a = " ".join(['How', 'are', 'you'])    #返回'How are you'
```

3．字符串搜索

字符串搜索可以使用 count()和 find()等方法。

例 1.8　字符串搜索示例。

```
a = "Hello, world! How are you?\nHello\nWorld\nPython"
count = a.lower().count("world")       #不区分大小写统计"world"出现次数
ind1 = a.lower().find("world")         #查找首次出现的地址
ind2 = a.lower().find("good")          #没有找到，返回值为-1
```

4．字符串格式化

字符串格式化通过使用 format 方法实现，该方法会扫描字符串以便发现占位符，这些占位符是由花括号括起来的。这些占位符以指定的参数格式化方法被替换，占位符如何被替换取决于每个花括号中所定义的格式说明符。格式说明符以"："作为其前缀。

在科学计算中专用的是 float 类型的格式说明符，既可以选择标准的形式{:f}，也可以选择带指数符号的形式{:e}。

例 1.9　字符串格式化示例。

```
#程序文件 pex1_9.py
a = 22.12345
print("{:f}".format(a))      #22.123450
print("{:.2f}".format(a))    #22.12
print("{:e}".format(a))      #2.212345e+01
print("{:.2e}".format(a))    #2.21e+01
```

1.3　容　器　类　型

容器类型用于将对象分组汇总到一起。不同容器类型之间的最主要区别是单个元素的访问方式以及运算符定义方式的不同。

1.3.1 列表

Python 中的列表（list）是一种可变、有序的数据结构，可以存储多个元素。列表使用方括号"[]"表示，元素之间使用逗号分隔。

1. 列表方法

有关列表的一些有用方法如表 1.4 所列。

表 1.4 列表数据类型的方法

命令	作用
L.append(x)	将元素 x 添加到列表 L 的末尾
L.expand(L2)	将列表 L2 中的元素添加到列表 L 的末尾
L.insert(i,x)	在列表 L 索引 i 处插入元素 x
L.remove(x)	移除列表 L 中第一个值为 x 的元素
L.count(x)	统计列表 L 中元素 x 出现的次数
L.sort()	按顺序将列表 L 中的元素进行排序
L.reverse()	按顺序反转列表 L 中的元素
L.pop()	移除列表中的最后一个元素

列表方法有两种表现形式：

（1）原地操作，是指在不创建新的副本或额外的数据结构的情况下，直接对现有数据进行修改。在 Python 中，列表支持一些原地操作，这意味着可以在不创建新列表的情况下修改列表的内容。

（2）产生一个新对象。

2. 原地操作

列表的 reverse()和 sort()方法都是原地操作。

例 1.10 列表原地操作方法示例 1。

```
#程序文件 pex1_10.py
L = [1,2,3,5]
Lr = L.reverse()      #Lr 返回的是 None
print(L); print(Lr)
Ls = L.sort()         #Ls 返回的是 None
print(L); print(Ls)
```

例 1.11 列表原地操作方法示例 2。

```
#程序文件 pex1_11.py
L = [0,1,2,4]
L.append(5)          #L=[0,1,2,4,5]
L.reverse()          #L=[5,4,2,1,0]
L.sort()             #L=[0,1,2,4,5]
L.remove(1)          #L=[0,2,4,5]
L.pop()              #L=[0,2,4]
L.extend(["b","a"])  #L=[0,2,4,"b","a"]
```

3. 列表生成器

列表生成器是一种在 Python 中创建新列表的简洁方法。它允许以紧凑的方式从现有的可迭代对象（如列表、元组、字符串等）中生成新的列表，同时也支持对生成的元素进行筛选和变换。列表生成器通常比传统的使用循环来构建列表的方法更为简洁。

列表生成器的一般语法如下：

  new_list = [expression for item in iterable if condition]

其中：expression 是用来生成新元素的表达式；item 是来自可迭代对象的每个元素；iterable 是要遍历的可迭代对象，如列表、元组、字符串等；condition 是一个可选的条件，只有满足条件的元素才会被包含在新列表中。

例 1.12 列表生成器示例。

```
#程序文件 pex1_12.py
squares = [x ** 2 for x in range(10)]                # 输出：[0, 1, 4, 9, 16, 25, 36, 49, 64, 81]
even_squares = [x ** 2 for x in range(10) if x % 2 == 0]    # 输出：[0, 4, 16, 36, 64]
word = "hello"
letters = [letter for letter in word]                # 输出：['h', 'e', 'l', 'l', 'o']
```

1.3.2 元组

元组（Tuple）是一种有序且不可变的数据类型。元组可以包含任意类型的元素，包括数字、字符串、列表、元组等。与列表不同的是，元组的元素不能被修改，也不能添加或删除。可以使用圆括号"()"或 tuple()函数创建一个元组。

元组实际上只是逗号分隔的对象序列（不带括号的列表），为了增加代码的可读性，通常将元组放在一对圆括号中。

例 1.13 构造元组示例。

```
#程序文件 pex1_13.py
tup1 = 1, 2, 3              #构造第一个元组
tup2 = (1, 2, 3)            #使用圆括号构造元组
tup3 = tuple([1,2,3])       #使用 tuple()函数构造元组
tup4 = 1,                   #逗号表明该对象是一个元组
tup5 = tuple("hello")       #构造元组('h', 'e', 'l', 'l', 'o')
```

元组在 Python 中有多重作用和用途。以下是一些常用的元组用途。

（1）用于函数的多个返回值。函数可以返回多个值，这些值可以使用元组进行封装和传递。

```
def get_name():
    first_name = 'John'
    last_name = 'Doe'
    return first_name, last_name
```

```
name = get_name()
print(name)            # 输出: ('John', 'Doe')
```

（2）用于保护数据的不可变性。元组的不可变性可以确保数据不会被意外修改。

（3）用于解包元素。可以使用元组的解包操作将元组中的元素分配给多个变量。

例 1.14 元组解包操作示例。

```
#程序文件 pex1_14.py
person = ('John', 25, 'USA')
name, age, country = person
print(name)            # 输出: 'John'
print(age)             # 输出: 25
print(country)         # 输出: 'USA'
```

元组是不可变的数据类型，因此不能用列表那样的方法修改元素。但是，可以使用一些内置的函数或方法操作和处理元组。

例 1.15 元组的函数操作示例。

```
#程序文件 pex1_15.py
tup1 = (3, 1, 4, 2, 5)
a1 = max(tup1)         #求元组的最大值
a2 = min(tup1)         #求元组的最小值
tup2 = sorted(tup1)    #从小到大排列
```

1.3.3 字典

字典（Dictionary）是一种可变的、无序的数据类型，用于存储键值对（key-value）的映射关系。字典中的键必须是唯一的，而值可以是任意类型的对象。字典是 Python 中常用的数据结构，可以用于存储和操作各种类型的数据。

（1）创建字典。

```
D1 = {}                          #创建空字典
D2 = dict()                      #创建空字典
person = {"姓名": "张三", "年龄": 25, "国家": "中国"}   #创建并初始化字典
```

（2）访问字典元素。可以使用键访问字典中的值。

```
person = {"姓名": "张三", "年龄": 25, "国家": "中国"}
print(person["姓名"])            # 输出: "张三"
print(person.get("年龄"))        # 输出: 25
```

（3）修改字典元素。可以通过赋值修改字典中的值，或者使用 update()方法更新字典。

```
person = {"姓名": "张三", "年龄": 25, "国家": "中国"}
person["年龄"] = 30
person.update({"姓名": "李四"})
print(person)                    # 输出:{'姓名': '李四', '年龄': 30, '国家': '中国'}
```

（4）删除字典元素。可以使用 del 关键字删除指定的键值对，或者使用 pop()方法删除指定的键值对。

```
person = {"姓名": "张三", "年龄": 25, "国家": "中国"}
del person["姓名"]              #删除姓名的键值对
age = person.pop("年龄")        #删除年龄的键值对
print(person)                   #输出：{'国家': '中国'}
```

（5）遍历字典。可以使用 for 循环遍历字典的键、值或者键值对。

例 1.16　遍历字典示例。

```
#程序文件 pex1_16.py
person = {"姓名": "张三", "年龄": 25, "国家": "中国"}
for key in person:              #遍历键
    print(key)

for value in person.values():   #遍历值
    print(value)

for key, value in person.items():  #遍历键值对
    print(key, value)
```

1.3.4　集合

集合（Set）是一种无序且不重复的数据类型，用于存储一组唯一的元素。集合是可变的，可以进行添加、删除和修改操作。集合中的元素必须是不可变的，例如数字、字符串、元组等，不能包含可变的对象，例如列表、字典等。

（1）创建集合。可以使用 set()函数创建一个空集合，或者使用花括号包含元素来初始化一个集合。

```
a = set()                           #创建空集合
b = {'apple', 'banana', 'cherry'}   #创建并初始化集合
```

（2）添加元素。可以使用 add()方法向集合中添加单个元素，或者使用 update()方法添加多个元素。

```
a = {'apple', 'banana'}
a.add('cherry')
a.update(['orange', 'grape'])
print(a)   # 输出: {'apple', 'banana', 'cherry', 'orange', 'grape'}
```

（3）删除元素。

```
a = {'apple', 'banana', 'cherry'}
a.remove('banana')   #remove 方法移除的元素不在列表时，会引发一个 ValueError 异常
a.discard('orange')  #discard 方法移除的元素不在列表时，会保持列表不变
print(a)   #输出:{'apple', 'cherry'}
```

（4）集合运算。可以使用集合运算符（如并集、交集、差集、对称差集和子集）和集合方法来进行集合之间的操作。这些运算的运算符和方法如表1.5所示。

表1.5 集合运算的运算符和方法

集合运算	交集	并集	差集	对称差集	子集
运算符	&	|	-	^	<
方法	intersection	union	difference	symmetric_difference	issubset

例1.17 集合运算示例。

```
#程序文件 pex1_17.py
s1 = {1, 2, 3}
s2 = {2, 3, 4}
s3 = s1 | s2        #并集
print(s3)           #输出: {1, 2, 3, 4}
s4 = s1 & s2        #交集
print(s4)           #输出: {2, 3}
s5 = s1 - s2        #差集
print(s5)           #输出: {1}
s6 = s1 ^ s2        #对称差集
print(s6)           #输出: {1, 4}
```

（5）遍历集合。可以使用 for 循环来遍历集合中的元素。

```
fruits = {'apple', 'banana', 'cherry'}
for fruit in fruits:
    print(fruit)
```

1.4 程序的控制结构

1.4.1 程序的分支结构

Python 通过 if、elif、else 等保留字提供单分支、二分支和多分支结构。

1. 单分支结构：if 语句

Python 中 if 语句的语法格式如下：

```
if  条件:
    语句块
```

语句块是 if 条件满足后执行的一个或多个语句序列，语句块中语句通过与 if 所在行形成缩进表达包含关系。if 语句首先评估条件的结果值，如果结果为 True，则执行语句块中的语句序列，然后转向程序的下一条语句。如果结果为 False，则语句块中的语句被跳过。

2. 二分支结构：if-else 语句

Python 中 if-else 语句用来形成二分支结构，语法格式如下：

```
if    条件:
    语句块 1
else:
    语句块 2
```

语句块 1 是在 if 条件满足后执行的一个或多个语句序列,语句块 2 是 if 条件不满足后执行的语句序列。二分支语句用于区分条件的两种可能,即 True 或 False,分别形成执行路径。

3. 多分支结构:if-elif-else 语句

Python 的 if-elif-else 描述多分支结构,语法格式如下:

```
if    条件 1:
    语句块 1
elif    条件 2:
    语句块 2
...
else:
    语句块 N
```

多分支结构是二分支结构的扩展,这种形式通常用于设置同一个判断条件的多条执行路径。Python 依次评估寻找第一个结果为 True 的条件,执行该条件下的语句块,结束后跳过整个 if-elif-else 结构,执行后面的语句。如果没有任何条件成立,else 下面的语句块将被执行。else 子句是可选的。

例 1.18   身体质量指数(Body Mass Index,BMI)是国际上常用的衡量人体肥胖程度和是否健康的重要标准,主要用于统计分析。肥胖程度的判断不能采用体重的绝对值,它天然与身高有关。因此,BMI 通过人体体重和身高两个数值获得相对客观的参数,并用这个参数所处范围衡量身体质量。BMI 的定义如下:

$$BMI = 体重(kg) / 身高^2 (m^2).$$

例如,一个人身高 1.75m、体重 75kg,他的 BMI 值为 24.49。

BMI 值可以客观地衡量人的肥胖程度或健康程度。世界卫生组织(World Health Organization,WHO)根据全球人口体重统计认为,BMI 值低于 18.5kg/m² 时"过轻",表明个体可能营养不良或者饮食无法保障;BMI 值高于 25kg/m² 时"过重"。我国卫生部根据中国人体质给出了国内 BMI 参考值。更多 BMI 衡量标准如表 1.6 所示。

表 1.6   BMI 指标分类

分类	国际 BMI 值/(kg/m²)	国内 BMI 值/(kg/m²)
偏瘦	<18.5	<18.5
正常	18.5~25	18.5~24
偏胖	25~30	24~28
肥胖	≥30	≥28

编写一个根据体重和身高计算 BMI 值的程序,同时输出国际和国内的 BMI 指标建

议值。

利用分支结构的 Python 程序如下：

```
#程序文件 pex1_18_1.py
h, w = eval(input("请输入身高(米)和体重\(千克)[逗号隔开]: "))
bmi = w / h**2      #计算 BMI 指数值
print("BMI 数值为：{:.2f}".format(bmi))
if bmi < 18.5:
    wto, dom = "偏瘦", "偏瘦"
elif 18.5 <= bmi < 24:
    wto, dom = "正常", "正常"
elif 24 <= bmi < 25:
    wto, dom = "正常", "偏胖"
elif 25 <= bmi < 28:
    wto, dom = "偏胖", "偏胖"
elif 28 <= bmi < 30:
    wto, dom = "偏胖", "肥胖"
else:
    wto, dom = "肥胖", "肥胖"
print("BMI 指标为:国际'{}', 国内'{}'".format(wto, dom))
```

利用匿名函数的 Python 程序如下：

```
#程序文件 pex1_18_2.py
h, w = eval(input("请输入身高(米)和体重\(千克)[逗号隔开]: "))
bmi = w / h**2      #计算 BMI 指数值
print("BMI 数值为：{:.2f}".format(bmi))
wto=lambda x: (x<18.5)+2*(18.5<=x and x<25)+3*(25<=x and x<30)+4*(x>=30)
dom=lambda x: (x<18.5)+2*(18.5<=x and x<24)+3*(24<=x and x<28)+4*(x>=28)
d={1:"偏瘦",2:"正常",3:"偏胖",4:"肥胖"}
y1=wto(bmi); y2=dom(bmi)
print("BMI 指标为:国际'{0}', 国内'{1}'".format(d[y1], d[y2]))
```

1.4.2 程序的循环结构

根据循环执行次数的确定性，循环可以分为确定次数循环和非确定次数循环。确定次数循环一般采用 for 循环实现，非确定次数循环一般采用 while 循环实现。

1. for 循环

for 语句的语法格式如下：

```
for   循环变量   in   序列或迭代对象:
    语句块 1
[else:
    语句块 2]
```

其中，方括号内的 else 子句可以没有。在这种扩展模式中，当 for 循环正常执行之后，程序会继续执行 else 语句中的内容。

2．while 循环

while 语句的语法格式如下：

```
while 条件:
    语句块 1
[else:
    语句块 2]
```

当条件为 True 时，循环体重复执行语句块 1 中语句；当条件为 False 时，循环终止，执行与 while 同级别缩进的后续语句。

在带有 else 的扩展模式中，当 while 循环正常执行后，程序会继续执行 else 语句中的内容。

3．循环保留字：break 和 continue

循环结构有 break 和 continue 两个保留字，用来辅助控制循环执行。

break 用来跳出最内层 for 或 while 循环，脱离该循环后程序从循环代码后继续执行。

continue 用来结束当前次循环，即跳出循环体中下面尚未执行的语句，而不跳出当前循环。

例 1.19 要求输出前 50 个素数，每行 10 个。

素数又称为质数，素数定义为在大于 1 的自然数中，除了 1 和它本身以外不再有其他因数。判断一个数 n 是否为素数：用 $2 \sim \sqrt{n}$ 的所有整数去除，若均无法整除，则 n 为素数。

```
#程序文件 pex1_19.py
import math; n=50; m=10
count=0    #记录找到的素数个数
i=2
while count<n:
    for j in range(2,int(math.sqrt(i))+1):
        if i%j==0:
            break
    else:
        print("{:>4}".format(i),end="")   #格式化输出：右对齐，宽度为 4
        count += 1
        if count%m==0:
            print(end="\n")
    i += 1
```

1.5 函　　数

函数是一段具有特定功能的、可重用的语句组。有些函数是用户自己编写的，称为自定义函数；Python 安装包自带了一些函数和方法，包括 Python 内置函数、Python 标准库中的函数。

使用函数主要有两个目的：降低编程难度和代码重用。利用函数可以将一个复杂的大问题分解成一系列简单的小问题,然后将小问题继续划分成更小的问题,当问题细化到足够简单时,就可以分而治之,为每个小问题编写程序,并通过函数封装,当各个小问题都解决了,大问题也就迎刃而解。

1.5.1 Python 常用内置函数

内置函数不需要额外导入任何模块即可直接使用,具有非常快的运行速度,推荐优先使用。使用下面的语句可以查看所有内置函数和内置对象:

    dir(_ _ builtins _ _)

使用 help(函数名)可以查看某个函数的用法。前面已使用过 print 等部分内置函数,其他的一些常用内置函数及其功能简要说明如表 1.7 所示。

表 1.7　Python 常用内置函数

函数	说明
abs(x)	返回实数 x 的绝对值或复数 x 的模
filter(func,iterable)	用于过滤序列。以一个返回 True 或者 False 的函数 func 为条件,以可迭代对象的每个元素作为参数进行判断,过滤掉函数 func 返回 False 的元素
hash(obj)	返回对象 obj 的哈希值
help(obj)	返回对象 obj 的帮助信息
len(obj)	返回对象 obj 包含的元素个数
map(func,*iterables)	返回包含若干函数值的 map 对象,函数 func 的参数分别来自于 iterables 指定的一个或多个迭代对象
max(iterable) max(arg1,arg2,…, argn)	返回可迭代对象或多个参数中的最大值
min(iterable) min(arg1,arg2,…, argn)	返回可迭代对象或多个参数中的最小值
pow(x,y[,z])	计算 x 的 y 次幂;如果给定参数 z,则再对结果取模,最终结果等于 pow(x,y)%z
range(stop) range(start,stop[,step])	返回 range 对象,其中包括[0,stop)中的整数或[start,stop)中以 step 为步长的整数
round(x[, 小数位数])	对 x 进行四舍五入,若不指定小数位数,则返回整数
sum(x,start=0)	返回序列 x 中所有元素之和,要求序列 x 中所有元素支持加法运算

下面给出内置函数 map()和 filter()的详细说明和应用举例。

1. map()函数

map()函数的语法格式如下:

    map(func,seq)　#把一元函数 func 作用于序列 seq 的每一个元素,得到一个新序列。
    map(func,seq1,seq2)　#把二元函数 func 作用于序列 seq1,seq2 的对应元素,得到一个新序列

例 1.20　map()函数示例。

```
#程序文件 pex1_20.py
def format_name(s):
    s1=s[0].upper()+s[1:].lower()
    return s1;

s2=map(format_name, ['adam', 'LISA', 'barT'])
```

```
print(list(s2))    #输出['Adam', 'Lisa', 'Bart']

L1 = ["5","6","7","8","9", "10"]
L2=map(int,L1)
print(list(L2))    #输出[5, 6, 7, 8, 9, 10]
```

例 1.21 已知 $x=[x_1,x_2,x_3,x_4]=[2,3,5,7]$，$y=[y_1,y_2,y_3,y_4]=[3,4,6,8]$，计算 $x_i^{y_i}(i=1,2,3,4)$ 的值。

```
#程序文件 pex1_21.py
import time; import numpy as np
L1 = [2, 3, 5, 7]; L2 = [2, 4, 6, 8]
T1=time.time()                        #开始时间
L3=map(lambda x,y:x**y,L1,L2)
print(list(L3))
T1=time.time()-T1; print(T1)          #显示耗费的时间
T2=time.time()                        #开始时间
result=np.array(L1)**np.array(L2)
print(result)
T2=time.time()-T2; print(T2)          #显示耗费的时间
```

2．filter()函数

filter()函数用于过滤序列，过滤掉不符合条件的元素，返回由符合条件的元素组成的迭代器对象。filter()函数的语法格式如下：

filter(fun,iterable)

fun 为判断函数，返回值是布尔类型，iterable 为序列（可迭代对象），序列的每个元素作为参数传递给 fun 进行判断，若是真则保留元素，若是假则过滤掉这元素。

例 1.22 过滤出列表中的所有奇数。

```
#程序文件 pex1_22.py
L1=[20,57,91,23,10,6]
L2=filter(lambda n:n%2==1, L1)    #过滤出奇数
print(list(L2))
```

1.5.2 函数定义

在 Python 中，程序中用到的所有函数必须先定义后使用。在 Python 中定义函数的语法格式如下：

```
def 函数名([参数列表]):
    "注释"
    函数体
```

在 Python 中使用 def 关键字定义函数，定义函数时需要注意以下几个事项。

（1）函数代码块以 def 关键字开头，def 之后是函数名，由用户自己定义，def 和函

数名中间至少要有一个空格。

（2）函数名后跟括号，括号后要加冒号，括号内用于定义函数参数，称为形式参数，简称形参，参数是可选的，函数可以没有参数。如果函数有多个参数，参数之间用逗号分隔。在 Python 中，函数形参不需要声明类型。

（3）函数体，指定函数应当完成什么操作，由语句组成，要有缩进。

（4）如果函数执行完之后有返回值，称为带返回值的函数，函数也可以没有返回值。带有返回值的函数，需要使用以关键字 return 开头的返回语句来返回一个值，执行 return 语句意味着函数执行终止。函数返回值的类型由 return 后要返回的表达式的值的类型决定。

（5）在定义函数时，开头部分的注释通常描述函数的功能和参数的相关说明，但这些注释并不是定义函数时必需的，可以使用内置函数 help() 查看函数开头部分的注释。

例 1.23 求 100～999 的所有三位水仙花数，并输出。

解 所求的三位水仙花数的各个位上数字的立方和等于该数本身。三位水仙花数有 153、370、371、407。

```
#程序文件 pex1_23.py
def is_armstrong_number(num):
    num_str = str(num)      #将数字转换为字符串以便迭代每个数字
    n = len(num_str)        #获取数字的位数
    #计算每个数字的 n 次方和
    armstrong_sum = sum(int(digit) ** n for digit in num_str)
    return armstrong_sum == num      #判断是否为水仙花数

def find_armstrong_numbers(start, end):
    armstrong_numbers = []
    for num in range(start, end + 1):   #迭代查找水仙花数
        if is_armstrong_number(num):
            armstrong_numbers.append(num)
    return armstrong_numbers

# start = int(input("请输入起始数字："))
# end = int(input("请输入结束数字："))
armstrong_numbers = find_armstrong_numbers(100, 999)
print("水仙花数：", armstrong_numbers)
```

例 1.24 创建函数集合 $f(x) = x^2 + x + 1$，$g(x) = x^3 + 2x + 1$ 和 $h(x) = \dfrac{1}{f(x)}$ 的自定义 FunctionSet.py 模块。调用该模块计算 $f(1)$、$g(2)$ 和 $h(3)$ 的值。

```
#程序文件 FunctionSet.py
def f(x): return x**2+x+1
def g(x): return x**3+2*x+1
def h(x): return 1/f(x)
```

第一种调用模式：

```
#程序文件 pex1_24_1.py
import FunctionSet as fs
print(fs.f(1),'\t',fs.g(2),'\t',fs.h(3))
```

第二种调用模式：

```
#程序文件 pex1_24_2.py
from FunctionSet import f, g, h
print(f(1),'\t',g(2),'\t',h(3))
```

1.5.3 两个特殊函数

Python 有两类特殊函数：匿名函数和递归函数。匿名函数是指没有函数名的简单函数，只可以包含一个表达式，不允许包含其他复杂的语句，表达式的结果是函数的返回值。递归函数是指直接或间接调用函数本身的函数。递归函数反映了一种逻辑思想，用它解决某些问题时显得很简练。

1. 匿名函数

Python 使用 lambda 表达式来创建匿名函数，即没有函数名字的临时使用的函数。匿名函数也称 lambda 函数。lambda 表达式的主体是一个表达式，而不是一个代码块，但在表达式中可以调用其他函数，表达式的计算结果相当于函数的返回值。

例 1.25 先定义函数求 $\sum_{k=1}^{n} k^m$，然后调用该函数求 $s = \sum_{k=1}^{100} k + \sum_{k=1}^{50} k^2 + \sum_{k=1}^{10} \frac{1}{k}$。

```
#程序文件 pex1_25.py
f=lambda n,m:sum([k**m for k in range(1,n+1)])
s=f(100,1)+f(50,2)+f(10,-1)
print("s=%10.4f"%(s))
```

执行结果：

s=47977.9290

2. 递归函数

递归函数是指一个函数的函数体中又直接或间接地调用该函数本身的函数。如果函数 a 中又调用函数 a 本身，则称函数 a 为直接递归。如果函数 a 中先调用函数 b，函数 b 中又调用函数 a，则称函数 a 为间接递归。程序设计中常用的是直接递归。

数学上递归定义的函数是非常多的。例如，当 n 为自然数时，求 n 的阶乘 $n!$。

$n!$ 的递归表示：

$$n! = \begin{cases} 1, & n=1 \text{ 或 } 0, \\ n \cdot (n-1)!, & n > 1. \end{cases}$$

从数学角度来说，要计算出 $f(n)$ 的值，必须先算出 $f(n-1)$，而要求 $f(n-1)$ 必须先求出 $f(n-2)$，这样递归下去直到计算 $f(1)$ 时为止。若已知 $f(1)$，就可以往回推，计算出 $f(2)$，再往回推计算出 $f(3)$，一直往回推计算出 $f(n)$。

例 1.26 输入 n，求 $n!$ 的值。

```
#程序文件 pex1_26.py
n=int(input("请输入 n 的值："))
def fac(n):
    if n==1 or n==0: return 1
    else: return n*fac(n-1)
m=fac(n)         #调用函数
print("%d!=%5d"%(n,m))
```

运行结果：

请输入 n 的值：6
6!= 720

1.5.4 函数的四种参数类型

在 Python 中，定义函数时不需要指定参数的类型，形参的类型完全由调用者传递的实参本身的类型来决定。函数形参的表示形式主要有位置参数、默认参数、可变长度参数、关键字参数。

1. 位置参数

函数调用时的参数通常采用按位置匹配的方式，即实参按顺序传递给相应位置的形参。这些实参的数目应与形参完全匹配。

2. 默认参数

默认参数是指在构造自定义函数的时候已经给某些参数赋予了各自的默认值，当调用函数时，这样的参数可以不用传值，默认参数必须指向不变对象。也可以通过显式赋值替换其默认值，如果没有给设置了默认值的形参传递实参，这个形参将使用函数定义时设置的默认值。

例 1.27 默认参数示例。

```
#程序文件 pex1_27.py
def power_sum(n, p=2):
    result=sum([i**p for i in range(1, n+1)])
    return (n, p, result)
print("1 到%d 的所有整数的%d 次方和为%d"%power_sum(10))
print("1 到%d 的所有整数的%d 次方和为%d"%power_sum(10,3))
```

执行结果：

1 到 10 的所有整数的 2 次方和为 385
1 到 10 的所有整数的 3 次方和为 3025

3. 可变长度参数

上面的位置参数和默认参数都是在已知这个自定义函数需要多少个形参的情况下构建的，当不确定该给自定义函数传入多少个参数值时，就需要 Python 提供可变长度参数。

例 1.28 求任意个数字的和。

```
#程序文件 pex1_28.py
def add(*args): print(args, end=''); s=sum(args); return(s)
print("的和为%d"%add(10,12,6,8))
print("的和为%d"%add(3,7,10))
```

执行结果：

(10, 12, 6, 8)的和为 36
(3, 7, 10)的和为 20

如上自定义函数中，参数 args 前面加了一个星号*，这样的参数就是可变长度参数，该参数可以接纳任意多个实参。之所以能够接纳任意多个实参，是因为该类型的参数将这些输入的实参进行了捆绑，并且组装到元组中，就是自定义函数中 print(args)语句的效果。

4．关键字参数

虽然一个可变长度参数可以接受多个实参，但是这些实参都被捆绑为元组了，而且无法将具体的实参指定给具体的形参，那么有没有一种参数既可以接受任意多个实参，又可以把多个实参指定给各自的实参名呢？答案是有，即关键字参数，而且这种参数会把带参数名的参数值组装到一个字典中，键就是具体的实参名，值就是传入的参数值。

例 1.29 关键字参数示例。

```
#程序文件 pex1_29.py
def person(name, age, **kw):
    print('name:', name, 'age:', age, 'other:', kw)
person('Michael', 30)
person('Bob', 35, city='Beijing')
person('Adam', 45, gender='M', job='Engineer')
```

执行结果：

name: Michael age: 30 other: {}
name: Bob age: 35 other: {'city': 'Beijing'}
name: Adam age: 45 other: {'gender': 'M', 'job': 'Engineer'}

如上面程序所示，在自定义函数 person()中，name 和 age 是位置参数，kw 为关键字参数。当调用函数时，name 和 age 两个参数必须传入对应的值，而其他的参数都是用户任意填写的，并且关键字参数会把这些任意填写的信息组装为字典。

在 Python 中定义函数，可以用位置参数、默认参数、可变长度参数、关键字参数，这 4 种参数可以任意组合使用。但是请注意，参数定义的顺序必须是位置参数、默认参数、可变长度参数、关键字参数。

1.5.5 参数传递

1．参数传递方法

大多数程序设计语言有两种常见的参数传递方式：传值调用和传址调用。

（1）传值（call by value）调用：在调用函数时，会将自变量的值逐个复制给函数的参数，在函数中对参数值所做的任何修改都不会影响原来的自变量值。

（2）传址（pass by reference）调用：在调用函数时，所传递函数的参数值是变量的内存地址，参数值的变动连带着也会影响原来的自变量值。

在 Python 语言中，当传递的数据是不可变对象（如数值、字符串）时，在传递参数时，会先复制一份再进行传递。但是，如果所传递的数据是可变对象（如列表），则 Python 在传递参数时会直接以内存地址来传递。简单地说，如果可变对象在函数中被修改了内容值，则因为占用的是同一个地址，所以会连带影响函数外部的值。以下是函数传值调用的示例。

例 1.30 函数传值调用示例。

```
#程序文件 pex1_30.py
def fun(a,b):
    a, b = b, a;
    print("函数内交换数值后：a=%d,\tb=%d"%(a,b))
a=10; b=15
print("调用函数前的数值：a=%d,\tb=%d"%(a,b))
print("------------------------------------")
fun(a,b)    #调用函数
print("------------------------------------")
print("调用函数后的数值：a=%d,\tb=%d"%(a,b))
```

执行结果：

```
调用函数前的数值：a=10,b=15
------------------------------------
函数内交换数值后：a=15,b=10
------------------------------------
调用函数后的数值：a=10,b=15
```

下面举一个传址调用的示例，参数为列表，是一种可变对象。

例 1.31 传址调用示例。

```
#程序文件 pex1_31.py
def change(data):
    data[0], data[1] = data[1], data[0]
    print("函数内交换位置后：",end="")
    for i in range(2): print("data[%d]=%2d "%(i,data[i]),end='\t')
data=[16, 25]    #主程序
print("原始数据为：",end="")
for i in range(2): print("data[%d]=%2d "%(i,data[i]),end='\t')
print("\n--------------------------------------------------------")
change(data)
print("\n--------------------------------------------------------")
print("函数调用后数据为：",end="")
```

```
for i in range(2): print("data[%d]=%2d "%(i,data[i]),end='\t')
```

运行结果：

原始数据为：data[0]=16   data[1]=25

函数内交换位置后：data[0]=25   data[1]=16

函数调用后数据为：data[0]=25   data[1]=16

2．复合数据解包参数

传递参数时，可以使用 Python 列表、元组、集合、字典以及其他可迭代对象作为实参，并在实参名称前加一个星号，Python 解释器将自动进行解包，然后传递给多个单变量形参。但需要注意的是，如果使用字典作为实参，则默认使用字典的键；如果需要将字典中的键-值对作为参数，则需要使用 items()方法；如果需要将字典的值作为参数，则需要调用字典的 values()方法。最后，请保证实参中元素个数与形参个数相等，否则出现错误。

例 1.32   复合数据解包参数。

```
#程序文件 pex1_32.py
def fun(a,b,c): print("计算结果：",a+b+c)
seq=[1,2,3]; fun(*seq)                  #输出：计算结果：  6
tup=(1,2,3); fun(*tup)                  #输出：计算结果：  6
dic={1:'a', 2:'b', 3:'c'}; fun(*dic.values())   #输出：计算结果：  abc
set={1,2,3}; fun(*set)                  #输出：计算结果：  6
```

1.6 正则表达式

在处理字符串时，经常会有查找符合某些复杂规则的字符串的需求。正则表达式就是用于描述这些规则的工具。换句话说，正则表达式就是记录文本规则的代码。

1.6.1 正则表达式基础

1．行定位符

行定位符就是用来描述子串的边界。"^"表示行的开始；"$"表示行的结尾。如

^tm

该表达式表示要匹配子串 tm 的开始位置是行头，如"tm equal Tomorrow Moon"可以匹配，而"Tomorrow Moon equal tm"则不匹配。但如果使用

tm$

则后者可以匹配，而前者不能匹配。如果要匹配的子串可以出现在字符串的任意部分，那么可以直接写成

tm

这样两个字符串就都可以匹配了。

2. 元字符

在正则表达式中，有一些特定的字符被称为元字符，它们具有特殊的意义，用于指定特定的匹配模式。

除了前面介绍的元字符"^"和"$"，正则表达式里还有更多的元字符，例如下面的正则表达式就应用了元字符"\b"和"\w"：

\bmr\w*\b

上面的正则表达式用于匹配以字母 mr 开头的单词，显示从某个单词开始处(\b)，然后匹配字母 mr，接着是任意数量的字母或数字(\w*)，最后是单词结束处(\b)。该表达式可以匹配"mrsoft""mrbook"和"mr123456"等。更多常用元字符如表 1.8 所示。

表 1.8　常用元字符

代码	说明
.	匹配除换行符以外的任意字符
\w	匹配字母、数字、下画线或汉字
\W	匹配除字母、数字、下画线或汉字以外的字符
\s	匹配单个的空白符（包括 Tab 键和换行符）
\S	除单个空白字符（包括 Tab 键和换行符）以外的所有字符
\d	匹配数字
\b	匹配单词的开始或结束，单词的分界符通常是空格、标点符号或者换行符
^	匹配字符串的开始
$	匹配字符串的结束

3. 限定符

使用\w*可以匹配任意数量的字母或数字。如果想匹配特定数量的数字，正则表达式提供了限定符来实现该功能。如匹配 8 位 QQ 号可用如下表示式：

^\d{8}$

常用的限定符如表 1.9 所示。

表 1.9　常用限定符

限定符	说明	举例
?	匹配前面的字符零次或一次	colou?r 可以匹配 colour 和 color
+	匹配前面的字符一次或多次	go+gle 可以匹配的范围从 gogle 到 goo…gle
*	匹配前面的字符零次或多次	go*gle 可以匹配的范围从 ggle 到 goo…gle
{n}	匹配前面的字符 n 次	go{2}gle 只匹配 google
{n,}	匹配前面的字符最少 n 次	go{2,}gle 可以匹配的范围从 google 到 goo…gle
{n,m}	匹配前面的字符最少 n 次，最多 m 次	employe{0,2}可以匹配 employ、employe 和 employee

4．字符类

正则表达式查找数字和字母是很简单的，因为已经有了对应这些字符集合的元字符，但是如果要匹配没有预定义元字符的字符集合（比如元音字母 a,e,i,o,u），该怎么办？只需要在方括号里列出它们就行了，例如，[aeiou]匹配任何一个英文元音字母，[.?!]匹配标点符号"."或"？"或"！"。也可以轻松地指定一个字符范围，例如，[0-9]代表的含意与"\d"是完全一致的，表示一位数字；[a-z0-9A-Z]完全等同于"\w"（如果只考虑英文）。

注 1.1 要想匹配给定字符串中的任意一个汉字，可以使用[\u4e00-\u9fa5]；要匹配连续多个汉字，可以使用[\u4e00-\u9fa5]+。

5．排除字符

正则表达式提供了"^"字符，表示匹配不符合指定字符集合的字符串。元字符"^"也表示行的开始。这里将其放到方括号中，表示排除的意思。例如

[^a-zA-Z]

该表达式用于匹配一个不是字母的字符。

6．选择字符

要匹配身份证号码，首先需要了解身份证号码的规则。身份证号码长度为15位或者18位。如果为15位时，全为数字；如果为18位时，则前17位为数字，最后一位是校验位，可能为数字或字符 X。

在上面的描述中，包含着条件选择的逻辑，这就需要使用选择字符"|"。该字符可以理解为"或"，匹配身份证的表达式可以写成如下方式：

(^\d{15}$)|(^\d{18}$)|(^\d{17})(X|x)$

该表达式的意思是匹配 15 位数字，或者 18 位数字，或者 17 位数字和最后一位 X 或 x。

7．转义字符

正则表达式的转义字符"\"和 Python 中的大同小异，都是将特殊字符（如"." "？" "\"等）变为普通的字符。举一个 IP 地址的实例，用正则表达式匹配诸如"127.0.0.1"这样格式的 IP 地址，如果直接使用点字符，格式为：

[1-9]{1,3}.[0-9]{1,3}.[0-9]{1,3}.[0-9]{1,3}

这显然不对，因为"."可以匹配一个任意字符。这时，不仅是"127.0.0.1"这样的IP，连"127101011"这样的字符也会被匹配出来。所以在使用"."时，需要使用转义字符"\"。修改后上面的正则表达式格式为：

[1-9]{1,3}\.[0-9]{1,3}\.[0-9]{1,3}\.[0-9]{1,3}

8．分组

圆括号字符的第一个作用就是可以改变限定符的作用范围，如"|" "*" "^"等。例

如下面的表达式中包括圆括号：

  (six|four)th

这个表达式的意思是匹配单词 sixth 或 fourth，如果不使用圆括号，那么就变成了匹配单词 six 或 fourth 了。

圆括号的第二个作用是分组，也就是子表达式。如(\.[0-9]{1,3}){3}，就是对分组 (\.[0-9]{1,3}) 进行重复操作。

9．在 Python 中使用正则表达式语法

在 Python 中使用正则表达式时，是将其作为模式字符串使用的。例如，将匹配不是字母的一个字符的正则表达式表示为模式字符串，可以使用下面的代码：

  "[^a-zA-Z]"

而如果将匹配以字母 m 开头的单词的正则表达式转换为模式字符串，则不能直接在其两侧添加引号定界符，例如，下面的代码是不正确的：

  "\bm\w*\b"

需要将其中的"\"进行转义，转换后的结果为

  "\\bm\\w*\\b"

由于模式字符串中可能包括大量的特殊字符和反斜杠，所以需要写为原生字符串，即在模式字符串前加 r 或 R。例如，上面的模式字符串采用原生字符串表示就是

  r"\bm\w*\b"

1.6.2 使用 re 模块实现正则表达式操作

Python 提供了 re 模块，用于实现正则表达式的操作。在实现时，可以使用 re 模块提供的方法进行字符串处理，也可以先试用 re 模块的 compile()方法将模式字符串转换为正则表达式对象，然后使用该正则表达式对象的相关方法来操作字符串。

1．匹配字符串

匹配字符串可以使用 re 模块提供的 match()、search()和 findall()等方法。

1）使用 match()方法进行匹配

match()方法用于从字符串的开始处进行匹配，如果在起始位置匹配成功，则返回匹配对象，否则返回 None，语法格式如下：

  re.match(pattern, string, flags)

其中，pattern 表示模式字符串，由要匹配的正则表达式转换而来；string 表示要匹配的字符串；flags 为可选参数，表示标志位，用于控制匹配方式，如是否区分字母大小写，常用的标志如表 1.10 所示。

表 1.10 常用标志

标志	说明
A 或 ASCII	对于\w、\W、\b、\B、\d、\D、\s 和\S 只进行 ASCII 匹配
I 或 IGNORECASE	执行不区分字母大小写的匹配
M 或 MULTILINE	将^和$用于包括整个字符串的开始和结尾的每一行
S 或 DOTALL	使用(.)字符匹配所有字符，包括换行符
X 或 VERBOSE	忽略模式字符串中未转义的空格和注释

例 1.33 不区分字母大小写，匹配字符串是否以"mr_"开头。

```
#程序文件 pex1_33.py
import re
pattern="mr_\w+"                    #模式字符串
s1="MR_SHOP mr_shop"                #要匹配的字符串
m1=re.match(pattern,s1,re.I)        #匹配字符串，不区分大小写
print(m1); print("匹配值的起始位置：",m1.start())
print("匹配值的结束位置：",m1.end())
print("匹配位置的元组",m1.span())
print("要匹配的字符串：",m1.string)
print("匹配数据：",m1.group())

s2="项目名称 MR_SHOP mr_shop"
m2=re.match(pattern,s2,re.I)
print("-------------"); print(m2)
```

从上面程序的执行结果中可以看出，字符串"MR_SHOP"以"mr_"开头，所以返回一个匹配对象；而字符串"项目名称 MR_SHOP"不以"mr_"开头，将返回"None"。这是因为 match()方法从字符串的开始位置开始匹配，当第一个字母不符合条件时，不再进行匹配，直接返回 None。

2）使用 search()方法进行匹配

search()方法用于在整个字符串中搜索第一个匹配的值，如果匹配成功，则返回匹配对象，否则返回 None，语法格式如下：

　　re.search(pattern, string, flags)

例 1.34 不区分大小写字母，搜索第一个以"mr_"开头的字符串。

```
#程序文件 pex1_34.py
import re
pattern="mr_\w+"                    #模式字符串
s1="MR_SHOP mr_shop"                #要搜索的字符串
m1=re.search(pattern,s1,re.I)       #搜索字符串，不区分大小写
print(m1)                           #输出搜索结果

s2="项目名称 MR_SHOP mr_shop"
```

```
m2=re.search(pattern,s2,re.I)
print(m2)
```

程序运行结果如下:

```
<re.Match object; span=(0, 7), match='MR_SHOP'>
<re.Match object; span=(4, 11), match='MR_SHOP'>
```

从上面的运行结果中可以看出,search()方法不仅在字符串的起始位置搜索,也搜索其他有符合匹配的位置。

3) 使用 findall()方法进行匹配

findall()方法用于在整个字符串中搜索所有符合正则表达式的字符串,并以列表的形式返回。如果匹配成功,则返回包含匹配结构的列表,否则返回空列表。其语法格式如下:

```
re.findall(pattern, string, flags)
```

例 1.35 搜索以"mr_"开头的字符串。

```
#程序文件 pex1_35.py
import re
pattern="mr_\w+"                  #模式字符串
s1="MR_SHOP mr_shop"              #要搜索的字符串
m1=re.findall(pattern,s1,re.I)    #搜索字符串,不区分大小写
print(m1)                         #输出搜索结果

s2="项目名称 MR_SHOP mr_shop"
m2=re.findall(pattern,s2,re.I)
print(m2)
```

程序运行结果如下:

```
['MR_SHOP', 'mr_shop']
['MR_SHOP', 'mr_shop']
```

例 1.36 查找字符串中的 IP 地址。

```
#程序文件 pex1_36.py
import re
pattern="([1-9]{1,3}(\.[0-9]{1,3}){3})"   #模式字符串
s="127.0.0.1 129.168.1.66"                #要匹配的字符串
m=re.findall(pattern,s)                   #进行模式匹配
print(m)                                  #显示匹配的 IP 地址及分组匹配的结果
for item in m:
    print(item[0])
```

2. 使用 sub()方法替换字符串

sub()用于实现字符串替换,语法格式如下:

re.sub(pattern, repl, string, count)

其中，pattern 表示模式字符串，由要匹配的正则表达式转换而来；repl 表示替换的字符串；string 表示要查找替换的原始字符串；count 可选参数，表示模式匹配后替换的最大次数，默认值为 0，表示替换所有的匹配。

例 1.37 隐藏中奖信息中的手机号码。

```
#程序文件 pex1_37.py
import re
#该模式匹配以 1 开头，接着是 3、4、5、7、8 中的任何一个数字，
#然后后面跟着 9 个数字，总共 11 位数字的手机号码
pattern="1[34578]\d{9}"
s="中奖号码为：84978981 联系电话为：13611111111"
result=re.sub(pattern,"1XXXXXXXXXX",s) #替换字符串
print(result)
```

程序运行结果如下：

中奖号码为：84978981 联系电话为：1XXXXXXXXXX

3．使用 split()方法分割字符串

split()方法用于实现根据正则表达式分割字符串，并以列表的形式返回，其作用与字符串对象的 split()方法类似，所不同的是分割字符由模式字符串指定。语法格式如下：

re.split(pattern, string, maxsplit)

其中，pattern 表示模式字符串，由要匹配的正则表达式转换而来；string 表示要匹配的字符串；maxsplit 为可选参数，表示最大的拆分次数。

例 1.38 从给定的 URL 地址中提取请求地址和各个参数。

```
#程序文件 pex1_38.py
import re
pattern="[?|&]"                    #定义分隔符
url='https://www.265.com/?username="mr"&pw="mrsoft"'
result=re.split(pattern, url)      #分割字符串
print(result)
```

程序运行结果如下：

['https://www.265.com/', 'username="mr"', 'pw="mrsoft"']

1.7　NumPy 库

NumPy 是 Python 中用于科学计算的一个开源库。它提供了高性能的多维数组对象（ndarray）以及用于处理这些数组的各种函数和工具。NumPy 是许多其他科学计算库的

基础，例如 SciPy、Pandas 和 Matplotlib。

以下是 NumPy 库的一些主要特点和功能。

多维数组对象（ndarray）：NumPy 的核心功能是提供多维数组对象（ndarray），它是一个快速、灵活且高效的数据容器。ndarray 可以存储相同类型的元素，并且支持各种数学操作和数组操作。

数学函数：NumPy 提供了大量的数学函数，包括基本的数学运算（如加减乘除、指数、对数等）、三角函数、线性代数运算、统计函数等。这些函数可以直接应用于 ndarray 对象，使得对数组的操作更加方便和高效。

广播（Broadcasting）：NumPy 的广播功能允许不同形状的数组进行数学运算，而无须进行显式的循环操作。这使得处理不同形状的数据变得更加简单和高效。

索引和切片：NumPy 提供了强大的索引和切片功能，可以通过索引和切片操作来访问和修改数组中的元素。这使得对数组的操作更加灵活和方便。

随机数生成：NumPy 包含了一个随机数生成模块（numpy.random），可以生成各种分布的随机数，如均匀分布、正态分布、泊松分布等。

文件操作：NumPy 可以读取和写入各种文件格式的数据，包括文本文件、二进制文件等。它还提供了一些方便的函数来处理结构化数据。

整合其他语言：NumPy 提供了与其他语言（如 C、C++、Fortran）的接口，可以方便地将现有的代码与 NumPy 集成在一起，提高计算性能。

1.7.1　数组的创建、属性、变形和索引

1. 数组的创建

NumPy 库常用的创建数组的函数如表 1.11 所示。

表 1.11　NumPy 库常用的数组创建函数

函数	描述
np.array(列表或元组，dtype)	从列表或元组创建数组
np.arange(x0,xe,dx)	创建一个由 x0 到 xe（不包含 xe），以 dx 为步长的数组
np.linspace(x,y,n)	创建一个由 x 到 y 的 n 个元素的等差数列数组
np.ones(n)	创建元素全为 1 的(n,)数组，该数组可以看成行向量或列向量
np.ones((n,m))	创建元素全为 1 的 n 行 m 列的数组
np.zeros(n)	创建元素全为 0 的(n,)数组
np.zeros((n,m))	创建元素全为 0 的(n,m)数组
np.eye(N,M=None,k=0)	创建 N 行 M 列的第 k 对角线上的值为 1 的数组
np.identity(n)	创建 n 阶单位阵
np.zeros_like(a)	创建与数组 a 同型的元素全为 0 的数组
np.ones_like(a)	创建与数组 a 同型的元素全为 1 的数组

2. numpy.random 模块的随机数生成函数

虽然在 Python 内置的 random 模块中可以生成随机数，但是每次只能生成一个随机数，而且随机数的种类也不够丰富。建议使用 numpy.random 模块的随机数生成函数，

一方面可以生成随机向量，另一方面函数丰富。常见的随机数生成函数如表 1.12 所示。

表 1.12　常见随机数生成函数

函数	说明
seed(n)	设置随机数种子
beta(a,b,size=None)	生成 Beta 分布随机数
chisquare(df,size=None)	生成自由度为 df 的 χ^2 分布随机数
choice(a,size=None,replace=None,p=None)	从 a 中有放回地随机挑选指定数量的样本
exponential(scale=1.0,size=None)	生成指数分布随机数
f(dfnum,dfden,size=None)	生成 F 分布随机数
gamma(shape,scale=1.0,size=None)	生成伽马分布随机数
geometric(p,size=None)	生成几何分布随机数
hypergeometric(ngood,nbad,nsample,size=None)	生成超几何分布随机数
laplace(loc=0.0,scale=1.0,size=None)	生成 Laplace 分布随机数
logistic(loc=0.0,scale=1.0,size=None)	生成 Logistic 分布随机数
lognormal(mean=0.0,sigma=1.0,size=None)	生成对数正态分布随机数
negative_binomial(n,p,size=None)	生成负二项分布随机数
multinomial(p,pvals,size=None)	生成多项分布随机数
multivariate_normal(mean,cov[,size])	生成多元正态分布随机数
normal(loc=0.0,scale=1.0,size=None)	生成正态分布随机数
pareto(a,size=None)	生成帕累托分布随机数
poisson(lam=1.0,size=None)	生成泊松分布随机数
rand(d0,d1,⋯,dn)	生成 n+1 维的在区间[0,1)内均匀分布的随机数
randn(d0,d1,⋯,dn)	生成 n+1 维的标准正态分布随机数
randint(low, high=None, size=None, dtype='l')	生成区间[low,high)内的随机整数
random_sample(size=None)	生成[0,1)内的随机数
standard_t(df,size=None)	生成标准的 t 分布随机数
uniform(low=0.0,hign=1.0,size=None)	生成在区间[low,high)内均匀分布的随机数
wald(mean,scale,size=None)	生成 Wald 分布随机数
weibull(a,size=None)	生成 Weibull 分布随机数

3．数组的属性

为了更好地理解和使用数组，了解数组的基本属性是十分必要的。数组的属性及其说明如表 1.13 所示。

表 1.13　数组的属性及说明

属性	说明
ndim	返回 int，表示数组的维数
shape	返回元组，表示数组的尺寸，对于 m 行 n 列的矩阵，返回值为 (m,n)
size	返回 int，表示数组的元素总数，等于 shape 属性返回元组中所有元素的乘积
dtype	返回 data-type（数组类型）
itemsize	返回 int，表示数组每个元素的大小（以字节为单位）

4. 数组的变形

在对数组进行操作时，经常要改变数组的维度。在 NumPy 中，常用 reshape 函数改变数据的形状，也就是改变数组的维度。其参数为一个正整数元组，分别指定数组在每个维度上的大小。reshape 函数在改变原始数据的形状的同时不改变原始数据的值。如果指定的维数和数组的元素数目不吻合，则函数将抛出异常。

数组变形和转换的一些函数如表 1.14 所示。

表 1.14 数组变形和转换（假设数组为 a、b，相关操作维数是兼容的）

函数	功能	调用方式
reshape	变换数组维数	a.reshape(m,n)，把 a 变成 m 行 n 列的数组
ravel	水平展开数组	a.ravel()，返回 a 的视图
flatten	水平展开数组	a.flatten()，返回真实数组，需要分配新的内存空间
hstack	数组横向组合	hstack((a,b))，输入参数为元组(a,b)
vstack	数组纵向组合	vstack((a,b))
concatenate	数组横向或纵向组合	concatenate((a,b),axis=1)，同 hstack concatenate((a,b),axis=0)，同 vstack
dstack	深度组合，如在一幅图像数据的二维数组上组合另一幅图像数据	dstack((a,b))
hsplit	数组横向分割	hsplit(a,n)，把 a 平均分成 n 个列数组
vsplit	数组纵向分割	vsplit(a,m)，把 a 平均分成 m 个行数组
split	数组横向或纵向分割	split(a,n,axis=1)，同 hsplit(a,n) split(a,n,axis=0)，同 vsplit(a,m)
dsplit	沿深度方向分割数组	dsplit(a,n)，沿深度方向平均分成 n 个数组
tolist	把数组转换成 Python 列表	a.tolist()

例 1.39 把 $A_1 = \begin{bmatrix} 1 \\ 1 \\ 1 \\ 1 \end{bmatrix}$, $A_2 = \begin{bmatrix} 0 & 2 & 0 & 0 \\ 0 & 0 & 3 & 0 \\ 0 & 0 & 0 & 1.5 \\ 0 & 0 & 0 & 0 \end{bmatrix}$, $A_3 = \begin{bmatrix} 0 & 0 & 0 \\ 1 & 0 & 0 \\ 0 & 1 & 0 \\ 0 & 0 & 1 \end{bmatrix}$ 组合成分块矩阵 $A = [A_1, A_2, A_3]$，然后删除矩阵 A 的第 3 列得到矩阵 B，把 A_1 插入 B 的第 3 列得到矩阵 C，再把 C 左右翻转得到矩阵 D，最后把 D 上下翻转得到矩阵 F。

```
#程序文件 pex1_39.py
import numpy as np
a1=np.ones((4,1))
a2=np.diag(np.array([2,3,1.5]),1)
a3=np.eye(4,3,k=-1)
a=np.hstack([a1,a2,a3])
b=np.delete(a,2,axis=1)       #删除 a 的第 3 列
c=np.insert(b,2,a1[:,0],axis=1)   #把 a1 插入 b 的第 3 列
d=np.fliplr(c)                #把 c 左右翻转
f=np.flipud(d)                #把 d 上下翻转
```

1.7.2 NumPy 矩阵与通用函数

在 NumPy 中，矩阵是 ndarray 的子类。在 NumPy 中，数组和矩阵有着重要的区别。

NumPy 提供了两个基本的对象：一个 N 维数组对象和一个通用函数对象。其他对象都是在它们之上构建的。矩阵是继承自 NumPy 数组对象的二维数组对象。与数学概念中的矩阵一样，NumPy 中的矩阵也是二维的。本小节将介绍使用 mat()、matrix()（mat()和 matrix()等价）以及 bmat()函数来创建矩阵。

1. 创建矩阵的方法

1）直接使用分号隔开的字符串创建矩阵

```
import numpy as np
a = np.mat("1 2 3;4 5 6;7 8 9")    #或者写作 a=np.mat('1,2,3;4,5,6;7,8,9')
print("{}\n{}".format(a,type(a)))
```

2）使用 NumPy 数组创建矩阵

```
import numpy as np
a = np.arange(1,10).reshape(3,3)   #创建数组
b = np.mat(a);    #创建矩阵
print("a={}\nb={}".format(a,b))
```

3）从已有的数组通过 bmat()函数创建分块矩阵

```
import numpy as np
A = np.eye(2);    B = 3*A
C = np.bmat([[A, B],[B, A],[A, B]])    #构造 6 行 4 列的矩阵
print("C={}\n 维数为：{}".format(C,C.shape))
```

在 NumPy 中，除了可以实现数学上同样的矩阵运算，矩阵还有其特有的属性，如表 1.15 所示。

表 1.15 矩阵特有属性及说明

属性	说明
T	返回自身的转置
H	返回自身的共轭转置
I	返回自身的逆矩阵

例 1.40 已知矩阵 $A = \begin{bmatrix} 1 & 2 & 6 \\ 6 & 2 & 3 \\ 4 & 5 & 7 \end{bmatrix}$，求转置矩阵 A^T，逆阵 A^{-1}。

```
#程序文件 pex1_40.py
import numpy as np
A=np.mat([[1, 2, 6],[6, 2, 3],[4, 5, 7]])    #创建矩阵 A
print("A 的转置矩阵为：\n",A.T)
print("A 的逆矩阵为：\n",A.I)
```

2. ufunc 函数

ufunc 函数全称为通用函数，是一种能够对数组中的逐个元素进行操作的函数。ufunc

函数是针对数组进行操作的,并且都以 NumPy 数组作为输出,因此不需要对数组的每一个元素都进行操作。使用 ufunc 函数比使用 math 库中的函数效率要高很多。

1)各种可用的 ufunc 函数

NumPy 支持的通用函数非常多。这些函数包括广泛的操作,如四则运算、求模、取绝对值、幂函数、指数函数、三角函数、比特位运算、比较运算和逻辑运算等。常用的 ufunc 函数如表 1.16 所示。

表 1.16 常用的 ufunc 函数

add(+)	subtract(-)	multiply(*)	divide(/)	remainder(%)
power(**)	arccos	arcsin	arctan	arccosh
arcsinh	arctanh	cos	sin	tan
cosh	sinh	tanh	exp	log
log10	sqrt	maximum	minimum	conjugate
equal(==)	not_equal(!=)	greater(>)	greater_equal(>=)	less(<)
less_equal(<=)	logical_and(and)	logical_or(or)	logical_xor	logical_not(not)
bitwise_and(&)	bitwise_or(|)	bitwise_xor	bitwise_not(~)	

2)ufunc 函数的广播机制

广播(Broadcasting)是指不同形状的数组之间执行算术运算的方式。当使用 ufunc 函数进行数组计算时,ufunc 函数会对两个数组的对应元素进行计算。进行这种计算的前提是两个数组的维数一致。若两个数组的维数不一致,则 NumPy 会执行广播机制。

例 1.41 已知 $A = \begin{bmatrix} 0 & 0 & 0 \\ 10 & 10 & 10 \\ 20 & 20 & 20 \\ 30 & 30 & 30 \end{bmatrix}$,$B = \begin{bmatrix} 0 & 1 & 2 \\ 0 & 1 & 2 \\ 0 & 1 & 2 \\ 0 & 1 & 2 \end{bmatrix}$,求 $A + B$。

解 求得 $A + B = \begin{bmatrix} 0 & 1 & 2 \\ 10 & 11 & 12 \\ 20 & 21 & 22 \\ 30 & 31 & 32 \end{bmatrix}$.

```
#程序文件 pex1_41.py
import numpy as np
a=np.array([[0],[10],[20],[30]])    #输入(4,1)数组
b=np.arange(3)                       #构造(3,)数组
print(a+b)
```

1.7.3 NumPy 中 array 与 matrix 比较

NumPy 中不仅提供了 array 这个基本类型,还提供了支持矩阵操作的类 matrix,但一般推荐使用 array,原因是:很多 NumPy 函数返回的是 array,不是 matrix;在 array 中,逐个元素操作和矩阵操作有明显的不同。

1. ＊，multiply()，@运算比较

array：＊表示逐个元素乘法，@表示矩阵乘法。

matrix：＊表示矩阵乘法，multiply()表示逐个元素乘法，@表示矩阵乘法。

2．数组和矩阵的维数

形状为$(1,n)$、$(n,1)$、$(n,)$的数组的意义是不同的。形状为$(n,)$的一维数组既可以看成行向量，又可以看成列向量，它的转置不变；$(1,n)$表示行向量；$(n,1)$表示列向量。

matrix：形状为$1\times n$、$n\times 1$的矩阵分别表示行向量和列向量；A 为矩阵，A[:,0]返回的是$n\times 1$矩阵。

例 1.42 三种 array 数组示例。

```
#程序文件 pex1_42.py
from numpy import array
a=array([[1,2,3,4]])
print("a={},a 的维数={}".format(a,a.shape))   #（1,4）数组
b=array([[1],[2],[3],[4]])
print("b={},b 的维数={}".format(b,b.shape))   #（4,1）数组
c=array([1,2,3,4])
print("c={},c 的维数={}".format(c,c.shape))   #（4, ）数组
```

3．数组和矩阵的属性

array：.T 表示转置。

matrix：.T 表示转置，.H 表示复共轭转置，.I 表示逆，.A 表示转化为 array 数组。

4．array 与 matrix 的特点

1）array 的特点

v 为$(n,)$数组，A 为(n,n)数组，v 在矩阵乘法 A@v 中被看成列向量，在矩阵乘法 v@A 中被看成行向量。

所有的操作如＊、/、+、-、＊＊等，都是逐个元素进行运算。

2）matrix 的特点

很多函数即使输入的参数是 matrix，返回值也是 array 类型的。

3）二者可以相互转化

可以使用 mat()（或 matrix()）函数把数组转换为矩阵，使用 array()函数把矩阵转换为数组。

例 1.43 设 $A = \begin{bmatrix} 2 & 1 & 2 \\ 1 & 2 & 2 \\ 2 & 2 & 1 \end{bmatrix}$，求 e^A，$\varphi(A) = A^{10} - 6A^9 + 5A^8$.

解 求得数值解

$$e^A = \begin{bmatrix} 50.8915 & 48.1732 & 49.3484 \\ 48.1732 & 50.8915 & 49.3484 \\ 49.3484 & 49.3484 & 49.7163 \end{bmatrix}, \quad \varphi(A) = \begin{bmatrix} 2 & 2 & -4 \\ 2 & 2 & -4 \\ -4 & -4 & 8 \end{bmatrix}.$$

```
#程序文件 pex1_43.py
import numpy as np
from scipy.linalg import expm
a=np.array([[2,1,2],[1,2,2],[2,2,1]])
b=np.mat(a); s11=expm(a); s12=expm(b)
print(np.round(s11,4)); print(np.round(s12,4))

phi=lambda x: x**10-6*x**9+5*x**8
s2=phi(b); print(s2)
```

例 1.44 求解矩阵方程。设 A、B 满足关系式 $BA=2B+A$，且 $A=\begin{bmatrix} 3 & 0 & 1 \\ 1 & 1 & 0 \\ 0 & 1 & 4 \end{bmatrix}$，求 B。

解 解矩阵方程得

$$B(A-2E)=A, \quad B=A(A-2E)^{-1}=\begin{bmatrix} 5 & -2 & -2 \\ 4 & -3 & -2 \\ -2 & 2 & 3 \end{bmatrix}.$$

```
#程序文件 pex1_44.py
import numpy as np
A=np.array([[3,0,1],[1,1,0],[0,1,4]])
B1=A@np.linalg.inv(A-2*np.eye(3))    #求逆阵解线性方程组

#下面利用 numpy.linalg 模块解线性方程组的函数 solve 求解
BT=np.linalg.solve((A-2*np.eye(3)).T, A.T)
B2=BT.T
```

例 1.45 已知矩阵

$$A=\begin{bmatrix} 1 & 2 & \infty \\ 1 & 2 & 4 \\ 6 & 8 & 10 \\ 2 & \infty & \infty \end{bmatrix},$$

找出 A 中含有 ∞ 的行，并将含 ∞ 的行删除。

```
#程序文件 pex1_45.py
from numpy import inf, array, isinf, any
A=array([[1,2,inf],[1,2,4],[6,8,10],[2,inf,inf]])
ind=any(isinf(A),axis=1)      #找含有 inf 的行
B=A[~ind,:]; print(B)         #提出不含 inf 的行并显示
```

1.8 Matplotlib 库

Matplotlib 库是 Python 强大的数据可视化工具，提供了一整套与 MATLAB 语言相似

的绘图函数。Matplotlib 库是神经生物学家 John D. Hunter 于 2007 年创建的,其函数设计参考了 MATLAB。

1.8.1 基础用法

1. plot()函数

Matplotlib 提出了 Object Container(对象容器)的概念,它有 Figure、Axes、Axis、Tick 四种类型的对象容器。Figure 负责图形大小、位置等操作;Axes 负责坐标轴位置、绘图等操作;Axis 负责坐标轴的设置等操作;Tick 负责格式化刻度的样式等操作。四种对象容器之间是层层包含的关系。

matplotlib.pyplot 模块画折线图的 plot()函数的常用语法和参数含义如下:

  plot(x, y, s)

其中 x 为数据点的 x 坐标,y 为数据点的 y 坐标,s 为指定线条颜色、线条样式和数据点形状的字符串。

plot()函数也可以使用如下调用格式:

  plot(x, y, linestyle, linewidth, color, marker, markersize, markeredgecolor, markerfacecolor, markeredgewidth, label, alpha)

其中:

  linestyle:指定折线的类型,可以是实线、虚线和点画线等,默认为实线。
  linewidth:指定折线的宽度。
  marker:为折线图添加点,该参数设置点的形状。
  markersize:设置点的大小。
  markeredgecolor:设置点的边框色。
  markerfacecolor:设置点的填充色。
  markeredgewidth:设置点的边框宽度。
  label:添加折线图的标签,类似于图例的作用。
  alpha:设置图形的透明度。
  加载 matplotlib.pyplot 模块可以使用如下三种方式:

```
import matplotlib.pyplot as plt
from matplotlib import pyplot as plt
import pylab as plt                    #pylab 作为 Matplotlib 库的一个接口
```

使用 Matplotlib 时,有时图例等设置无法正常显示中文和负号,添加如下代码即可实现中文和负号正常显示:

```
plt.rc('font',family='SimHei')         #用来正常显示中文标签
plt.rc('axes',unicode_minus=False)     #用来正常显示负号
```

pylab 绘图对象常用方法如表 1.17 所示。

表 1.17 pylab 绘图对象常用方法

方法示例	功能
plt.figure(figsize=(8,4))	创建一个当前绘图对象,并设置窗口的宽度和高度
plt.plot(x,y,label="$cos(x)$",color="red",linewidth=2)	绘图。x 和 y 表示绘图数据;label 表示所绘制曲线的名字,将在图例(legend)中显示;color 指定曲线颜色;linewidth 指定曲线的宽度
plt.xlabel("时间(s)")	xlabel()方法设置 x 轴文字
plt.ylabel("距离(km)")	ylabel()方法设置 y 轴文字
plt.title("图题")	title()方法设置图的标题
plt.legend()	legend()方法显示图例
plt.xlim(-6,6)	xlim()方法设置 x 轴的范围
plt.ylim(-6,6)	ylim()方法设置 y 轴的范围
plt.xticks(np.arange(-3,4))	xticks()方法设置 x 轴刻度
plt.yticks(np.arange(-3,4))	yticks()方法设置 y 轴刻度
plt.gca()	获得当前的 Axes 对象
plt.gcf()	获得当前图
plt.cla()	清除绘制的内容
plt.grid()	设置网格线
plt.close(0)	关闭图 0
plt.close("all")	关闭所有图形
plt.show()	显示图形

例 1.46 绘制 $y=\sin(x^3)$ 和 $y=\cos(x^3)$ 的图形。

```
#程序文件 pex1_46.py
import pylab as plt
plt.rc("font",size=16); plt.rc("text",usetex=True)
x=plt.linspace(-4,4,100)
y1=plt.sin(x**3); y2=plt.cos(x**3)
plt.plot(x,y1,label="$\sin(x^3)$",color='red',linewidth=2)
plt.plot(x,y2,"k--",label="$\cos(x^3)$")
plt.xticks(range(-4,5)); plt.yticks(plt.linspace(-1,1,5))
plt.legend(loc='best'); plt.show()
```

所画的图形如图 1.3 所示。

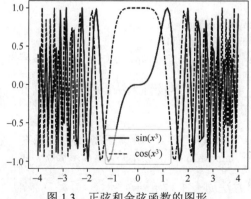

图 1.3 正弦和余弦函数的图形

注 1.2 在 Matplotlib 绘图过程中要使用 LaTeX 字体，需要使用如下语句：

plt.rc("text",usetex=True)

使用该语句的前提是系统安装了 LaTeX 的两个宏包（使用的安装文件为 basic-miktex-2.9.7021-x64.exe 和 gs926aw64.exe）。

2. 子图

一个 Figure 对象可以包含多个子图（Axes）。在 Matplotlib 中用 Axes 对象表示一个绘图区域，即子图。

绘制子图的语法格式如下：

subplot(nrows, ncols, index)

功能：subplot()返回它所创建的 Axes 对象，用变量保存起来；然后调用 sca()方法交替，让它们成为当前 Axes 对象，并调用 plot()在当前子图绘图。

subplot 将整个绘图区域等分为 nrows 行×ncols 列个子区域，然后按照从左到右、从上到下的顺序对每个子区域编号。左上方子区域的编号为 1。具体参数如下：

（1）nrows 表示绘图区域的行数。
（2）ncols 表示绘图区域的列数。
（3）index 表示创建的 Axes 对象所在的区域。

例如，subplot(2,3,4)表示把当前绘图窗口分成 2 行 3 列共 6 个子窗口，激活第 4 号子窗口。subplot(2,3,4)可以简写为 subplot(234)。

例 1.47 在 2×3 子窗口中分别绘制 $y_k = \cos(kx^k)$，$x \in \left[-\dfrac{\pi}{2}, \dfrac{\pi}{2}\right]$，$k=1,2,\cdots,6$，共 6 条曲线。

```
#程序文件 pex1_47.py
import pylab as plt
plt.rc('font',size=16)
x=plt.linspace(-plt.pi/2,plt.pi/2,100); k=0;
for i in range(1,3):
    for j in range(1,4):
        k=k+1; y=plt.cos(k*x**k)
        ax=plt.subplot(2,3,k)
        plt.plot(x,y)
        if i==1:
            ax.set_xticklabels('')    #非底部坐标取消坐标显示
        if j>=2:
            ax.set_yticklabels('')    #非左侧坐标取消坐标显示
plt.show()
```

所画的图形如图 1.4 所示。

例 1.48 绘制不规则子图。

绘制的一个单位圆、一条余弦曲线和 100 个随机点的散点图，如图 1.5 所示。

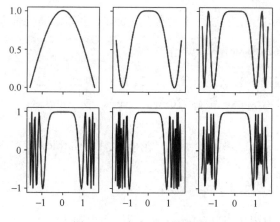

图 1.4 6 个余弦函数曲线

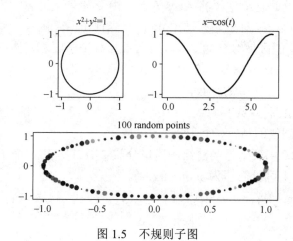

图 1.5 不规则子图

```
#程序文件 pex1_48.py
import pylab as plt
import numpy as np

t=np.linspace(0,2*np.pi,100)
x=np.cos(t); y=np.sin(t)

plt.rc("text",usetex=True)
ax=plt.subplot(221)
ax.set_aspect("equal")     #设置坐标轴的比例为等比例
plt.plot(x,y)              #画第一个子图
plt.title("$x^2+y^2=1$")

plt.subplot(222)
plt.plot(t,x); plt.title("$x=cos(t)$")

plt.subplot(212)
```

```
x2=np.random.rand(100)          # 随机生成 100 个 x 坐标值
y2=np.random.rand(100)          # 随机生成 100 个 y 坐标值
colors=np.random.rand(100)      #随机生成 100 个颜色值，用于点的颜色
sizes=50*np.random.rand(100)    #随机生成 100 个大小值，用于点的大小
plt.scatter(x,y,c=colors,s=sizes,alpha=0.7,cmap="viridis")
plt.title("100 random points")
plt.tight_layout()              #调整子图之间的间距
plt.show()
```

1.8.2 散点图

1. 基于 scatter()函数的二维散点图

给定平面上 n 个不同点的直角坐标 (x_i, y_i) $(i=1,2,\cdots,n)$，两个坐标分量组成的向量分别用向量 $\boldsymbol{x}=[x_1,x_2,\cdots,x_n]^T$ 和 $\boldsymbol{y}=[y_1,y_2,\cdots,y_n]^T$ 表示。使用 scatter()函数绘制散点图，常用的调用格式如下：

scatter(x, y, s=None, c=None)

其中，x 和 y 是两个一维数组，表示散点图中每个点的 x 和 y 坐标。这些数组的长度应该相同，每个元素对应一个数据点的位置。

s（可选）：s 是一个标量或一维数组，用于指定散点的大小。可以根据数据点的特征来设置不同大小的散点。默认值为 20。

c（可选）：c 用于指定散点的颜色。它可以是一个单一的颜色字符串（例如，'b'表示蓝色），也可以是一个颜色序列（例如，一个列表），每个数据点对应一个颜色。

例 1.49 seamount.mat 是 MATLAB 自带的某海山数据，其中向量 x 表示 294 个点的纬度（单位为（°）），y 向量表示经度（单位为（°）），z 是取值为负的深度向量（单位为 m）。绘出平面散点图（不考虑深度），圆圈颜色用深度向量 z 表示。

绘制的散点图如图 1.6 所示。

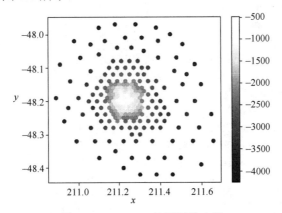

图 1.6　seamount 的平面散点图

```
#程序文件 pex1_49.py
import scipy.io as sio
```

```
import pylab as plt
mat = sio.loadmat("seamount.mat")      #读取 MAT 文件
x = mat["x"]                           #提取需要的数据
y = mat["y"]; z = mat["z"]
plt.rc("text",usetex=True)
plt.scatter(x,y,c=z,cmap="hot",alpha=0.6)   #绘制散点图
plt.colorbar(); plt.xlabel("$x$")
plt.ylabel("$y$",rotation=0)
plt.show()
```

2. 基于 scatter()函数的三维散点图

在三维空间中，n 个点构成的横坐标、纵坐标和竖坐标向量分别为 x、y、z，绘制三维散点图的函数也为 scatter。常用的调用格式为

scatter(x, y, z, s=None, c=None)

例 1.50 绘制 seamount.mat 的三维空间散点图。

绘制的三维散点图如图 1.7 所示。

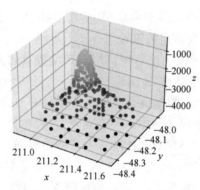

图 1.7　seamount.mat 的三维散点图

```
#程序文件 pex1_50.py
import scipy.io as sio
import pylab as plt
mat = sio.loadmat("seamount.mat")      #读取 MAT 文件
x = mat["x"]                           #提取需要的数据
y = mat["y"]; z = mat["z"]
plt.rc("text",usetex=True)
ax=plt.axes(projection="3d")
ax.scatter(x,y,z,c=z,marker="o",s=20)
ax.set_xlabel("$x$"); ax.set_ylabel("$y$")
ax.set_zlabel("$z$"); plt.show()
```

1.8.3　三维绘图

1. 三维曲线

例 1.51 画出三维螺旋线 $x = t\cos t$，$y = t\sin t$，$z = t$（$t \in [0,50]$）的图形。

绘制的图形如图 1.8 所示。

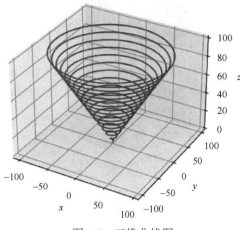

图 1.8 三维曲线图

```
#程序文件 pex1_51.py
import pylab as plt
import numpy as np
t=np.linspace(0,100,1000)
x=t*np.cos(t); y=t*np.sin(t)
plt.rc("text",usetex=True)
ax=plt.axes(projection="3d")
ax.plot(x,y,t); ax.set_xlabel("$x$")
ax.set_ylabel("$y$"); ax.set_zlabel("$z$")
plt.show()
```

2. 三维曲面图形

例 1.52 绘制椭圆锥面 $\dfrac{x^2}{4}+\dfrac{y^2}{2}=z^2$ 的网格曲面图。它的参数方程为

$$\begin{cases} x=2z\cos t, \\ y=\sqrt{2}z\sin t, \\ z=z. \end{cases}$$

用参数方程绘制的图形如图 1.9 所示。

```
#程序文件 pex1_52.py
import numpy as np
import pylab as plt
z=np.linspace(-5,5,100)
t=np.linspace(0,2*np.pi,100)
z,t=np.meshgrid(z,t)
x=2*z*np.cos(t); y=np.sqrt(2)*z*np.sin(t)
ax=plt.axes(projection="3d")
ax.plot_surface(x,y,z); plt.show()
```

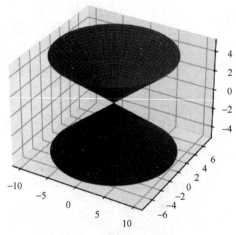

图 1.9 椭圆锥面

例 1.53 莫比乌斯带是一种拓扑学结构，它只有一个面和一个边界，是 1858 年由德国数学家、天文学家莫比乌斯和约翰·李斯丁独立发现的。其参数方程为

$$\begin{cases} x = \left(2 + \dfrac{s}{2}\cos\dfrac{t}{2}\right)\cos t, \\ y = \left(2 + \dfrac{s}{2}\cos\dfrac{t}{2}\right)\sin t, \\ z = \dfrac{s}{2}\sin\dfrac{t}{2}. \end{cases}$$

其中，$-1 \leqslant s \leqslant 1$，$0 \leqslant t \leqslant 2\pi$。绘制莫比乌斯带。

绘制的图形如图 1.10 所示。

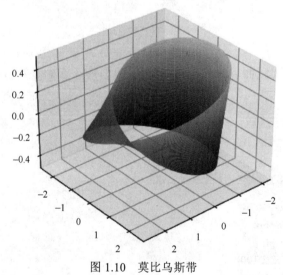

图 1.10 莫比乌斯带

```
#程序文件 pex1_53.py
import numpy as np
import pylab as plt
s=np.linspace(-1,1,100)
t=np.linspace(0,2*np.pi,100)
```

```
s,t=np.meshgrid(s,t)
x=(2+s/2*np.cos(t/2))*np.cos(t)
y=(2+s/2*np.cos(t/2))*np.sin(t)
z=s/2*np.sin(t/2)
ax=plt.axes(projection="3d")
elevation=30            #仰角为 30 度
azimuth=50              #方位角为 50 度
ax.view_init(elev=elevation,azim=azimuth)
ax.plot_surface(x,y,z,cmap="viridis"); plt.show()
```

1.8.4 等高线和向量图

1. 等高线

例 1.54 画出 $z=\mathrm{e}^{-\left(\frac{x^2}{4}+\frac{y^2}{9}\right)}$ 在 $-3 \leqslant x \leqslant 3$，$-5 \leqslant y \leqslant 5$ 范围内的等高线图。

```
#程序文件 pex1_54.py
import numpy as np
import pylab as plt
x = np.linspace(-3, 3, 80)       #生成 x 坐标数据
y = np.linspace(-5, 5, 100)      #生成 y 坐标数据
X, Y = np.meshgrid(x, y)         #创建网格
Z = np.exp(-(X**2/4 + Y**2/9) )
plt.rc("text",usctcx=True)
plt.rc("font",family="SimHei")   #设置中文显示
plt.rc("axes",unicode_minus=False)
c=plt.contour(X, Y, Z, cmap="viridis")   #使用'viridis'颜色映射
plt.clabel(c)                    #对等高线进行标注
plt.colorbar()                   #添加颜色条
plt.xlabel("$x$"); plt.ylabel("$y$",rotation=0)
plt.show()
```

绘制的等高线如图 1.11 所示。

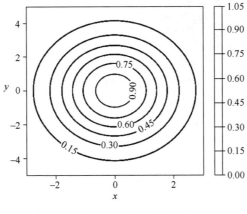

图 1.11 等高线图

2. 向量图

例 1.55 绘出速度向量 $(u,v)=(y\cos x, x\sin y)$，$0 \leqslant x \leqslant 15$，$0 \leqslant y \leqslant 10$ 的向量场。

```
#程序文件 pex1_55.py
import numpy as np
import pylab as plt
x=np.linspace(0,15,15); y=np.linspace(0,10,10)
x,y=np.meshgrid(x,y)
u=y*np.cos(x); v=x*np.sin(y)
plt.quiver(x,y,u,v); plt.show()
```

所绘制的图形如图 1.12 所示。

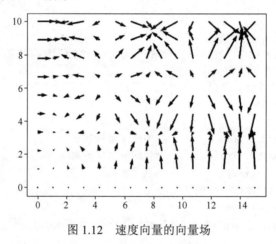

图 1.12　速度向量的向量场

1.9　SciPy 库

SciPy 是一个高级的科学计算库，它和 NumPy 的联系很密切，SciPy 库一般操控 NumPy 数组进行科学计算，所以可以说 SciPy 是基于 NumPy 的。

SciPy 由一些特定功能的子模块组成：

➢ scipy.cluster：聚类分析的各种功能和工具。
➢ scipy.constants：数学常量。
➢ scipy.fftpack：快速傅里叶变换。
➢ scipy.integrate：数值积分和常微分方程数值解等。
➢ scipy.interpolate：插值。
➢ scipy.io：数据输入和输出。
➢ scipy.ndimage：n 维图像。
➢ scipy.odr：正交距离回归。
➢ scipy.optimize：优化。
➢ scipy.signal：信号处理。

- scipy.sparse：稀疏矩阵。
- scipy.spatial：空间数据结构和算法。
- scipy.special：特殊函数。
- scipy.stats：统计。

SciPy 的大多数函数（例如 cos、sin 函数）和 NumPy 中的函数是一样的，通常在程序中不使用 import scipy，而是直接导入某个子模块，如 import scipy.stats as ss。

SciPy 功能强大，下面列举 SciPy 的一些基础功能。

1.9.1　文件输入和输出子模块 scipy.io

1. 加载 MATLAB 的 mat 文件

例 1.56　把 MATLAB 生成的文件 data1_56.mat 中的变量 a、b 导入 Python 中。

MATLAB 程序如下：

```
%程序文件 mex1_56.m
clc, clear, rng(1)   %1 作为随机数发生器的种子
a=randi([0,10],3), b=rand(3,4)
save data1_56 a b
```

Python 程序如下：

```
#程序文件 pex1_56.py
import scipy.io as sio
d=sio.loadmat("data1_56.mat")   #加载 MATLAB 的 mat 文件
a=d["a"]; b=d["b"]              #提取 MATLAB 保存的数据
```

2. 把 Python 数据保存为 mat 文件

例 1.57　把数据保存到 mat 文件中，供 MATLAB 使用。

```
#程序文件 pex1_57.py
import numpy as np
import scipy.io as sio
a=np.ones((3,3))
b=np.random.rand(3,4)
#把 a,b 保存到 mat 文件中，供 MATLAB 使用
sio.savemat("data1_57.mat",{"a":a,"b":b}) #保存字典到 mat 文件
```

1.9.2　优化子模块 scipy.optimize

1. 求解非线性方程或方程组

例 1.58　求解非线性方程组

$$\begin{cases} x+y^2+z=20, \\ x+y+z=9, \\ x+2y+3z=2. \end{cases}$$

解　求得的数值解为

或
$$x = 13.9271, \quad y = -2.8541, \quad z = -2.0729,$$
$$x = 10.5729, \quad y = 3.8541, \quad z = -5.4271.$$

```
#程序文件 pex1_58.py
from scipy.optimize import fsolve, root
import numpy as np
def func(t):
    x,y,z=t
    return [x+y**2+z-20, x+y+z-9,
            x+2*y+3*z-2]
s1=fsolve(func,np.random.rand(3))
s2=root(func,np.random.rand(3))
print(np.round(s1,4)); print("------"); print(s2)
```

2．求函数的极值点

例 1.59 （1）求函数 $f(x) = x - \ln(1+x)$ 在初值 1 附近的极小点。

（2）求 $g(x) = x + \sqrt{1-x}$ 在区间 $[-5,1]$ 上的最小值。

解 （1）求得初值 1 附近的极小点为 $x = -8.8818 \times 10^{-16}$。

（2）求得在区间 $[-5,1]$ 上的最小点为 $x = -4.999995$，对应的最小值为 $g(x) = -2.5505$。

```
#程序文件 pex1_59.py
from scipy.optimize import fmin, fminbound
import numpy as np
fx=lambda x: x-np.log(1+x)
gx=lambda x: x+np.sqrt(1-x)
x1=fmin(fx,1); print("极小点：", x1)
x2=fminbound(gx,-5,1)
print("最小点：", x2); print("最小值：", gx(x2))
```

3．求多元函数的极值

scipy.optimize 模块的 minimize()函数可以求解非线性规划问题（带约束条件的多元函数极值），也可以求解简单的多元函数的极值。

例 1.60 求函数 $f(x,y) = e^{x+y}(x + y^2 + 2y)$ 的极小值。

解 求得的极小点为 $x = -0.25$，$y = -0.5$；极小值为 -0.4724。

```
#程序文件 pex1_60.py
from scipy.optimize import minimize
import numpy as np
f=lambda x: np.exp(sum(x))*(x[0]+x[1]**2+2*x[1])
res=minimize(f, [0,0])
print("极小点：",np.round(res.x,4))
print("极小值：",round(res.fun,4))
```

4．最小二乘法拟合参数

例 1.61 在圆周 $(x-11)^2 + (y-12)^2 = 9$ 上均匀地取如下 10 个点：

```
t=np.linspace(0,2*np.pi,11);
x=11+3*np.cos(t); y=12+3*np.sin(t)
```

利用这 10 个点的 x、y 坐标，拟合该圆的方程，最后画出这 10 个点的散点图和所拟合圆方程的曲线。

解　拟合得到的圆心为 $(11.0, 12.0)$，半径 $r = 3.0$。已知数据的散点图和所拟合圆的图形如图 1.13 所示。

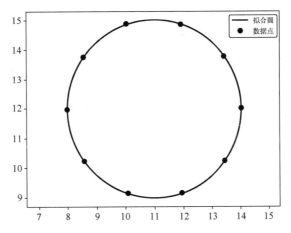

图 1.13　已知数据的散点图和拟合圆的图形

```
#程序文件 pcx1_61.py
import numpy as np
import pylab as plt
from scipy.optimize import curve_fit

t0 = np.linspace(0, 2 * np.pi, 11)
x0 = 11 + 3 * np.cos(t0)
y0 = 12 + 3 * np.sin(t0)

def eq(t, a, b, r):                        #定义拟合的参数方程，自变量放在首位
    x = a + r * np.cos(t)
    y = b + r * np.sin(t)
    return np.hstack((x, y))

#用 curve_fit 进行拟合
p, covar = curve_fit(eq, t0, np.hstack((x0, y0)))
ah, bh, rh = p                             #提取拟合的参数值
t=np.linspace(0,2*np.pi,100)               #画拟合圆使用的参数值
xh, yh = eq(t, ah, bh, rh).reshape(2,-1)
plt.axis("equal"); plt.rc("font",family="SimHei")
plt.plot(xh, yh, label="拟合圆")           #绘制拟合的圆
plt.plot(x0, y0, "ro", label="数据点")
plt.legend(); plt.show()
```

print(f"拟合的圆的参数：圆心({ah}, {bh})，半径{rh}") #格式化输出

1.9.3 模块 scipy.integrate

模块 scipy.integrate 可以实现求数值积分和常微分方程数值解等功能。以下是一些主要的函数：

（1）quad()是一个通用函数，用于求单变量和多变量的数值积分。它返回积分结果和误差估计。

（2）dblquad()函数用于求二重数值积分。

（3）tplquad()函数用于求三重数值积分。

（4）nquad()函数用于求任意重的数值积分。

（5）odeint()函数用于解常微分方程（ODE）的初值问题。

例 1.62 求下列积分的数值积分。

（1）$\int_0^2 \dfrac{1}{x^2+x+1}\mathrm{d}x$。

（2）$\iint_D \sqrt{y^2-xy}\mathrm{d}x\mathrm{d}y$，其中 D 是由直线 $y=x$，$y=1$，$x=0$ 所围成的平面区域。

（3）$\iiint_\Omega xy^2\mathrm{d}V$，其中 Ω 由平面 $z=0$，$x+y-z=0$，$x-y-z=0$ 及 $x=1$ 围成的区域。

解 （1）$\int_0^2 \dfrac{1}{x^2+x+1}\mathrm{d}x = 0.8241$。

（2）$\iint_D \sqrt{y^2-xy}\mathrm{d}x\mathrm{d}y = \int_0^1 \mathrm{d}y\int_0^y \sqrt{y^2-xy}\mathrm{d}x = 0.2222$。

（3）将 Ω 区域投影到 xOz 面上得到的平面区域如图 1.14 所示。

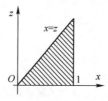

图 1.14 三维积分区域 Ω 的投影区域

$$\iiint_\Omega xy^2\mathrm{d}V = \int_0^1 \mathrm{d}x\int_0^x \mathrm{d}z\int_{-(x-z)}^{x-z} xy^2\mathrm{d}y = 0.0278$$

```
#程序文件 pex1_62.py
from scipy.integrate import quad, dblquad, tplquad
import numpy as np
f=lambda x: 1/(x**2+x+1); I1=quad(f,0,2)
print("积分值及误差分别为：",I1)
g=lambda x,y: np.sqrt(y**2-x*y)
U=lambda y: y; I2=dblquad(g,0,1,0,U)
print("积分值及误差分别为：",I2)
```

```
h=lambda y,z,x: x*y**2; U2=lambda x: x
L3=lambda x,z: z-x; U3=lambda x,z: x-z
I3=tplquad(h, 0, 1, 0, U2, L3, U3)
print("积分值及误差分别为：",I3)
```

例 1.63 求下列常微分方程的数值解，并画出数值解的图形。

（1） $y' = \dfrac{x}{y} + \dfrac{y}{x}$ 满足 $y|_{x=1} = 2$。

（2） $(1+x^2)y'' = 2xy'$ 满足初始条件 $y|_{x=0} = 1$，$y'|_{x=0} = 3$。

解 （1）求得的数值解的图形如图 1.15（a）所示。

（2）Python 无法直接求高阶常微分方程的数值解，必须化成 1 阶方程组才能求数值解。令 $y_1 = y$，$y_2 = y'$，得到与原 2 阶微分方程等价的 1 阶微分方程组

$$\begin{cases} y_1' = y_2, & y_1(0) = 1, \\ y_2' = \dfrac{2x}{1+x^2} y_2, & y_2(0) = 3. \end{cases}$$

求得 y 的数值解图形如图 1.15（b）所示。

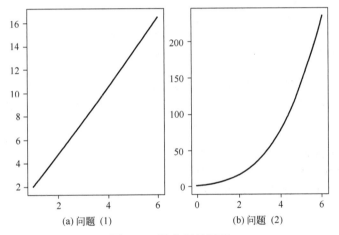

图 1.15 数值解的图形

```
#程序文件 pex1_63.py
from scipy.integrate import odeint
import pylab as plt
dy1=lambda y,x: x/y+y/x
x1=plt.linspace(1, 6)
y1=odeint(dy1,2,x1)
plt.subplot(121); plt.plot(x1,y1)
dy2=lambda y,x: [y[1],2*x/(1+x**2)*y[1]]
x2=plt.linspace(0,6)
y2=odeint(dy2,[1,3],x2)
plt.subplot(122); plt.plot(x2,y2[:,0])
plt.show()
```

1.10 SymPy 库

SymPy 库提供了一套强大的工具,可以进行符号数学运算、代数操作、求解方程、微积分、矩阵运算等。具体功能如下:

(1) 符号定义和运算:定义符号变量,并进行基本的符号运算,如加法、减法、乘法、除法等。

(2) 方程求解:求解代数方程(方程组)、差分方程等。

(3) 微积分:进行符号微分和积分计算,如求导、不定积分、定积分、多重积分等。

(4) 线性代数:进行符号矩阵运算,如矩阵乘法、矩阵求逆、特征值计算、特征向量计算等。

(5) 统计计算:进行符号统计计算,如计算期望、方差、概率密度函数、累积分布函数等。

1.10.1 符号运算基础知识

1. 符号变量的定义

在使用 SymPy 库之前,首先需要导入 SymPy 库,通常使用以下方式导入:

```
import sympy as sp
```

使用 SymPy 库进行符号计算,首先要建立符号变量以及符号表达式。可以使用 symbols()或 var()函数定义符号变量。既可以定义单个符号变量,也可以一次定义多个符号变量。例如

```
import sympy as sp
x=sp.symbols("x")
x,y,torque=sp.symbols("x,y,torque")
```

或

```
x=sp.var("x")
x,y,torque=sp.var("x,y,torque")
```

还可以定义整组某种类型的符号变量。下面定义符号变量时全部使用函数 var()。

```
v=sp.var("I:K",integer=True)        #输出(I, J, K)
A=sp.var("A1:4(1:3)")               #输出(A11, A12, A21, A22, A31, A32)
x=sp.var("x1:4",real=True)          #输出(x1, x2, x3)
```

2. 符号整数和有理数

```
a=sp.sympify(2)                     #输出符号整数 2
b=sp.sympify(1)/sp.sympify(6)       #输出 1/6
c=sp.Rational(1,6)                  #输出 1/6
```

3．符号函数的定义

```
f=sp.Function("f")                  #定义符号函数 f
f=sp.var("f",cls=sp.Function)        #定义符号函数 f
f,g,h=sp.var("f,g,h",cls=sp.Function)  #定义 3 个符号函数 f, g, h
```

例 1.64 符号函数示例。

```
#程序文件 pex1_64.py
import sympy as sp
x=sp.var("x"); t=sp.var("t1:4")        #定义符号变量(t1, t2, t3)
f,g=sp.var("f,g",cls=sp.Function)       #定义符号函数 f, g
h1=(x*f(x)).diff(x)                     #符号函数的导数
h2=g(*t)                                #多元函数 g(t1, t2, t3)
h3=sp.Matrix([g(*t).diff(tt) for tt in t])  #g 的梯度向量
h4=sp.hessian(g(*t),[t1,t2,t3])         #2 阶导数矩阵
```

4．Lambda()函数

在 SymPy 中，Lambda()函数是一种用于定义匿名函数的方式，类似于 Python 中的 lambda()函数。Lambda()函数可以用于简单的函数定义，通常在需要将一个简单表达式或者函数传递给某些函数时使用。

例 1.65 Lambda 函数示例。

```
#程序文件 pex1_65.py
import sympy as sp
t,x,y,g=sp.var("t,x,y,g")
f1=g*t**2/2                    #符号表达式
f2=sp.Lambda(t,f1)              #符号函数
g1=sp.sin(x)*sp.exp(y)*(x+y)    #符号表达式
g2=sp.Lambda((x,y),g1)          #符号函数
```

例 1.66 计算向量函数 $F(x_1,x_2)=[\sin(x_1),\sin(x_1)\cos(x_2)]$ 的雅克比矩阵。

解 求得雅克比矩阵为

$$\begin{bmatrix} \cos(x_1) & 0 \\ \cos(x_1)\cos(x_2) & -\sin(x_1)\sin(x_2) \end{bmatrix}.$$

```
#程序文件 pex1_66.py
import sympy as sp
x=sp.var("x1:3")
F=sp.Lambda(x,sp.Matrix([sp.sin(x1),sp.sin(x1)*sp.cos(x2)]))
J=F(*x).jacobian(x); print(J)
```

5．符号矩阵

使用 SymPy 库中的符号矩阵时，必须注意运算符*，它用于执行矩阵乘法。在 NumPy 数组中，*表示数组的对应元素相乘。

创建矩阵的一种方法是提供符号和形状的列表，如下所示：

```
M=sp.Matrix(3,3,sp.var("m1:4(1:4)"))
```

将创建如下矩阵：

$$\begin{bmatrix} m_{11} & m_{12} & m_{13} \\ m_{21} & m_{22} & m_{23} \\ m_{31} & m_{32} & m_{33} \end{bmatrix}.$$

创建矩阵的另一种方法是通过给定函数生成矩阵元素，语法如下：

Matrix（number of rows， number of columns, function）

例 1.67 给定 $2n-1$ 个数据向量 $\boldsymbol{a} = [a_1, a_2, \cdots, a_{2n-1}]$，构造矩阵 $\boldsymbol{T}(n) = (t_{ij})_{n \times n}$，其中

$$t_{ij} = a_{i-j+n}, \quad i,j = 1,2,\cdots,n.$$

写出矩阵 $\boldsymbol{T}(5)$。

解 矩阵

$$\boldsymbol{T}(5) = \begin{bmatrix} a_5 & a_4 & a_3 & a_2 & a_1 \\ a_6 & a_5 & a_4 & a_3 & a_2 \\ a_7 & a_6 & a_5 & a_4 & a_3 \\ a_8 & a_7 & a_6 & a_5 & a_4 \\ a_9 & a_8 & a_7 & a_6 & a_5 \end{bmatrix}.$$

```
#程序文件 pex1_67.py
import sympy as sp
def toeplitz(n):
    a=sp.var("a1:"+str(2*n))
    f=lambda i,j: a[i-j+n-1]
    return sp.Matrix(n,n,f)
if __name__=="__main__":    #判断当前程序是否被作为主程序运行
    T=toeplitz(5); print(T)
```

6. 符号值转换为浮点值

在符号计算中，可以使用 evalf()或 n()方法将符号数转换为浮点数，默认的精度为 15 位有效数字，可以通过调整参数改成任何想要的精度。

例 1.68 符号数转换为浮点数示例。

```
#程序文件 pex1_68.py
import sympy as sp
a=sp.pi; b=a.evalf(); print(b)
c=a.evalf(30); print(c)
d=a.n(5); print(d)
```

1.10.2 符号替换

符号替换是指在符号表达式中，通过用数字、其他符号或表达式替换某个符号来更

改表达式，可以通过 subs()方法实现。

subs()需要一个或两个参数。例如：

```
x,a=sp.var("x,a")
b=x**2+2*a
c1=b.subs(x,0)
c2=b.subs({x:0})    #字典作为一个参数
```

字典作为参数使得我们可以一步进行多个替换，如下所示：

```
d=b.subs({x:0,a:2*a})   #一次替换两个符号
```

定义多个替换的另一种方法是使用（旧值，新值）对列表，如下所示：

```
f=b.subs([(x,2*x),(a,3)])
```

例 1.69 构造三对角矩阵

$$\begin{bmatrix} a_5 & a_4 & 0 & 0 & 0 \\ a_6 & a_5 & a_4 & 0 & 0 \\ 0 & a_6 & a_5 & a_4 & 0 \\ 0 & 0 & a_6 & a_5 & a_4 \\ 0 & 0 & 0 & a_6 & a_5 \end{bmatrix}.$$

```
#程序文件 pex1_69.py
import sympy as sp
from pex1_67 import toeplitz
T1=toeplitz(5)
#下面构造替换字符列表
s1=[sp.var("a"+str(i)) for i in range(1,10) if i<4 or i>6]
L=list(zip(s1,[0]*len(s1)))      #构造替换关系对列表
T2=T1.subs(L)                    #构造三对角矩阵
print(T2)
```

1.10.3 符号函数绘图

1. 二维曲线绘图

二维曲线绘图函数 plot 的基本使用格式为：

plot(表达式，变量取值范围，属性=属性值)

多重绘制的使用格式为：

plot(表达式 1，表达式 2，变量取值范围，属性=属性值)

或

plot((表达式 1，变量取值范围 1)，(表达式 2，变量取值范围 2))

例 1.70 绘制 $y=\sin(x)$，$x\in[-3,3]$ 的曲线图形。

```
#程序文件 pex1_70.py
import sympy as sp
import pylab as plt
x=sp.var("x"); y=sp.sin(x)
plt.rc("text",usetex=True)
p = sp.plot(y,(x,-3,3), show=False)
p.title = "Sin Function"
p.xlabel = "$x$"; p.ylabel = "$sin(x)$"
p.show()
```

例 1.71 在同一图形界面绘制 $y_1=\sin(2x)$，$x\in[-3,3]$；$y_2=2\cos(x/2)$，$x\in[-6,6]$ 的图形。

```
#程序文件 pex1_71.py
import sympy as sp
import pylab as plt
x=sp.symbols("x"); f1=sp.sin(2*x)
f2=2*sp.cos(x/2)
plt.rc("text",usetex=True)
sp.plot((f1, (x, -3, 3)),(f2, (x, -6, 6)))
plt.legend(["$y=sin(2*x)$","$y=2*cos(x/2)$"])
plt.show()
```

2. 三维曲面绘图

例 1.72 绘制三维曲面 $z=\cos\left(\ln(2x^2+2y^2+1)\right)$，$x\in[-10,10]$，$y\in[-10,10]$ 的图形。绘制的图形如图 1.16 所示。

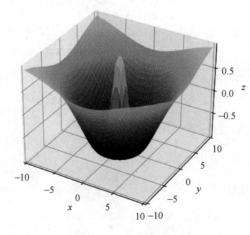

图 1.16 三维曲面图

```
#程序文件 pex1_72.py
```

```
import sympy as sp
import pylab as plt
from sympy.plotting import plot3d
plt.rc("font",size=16); plt.rc("text",usetex=True)
x,y=sp.var("x,y");
plot3d(sp.cos(sp.log(2*x**2+2*y**2+1)),(x,-10,10),
       (y,-10,10),xlabel="$x$",ylabel="$y$",zlabel="$z$")
plt.show()
```

3．隐函数绘图

例 1.73 绘制隐函数 $(x-4)^3+(y-2)^4+1=0$，$x\in[-5,5]$，$y\in[-3,5]$ 的图形。

绘制的图形如图 1.17 所示。

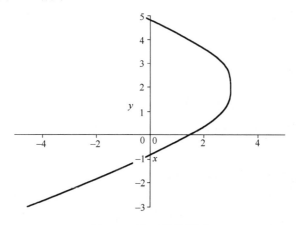

图 1.17　隐函数的图形

```
#程序文件 pex1_73.py
import sympy as sp
import pylab as plt
from sympy.plotting import plot_implicit as iplot
x,y=sp.var("x,y")
eq=(x-4)**3+(y-2)**4+1
plt.rc("text",usetex=True)
iplot(eq, (x, -5, 5), (y, -3, 5),xlabel="$x$")
plt.ylabel("$y$",rotation=0)
```

1.10.4　符号表达式转换为数值函数

要将符号表达式转换为数值函数，可以通过函数 lambdify() 实现。

例 1.74（续例 1.72）用数值函数绘制三维曲面 $z=\cos(\ln(2x^2+2y^2+1))$，$x\in[-10,10]$，$y\in[-10,10]$ 的图形。

```
#程序文件 pex1_74.py
```

```
import sympy as sp
import pylab as plt

plt.rc("font",size=16); plt.rc("text",usetex=True)
x,y=sp.var("x,y");
z1=sp.cos(sp.log(2*x**2+2*y**2+1))    #符号表达式
z2=sp.lambdify((x,y),z1)              #转换为数值函数
x=plt.linspace(-10,10,100);
X,Y=plt.meshgrid(x,x)                 #生成网格数据
Z=z2(X,Y)                             #计算对应的函数值
ax=plt.axes(projection="3d")
ax.plot_surface(X,Y,Z,cmap="coolwarm")
ax.set_xlabel("$x$"); ax.set_ylabel("$y$")
ax.set_zlabel("$z$"); plt.show()
```

例 1.75（续例 1.63） 求下列常微分方程的符号解，并画出符号解的图形。

（1） $y' = \dfrac{x}{y} + \dfrac{y}{x}$ 满足 $y|_{x=1} = 2$。

（2） $(1+x^2)y'' = 2xy'$ 满足初始条件 $y|_{x=0} = 1$，$y'|_{x=0} = 3$。

解 （1）符号解 $y = x\sqrt{2\ln x + 4}$。

（2）符号解 $y = x^3 + 3x + 1$。

画出的符号解的图形如图 1.18 所示。

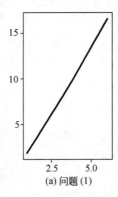
(a) 问题 (1)

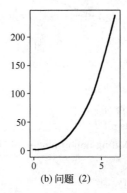
(b) 问题 (2)

图 1.18 符号解的图形

```
#程序文件 pex1_75.py
import sympy as sp
import pylab as plt
x=sp.var("x"); y=sp.Function("y")
eq1=y(x).diff(x)-x/y(x)-y(x)/x
y1=sp.dsolve(eq1,ics={y(1):2}).args[1]      #求符号解
eq2=(1+x**2)*y(x).diff(x,2)-2*x*y(x).diff(x)
s2=sp.dsolve(eq2,ics={y(0):1,y(x).diff(x).subs(x,0):3})
y2=s2.args[1]                               #提出解的符号表达式
```

```
sy1=sp.lambdify(x,y1)                    #转换为数值函数
sy2=sp.lambdify(x,y2)                    #转换为数值函数
x1=plt.linspace(1,6,100); x2=plt.linspace(0,6,100)
plt.subplot(121); plt.plot(x1,sy1(x1))
plt.subplot(122); plt.plot(x2,sy2(x2))
plt.tight_layout(); plt.show()
```

1.11 Pandas 库

Python 数据分析库 Pandas 提供了大量高效操作大型数据集所需要的工具，可以说 Pandas 库是使得 Python 能够成为高效且强大的数据分析工具的重要因素之一。

1.11.1 Pandas 库的基本操作

Pandas 库主要提供了 3 种数据结构：
（1）Series，带标签的一维数组。
（2）DataFrame，带标签且大小可变的二维表格结构。
（3）Panel，带标签且大小可变的三维数组。
本节重点介绍 DataFrame 数据结构的操作。

1．生成一维数组

首先导入 Pandas 库，格式如下：

```
import pandas as pd
```

1）生成 Series 一维数组

Pandas 中的 Series 类用来创建一维数组，可以接受 Python 列表、元组、range 对象、map 对象等可迭代对象作为参数。创建 Series 的基本语法如下：

```
my_series=pd.Series(data, index)
```

在该语法中，第一个参数 data 是必选的，它可以是任意类型的数据对象。第二个参数 index 是可选的，其对应的是对象 data 的索引值。如果不写参数 index，则意味着使用默认索引序列编号（从 0 开始）给 data 创建索引值。

例 1.76 创建一个 Series 对象，并查看 index 和 values 属性。

```
#程序文件 pex1_76.py
import pandas as pd
s=pd.Series(range(1,6),index=list('abcde'))
print("索引：",s.index); print("值：",s.values)
```

输出：

索引：Index(['a', 'b', 'c', 'd', 'e'], dtype='object')
值：[1 2 3 4 5]

从 Python 中的字典对象创建 Series 时，Pandas 会自动把字典的键（key）值设置为 Series 中的 index，把字典内的 values 值放在 Series 对应 index 的 data 值内。Series 对象同时具有数组和字典的功能，因此它也支持字典的一些方法，例如 Series.items()。

例 1.77　利用字典创建 Series 对象示例。

```
#程序文件 pex1_77.py
import pandas as pd
dic={101:"张三",102:"李四",103:"王五"}
s=pd.Series(dic)
#下面输出：[(101, '张三'), (102, '李四'), (103, '王五')]
print(list(s.items()))
```

Series 还可以转换为多种数据类型，如下所示。

s.to_string()：转换为字符串。

s.to_dict()：转换为字典。

s.tolist()：转换为列表。

s.to_json()：转换为 JSON 文件格式。

s.to_frame()：转换为 DataFrame。

s.to_csv()：存储为 CSV 文件格式。

2. DataFrame 对象

DataFrame 存储的是二维的数据，可以将其看作一张表。类似数据库里面的数据表，表中每一列的数据类型是一致的。

DataFrame 对象是 Pandas 库中最常用的数据对象。Pandas 库提供了许多将数据结构转换为 DataFrame 对象的方法，还提供了许多将各种文件格式转换成 DataFrame 对象的输入输出函数。

1）构造 DataFrame 对象

构造 DataFrame 对象的基本语法如下：

```
df=pd.DataFrame(data, index, columns)
```

参数 data 是必选的，是数据对象，data 参数可以是字典、二维数组或者能转换为二维数组的嵌套列表。参数 index 是索引值；参数 columns 是列名；index 和 columns 都是可选参数，如果不填写则都默认从 0 开始。

例 1.78　构造 DataFrame 对象示例。

```
#程序文件 pex1_78.py
import pandas as pd; import numpy as np
arr=np.array([[1,2,3],[4,5,6],[7,8,9]])
df1=pd.DataFrame(arr)
df2=pd.DataFrame(np.random.randint(0,10,(4,2)),index=list('ABCD'), columns=['a','b'])
df3=pd.DataFrame({'a':range(1,5),'b':range(5,9)},index=['A','B','C','D'])
```

2）将 DataFrame 对象转换为其他格式的数据

例 1.79 数据转换示例。

```
#程序文件 pex1_79.py
import pandas as pd
df=pd.DataFrame({'a':[1,2,3,4],'b':[5,6,7,8]},index=['A','B','C','D'])
print(df.to_dict(orient="list"))          #转换为列表字典
df.to_excel('data1_79.xlsx',index=None, header=None) #输出到 Excel 文件
print(df.to_records())                    #转换为记录数组
print(df.to_records(index=False))         #转换为不包含行索引的记录数组
```

1.11.2 DataFrame 对象的基本运算

1. 数据筛选

DataFrame 对象的常用数据筛选方法如表 1.18 所示，表格中的 df 为 DataFrame 对象。

表 1.18 DataFrame 对象的常用数据筛选方法

数据筛选方法	描述
df.head(N)	返回前 N 行
df.tail(M)	返回后 M 行
df[m:n]	切片，选取 m~n-1 行
df[df['列名']>value]	选取满足条件的行
df.query('列名>value')	选取满足条件的行
df.qucry('列名==[v1,v2,...]')	选取列名的值等于 v1,v2,…的行
df.ix[:,'colname']	选取 colname 列的所有行
df.ix[row,col]	选取某一元素
df['col']	获取 col 列，返回 Series
df.loc[]	使用行和列的名称进行标签定位
df.iloc[]	使用整型索引（绝对位置索引）

例 1.80 数据筛选示例。

```
#程序文件 pex1_80.py
import pandas as pd
data={'number':[10,20,30,40,50],'year':[2012,2013,2014,2015,2016],
      'status':['good','good','well','well','better']}
df=pd.DataFrame(data,index=['one','two','three','four','five'])
print(df[df['year']>2014])  #获取'year'列值大于 2014 的行
print("--------"); print(df.query('year>2014'))
print("--------"); print(df.query('year==[2013,2014]'))
print(df.iloc[:,:2])         #选取所有行，前两列
df.to_excel("data1_80.xlsx")
```

2. 数据预处理

DataFrame 对象的数据预处理方法如表 1.19 所示，表格中的 df 是 DataFrame 对象。

表 1.19　DataFrame 对象的数据预处理方法

数据预处理方法	描述
df.deplicated()	针对某些列，返回用布尔序列表示的重复行
df.drop_duplicates()	删除 df 中的重复行，并返回删除重复行后的结果
df.fillna()	使用指定方法填充 NA/NaN 缺失值
df.drop(axis=0)	删除指定轴上的行或列
df.dropna(axis=0)	删除指定轴上的缺失值
del df['col']	直接在 df 上删除 col 列
df.columns=col_lst	重新命名列名，col_lst 为自定义列名列表
df.rename()	重命名行索引名或列名
df.reindex()	改变索引，返回一个重新索引的新对象
df.replace()	元素值替换
df.merge()	通过行索引或列索引进行两个 DataFrame 对象的连接
pd.concat(objs,axis=0)	以指定的轴将多个对象堆叠到一起
df.stack()	将 df 的列旋转成行
df.unstack()	将 df 的行旋转为列

1）缺失值的填充

　　df.fillna(value=None,method=None，axis=None,inplace=False,limit=None)

作用：按指定的方法填充 NA/NaN 缺失值。
参数说明如下。
value：用于填充缺失值的标量值或字典对象。
method：插值方法。
axis：待填充的轴，默认 axis=0，表示 index 行。
limit：对于前向或后向填充，可以连续填充的最大数量。

例 1.81　缺失值填充示例。

```
#程序文件 pex1_81.py
import numpy as np
import pandas as pd
a=np.nan
df1=pd.DataFrame([[a,2,a,0],[5,4,a,1],[a,a,a,3],[a,5,a,4]],
                  columns=list("ABCD"))
df2=df1.ffill()              #用前一个非缺失值去填充该缺失值
values={'A':0,'B':1,'C':2,'D':3}
#将'A'、'B'、'C'、'D'列中的 NaN 元素分别替换为 0、1、2 和 3
df3=df2.fillna(value=values)
```

2）删除指定的行或列

　　df.drop(labels=None,axis=0,index=None,columns=None,inplace=False)

作用：删除指定的行或列。

参数说明如下。

labels：拟要删除的行或列索引，用列表给定。

axis：指定删除行还是删除列，axis=0 表示删除行，axis=1 表示删除列。

index：直接指定要删除的行。

columns：直接指定要删除的列。

inplace：inplace=True 表示在原 DataFrame 上执行删除操作，inplace=False 表示返回一个执行删除操作后的新 DataFrame。

例 1.82　删除操作示例。

```
#程序文件 pex1_82.py
import pandas as pd
df1 = pd.read_excel("data1_80.xlsx", index_col=0)
df2 = df1.drop("two")              #删除行索引为"two"的行
df3 = df2.drop("year",axis=1)      #删除列名为"year"的列，要指定 axis=1
df4 = df1.drop(["number","year"],axis=1)   #删除两列
```

3）删除缺失值

dropna(axis=0,how='any',thresh=None,subset=None,inplace=False)

作用：删除含有缺失值的行或列。

参数说明如下。

axis：axis=0 表示删除含有缺失值的行，axis=1 表示删除含有缺失值的列。

how：取值集合{'any','all'}，默认为'any'，how='any'表示删除含有缺失值的行或列，how='all'表示删除全为缺失值的行或列。

thresh：指定要删除的行或列至少含有多少个缺失值。

subset：在哪些列中查看是否有缺失值。

例 1.83　删除缺失值示例。

```
#程序文件 pex1_83.py
import pandas as pd
import numpy as np; a=np.nan
df=pd.DataFrame({"name":["张三","李四","王五",a],"sex":
                [a,"male","female",a],"age":[a,26,21,a]})
df1=df.dropna()                    #删除含有缺失值的行
df2=df.dropna(how="all")           #删除全为缺失值的行
df3=df.dropna(thresh=2)            #删除至少含有两个缺失值的行
df4=df.dropna(subset=["name","sex"]) #删除时只在"name"和"sex"列中查看缺失值
```

4）数据替换

df.replace(to_replace=None, value=None, inplace=False, limit=False, regex=False, method="pad")

作用：把 to_replace 所列出的且在 df 对象中出现的元素替换为 value 所表示的值。
参数说明如下。

to_replace：待替换的值，其类型可以是 str、regex（正则表达式）、list、dict、Series、int、float 或 None。

value：把 df 出现在 to_replace 中的元素用 value 替换，value 的数据类型可以是 dict、list、str、regex（正则表达式）、None。

regex：是否将 to_replace、value 参数解释为正则表达式，默认为 False。

例 1.84 数据替换示例。

```
#程序文件 pex1_84.py
import pandas as pd
import numpy as np
df=pd.DataFrame({'A':range(5),'B':range(5,10),'C':list("abcde")})
df1=df.replace(range(4),np.nan)          #把 0,1,2,3 替换为 np.nan
df2=df.replace(range(1,4),range(11,34,11)) #把[1,2,3]对应地替换为[11,22,33]
#用字典表示 to_replace 参数，将 0 替换为 10，1 替换为 100
df3=df.replace({0:10,1:100})
df4=df.replace({'A':0,'B':5},100)        #将 A 列的 0、B 列的 5 替换为 100
df5=df.replace({'A':{0:100,4:100}})      #将 A 列的 0 替换为 100、4 替换为 100
```

1.12 文 件 操 作

1.12.1 文件操作基本知识

无论是文本文件还是二进制文件，其操作流程基本都是一致的，首先打开文件并创建文件对象，然后通过该文件对象对文件进行读取、写入、删除和修改等操作，最后关闭并保存文件内容。

1．内置函数 open()

Python 内置函数 open()可以指定模式打开指定文件并创建文件对象，该函数的完整的用法如下：

```
open(file, mode='r', buffering=-1, encoding=None, errors=None,
     newline=None, closefd=True, opener=None)
```

内置函数 open()的主要参数如下。

◇ file 指定要打开或创建的文件名称，如果该文件不在当前目录中，可以使用相对路径或绝对路径。

◇ mode 指定打开文件的处理方式，其取值范围见表 1.20。

◇ encoding 指定对文本进行编码和解码的方式，只适用于文本模式，可以使用 Python 支持的任何格式，如 GBK、UTF-8 等。

表 1.20　文件打开模式

模式	说明
r	读模式（默认模式，可省略），如果文件不存在则抛出异常
w	写模式，如果文件已存在则先清空原有内容
x	写模式，创建新文件，如果文件已存在则抛出异常
a	追加模式，不覆盖文件中的原有内容
b	二进制模式（可与其他模式组合使用），使用二进制模式打开文件时不允许指定 encoding 参数
t	文本模式（默认模式，可省略）
+	读、写模式（可与其他模式组合使用）

常用的字符编码格式如下：

（1）ASCII 表示英文字母和数字，扩展后使用 8 位表示 256 个字符。

（2）GB2312 是简体中文的编码格式。

（3）GBK 是 GB2312 基础上的扩容（兼容 GB2312，支持繁体，并包含全部中文字符）。

（4）BIG5 是繁体中文编码格式。

（5）GB18030 是最近的中文编码格式（向下兼容 GBK 和 GB2312 标准）。

（6）Unicode 是由国际组织统一制定的字符编码格式（可容纳世界上所有文字和符号）。

（7）UTF-8 是目前国际上最通用的编码格式（属于 Unicode 的变体）。

2．文件对象常用方法

如果执行正常，则 open()函数返回 1 个可迭代的文件对象，通过该文件对象可以对文件进行读写操作。文件对象常用方法如表 1.21 所示。

表 1.21　文件对象常用方法

方法	功能说明
close()	把缓冲区的内容写入文件，同时关闭文件，并释放文件对象
read([size])	从文本文件中读取 size 个字符作为结果返回，或从二进制文件中读取指定数量的字节并返回，如果省略 size 则表示读取所有内容
readline()	从文本文件中读取一行内容作为结果返回
readlines()	把文本文件中的每行文本作为一个字符串存入列表中，返回该列表，对于大文件会占用较多内存，不建议使用
seek(offset[,whence])	把文件指针移动到指定位置，offset 表示相对于 whence 的偏移量。whence 为 0 表示从文件头开始计算，1 表示从当前位置开始计算，2 表示从文件尾开始计算，默认为 0
tell()	返回文件指针的当前位置
write(s)	把字符串 s 的内容写入文件
writelines(s)	把字符串列表写入文本文件，不添加换行符

3．上下文管理语句 with

在实际应用中，读写文件应优先考虑使用上下文管理语句 with，关键字 with 可以自动管理资源，确保不管使用过程中是否发生异常都会执行必要的"清理"操作，释放资源，比如文件使用后自动关闭。with 语句的用法如下：

　　with open(filename, mode, encoding) as fp: #通过文件对象 fp 读写文件内容

4. 关闭文件

打开文件后，需要及时关闭，以免对文件造成不必要的破坏。关闭文件可以使用文件对象的 close()方法实现。close()方法的语法格式如下：

文件对象名.close()

5. 文本文件的读写操作

用记事本建立文本文件 data1_85.txt，其内容如下：

Python is very useful.
Programming in Python is very easy.

例 1.85 统计文本文件 data1_85.txt 中每个元音字母出现的次数。

```
#程序文件 pex1_85.py
with open("data1_85.txt", "r") as file:
    text0 = file.read()
text = text0.lower()                              #全部转换为小写字母
vowels = "aeiou"                                  # 定义元音字母
vowel_counts = {vowel: 0 for vowel in vowels}     #初始化字母计数器
for char in text:                                 #遍历文本并统计元音字母出现的次数
    if char in vowels:
        vowel_counts[char] += 1
for vowel, count in vowel_counts.items():
    print(f"{vowel}: {count}")
```

例 1.86 读入文本文件 data1_85.txt 中的内容，然后写入文本文件 data1_86.txt 中。

```
#程序文件 pex1_86.py
with open("data1_85.txt", "r") as input_file:      #打开要读入的文件
    text = input_file.read()
with open("data1_86.txt", "w") as output_file:     #打开要写入的文件
    output_file.write(text)
```

1.12.2 文件管理方法

Python 的 os 模块提供了类似于操作系统级的文件管理功能，如显示当前目录下的文件和目录列表、文件重命名、文件删除、目录管理等。要使用这个模块，需要先导入它，然后调用相关的方法。

1. 文件和目录列表

listdir()方法返回指定目录下的文件和目录列表，它的一般格式为：

os.listdir("目录名")

例 1.87 显示当前目录内容示例。

#程序文件 pex1_87.py

```
import os
a=os.listdir(".")
print(a)                #显示当前工作目录下的文件名和目录名列表
files = [file for file in os.listdir(".") if file.endswith(".py")]
print(files)            #显示当前目录下的所有.py 文件名列表
```

2．文件重命名

rename()方法实现文件重命名，它的一般格式为：

  os.rename("当前文件名","新文件名")

例如，将文件 test1.txt 重命名为 test2.txt，命令如下：

  os.rename("test1.txt","test2.txt")

3．Python 中的目录操作

os 模块有以下几种方法，可以帮助创建、删除和更改目录。

1）mkdir()方法

mkdir()方法在当前目录下创建目录，一般格式为：

  os.mkdir("新目录名")

例如，在当前目录下创建 test 目录，命令如下：

  os.mkdir("test")

2）chdir()方法

可以使用 chdir()方法改变当前目录，一般格式为：

  os.chdir("要成为当前目录的目录名")

例如，将"d:\test"目录设定为当前目录，命令如下：

  os.chdir("d:\\test")

3）getcwd()方法

getcwd()方法显示当前的工作目录，一般格式为：

  os.getcwd()

4）rmdir()方法

rmdir()方法删除空目录，一般格式为：

  os.rmdir("待删除目录名")

在用 rmdir()方法删除一个目录时，要先删除目录中的所有内容，然后才能删除目录。

1.12.3　NumPy 库的文件操作

NumPy 提供了多种文件操作函数以方便用户存取数组内容。文件存取的格式分为两类：二进制和文本。而二进制格式的文件又分为 NumPy 专用的格式化二进制类型和无格式类型。

1. 文本文件存取

1）savetxt()和 loadtxt()存取文本文件

savetxt()可以把 1 维和 2 维数组保存到文本文件。loadtxt()可以把文本文件中的数据加载到 1 维和 2 维数组中。

例 1.88 保存文本文件示例。

```
#程序文件 pex1_88.py
import numpy as np
# 生成 3x4 的随机整数矩阵，取值范围为[2, 10]
a=np.random.randint(2, 11, (3, 4))
np.savetxt("data1_88_1.txt",a,fmt="%d")
with open("data1_88_2.txt", "w") as f:
    for row in a:
        f.write(" ".join(map(str, row)) + "\n")
b=np.random.rand(3,4)
np.savetxt("data1_88_3.txt",b,fmt="%5.4f")
```

例 1.89 文本文件 data1_89.txt 中存放如下格式的数据：

```
姓名，年龄，体重，身高
张三，30，75，165
李四，45，60，179
王五，15，39，120
```

提取其中的数值数据。

```
#程序文件 pex1_89.py
import numpy as np
a=np.loadtxt("data1_89.txt",dtype=str,
             delimiter="，",encoding="utf-8")
b=a[1:,1:].astype(float)
```

2）genfromtxt 读入数据

如果需要处理复杂的数据结构，比如处理缺失数据等情况，可以使用 genfromtxt。

例 1.90 文本文件 data1_90.txt 中存放如下格式的数据：

	B1	B2	B3	B4	B5	B6	B7	B8	产量
A1	6	2	6	7	4	2	5	9	60
A2	4	9	5	3	8	5	8	2	55
A3	5	2	1	9	7	4	3	3	51
A4	7	6	7	3	9	2	7	1	43
A5	2	3	9	5	7	2	6	5	41
A6	5	5	2	2	8	1	4	3	52
销量	35	37	22	32	41	32	43	38	

把其中的数值数据读入 Python 中。

```
#程序文件 pex1_90.py
import numpy as np
a=np.genfromtxt("data1_90.txt",skip_header=1,max_rows=6,
    usecols=range(1,9),encoding="utf-8")          #读入中间数据
b=np.genfromtxt("data1_90.txt",skip_header=1,
    max_rows=6,usecols=9,encoding="utf-8")        #读入产量数据
c=np.genfromtxt("data1_90.txt",skip_header=7,
    usecols=range(1,9),encoding="utf-8")          #读入销量数据
```

2. save()、load()和 savez()存取 NumPy 专用的二进制格式文件

save()和 load()用 NumPy 专用的二进制格式存取数据,它们会自动处理元素类型和形状等信息。

如果想将多个数组保存到一个文件中,可以使用 savez()。savez()的第一个参数是文件名,其后的参数都是需要保存的数组,输出的是一个扩展名为 npz 的压缩文件。

例 1.91 存取 NumPy 专用的二进制格式文件示例。

```
#程序文件 pex1_91.py
import numpy as np
a=np.random.uniform(-5,6,(3,4))    #生成在区间[-5,6)内均匀分布的 3×4 随机数矩阵
b=np.arange(3,15);
np.save("data1_91_1.npy",a)        #保存一个数组
np.savez("data1_91_2.npz",a,b)     #保存两个数组
c=np.load("data1_91_1.npy")        #加载一个数组
d=np.load("data1_91_2.npz")
e1=d["arr_0"]       #提取第一个数组的数据
e2=d["arr_1"]       #提取第二个数组的数据
```

用解压软件打开 data1_91_2.npz 文件,会发现其中有 arr_0.npy 和 arr_1.npy 两个文件,其中分别保存着数组 a、b 的内容。load()自动识别 npz 文件,并且返回一个类似于字典的对象,可以通过数组名作为键获取数组的内容。

1.12.4 Pandas 库的文件操作

1. TXT 文本文件的读取

读取 TXT 文本文件,可以使用 Pandas 库中的 read_csv()函数。

例 1.92 读取例 1.89 中文本文件 data1_89.txt 中的数值数据。

```
#程序文件 pex1_92.py
import pandas as pd
import numpy as np
df = pd.read_csv("data1_89.txt").values    #读取数据,排除列标签
data_values = []
for row in df:
    values = row[0].split(",")              #以中文逗号分割字符串
```

```
            numeric_values = []
            for value in values:
                try:
                    numeric_values.append(int(value))
                except ValueError:
                    continue                    #忽略无法转换为整数的部分
            data_values.append(numeric_values)
        a = np.array(data_values)               #将结果转为 NumPy 数组
```

例 1.93   读取例 1.90 中文本文件 data1_90.txt 中的数值数据。

```
#程序文件 pex1_93.py
import pandas as pd
a=pd.read_csv("data1_90.txt",skiprows=1,header=None,dtype=float,
     sep="\t",usecols=range(1,9),nrows=6,encoding="utf-8")
av=a.values        #读取中间数据
b=pd.read_csv("data1_90.txt",skiprows=1,header=None,dtype=float,
     sep="\t",usecols=[9],nrows=6,encoding="utf-8")
bv=b.values        #读取产量数据
c=pd.read_csv("data1_90.txt",skiprows=7,header=None,dtype=float,
     sep="\t",usecols=range(1,9),nrows=1,encoding="utf-8")
cv=c.values        #读取需求量数据
```

2．Excel 文件的读取

Pandas 库中读取 Excel 文件的函数是 read_excel()。

例 1.94   Excel 文件 data1_94.xlsx 中的数据如图 1.19 所示，读取其中的数值数据。

	A	B	C	D	E	F	G	H	I	J
1		B1	B2	B3	B4	B5	B6	B7	B8	产量
2	A1	6	2	6	7	4	2	5	9	60
3	A2	4	9	5	3	8	5	8	2	55
4	A3	5	2	1	9	7	4	3	3	51
5	A4	7	6	7	3	9	2	7	1	43
6	A5	2	3	9	5	7	2	6	5	41
7	A6	5	5	2	2	8	1	4	3	52
8	销量	35	37	22	32	41	32	43	38	

图 1.19   Excel 文件 data1_94.xlsx 中的数据

```
#程序文件 pex1_94_1.py
import pandas as pd
a=pd.read_excel("data1_94.xlsx",usecols=range(1,9),nrows=6)
av=a.values        #读取中间数据
b=pd.read_excel("data1_94.xlsx",usecols=[9],nrows=6)
bv=b.values        #读取产量数据
c=pd.read_excel("data1_94.xlsx",header=None, skiprows=7,
                usecols=range(1,9))
cv=c.values        #读取销量数据
```

或者编写如下程序：

```
#程序文件 pex1_94_2.py
import pandas as pd
d=pd.read_excel("data1_94.xlsx",index_col=0)
a=d.iloc[:-1,:-1].values    #提出中间数据
b=d.iloc[:-1,8].values      #提出产量数据
c=d.iloc[-1,:-1].values     #提出销量数据
```

3. CSV 文件的存取

CSV（Comma-Separated Values）文件是一种常见的数据文件格式，通常用于存储表格数据，也称为逗号分隔的文本文件。它以纯文本形式存储数据，每行表示一条记录，每个字段之间用逗号分隔。

例 1.95 CSV 文件存取示例。

```
#程序文件 pex1_95.py
import pandas as pd; import numpy as np
a=np.arange(1,25).reshape(4,6)
df=pd.DataFrame(a,columns=[chr(i) for i in range(97,103)])
df.to_csv('data1_95_1.csv')        #把数据写入 CSV 文件，带行、列标签
df.to_csv('data1_95_2.csv',index=None,header=False) #不带行、列标签
b=pd.read_csv('data1_95_1.csv',usecols=range(1,7)).values
c=pd.read_csv('data1_95_2.csv',header=None).values
```

习 题 1

1.1 输入如下数值矩阵：

（1）$A_{10\times 10}=\begin{bmatrix} 1 & -2 & 4 & \cdots & (-2)^9 \\ 0 & 1 & -2 & \cdots & (-2)^8 \\ 0 & 0 & 1 & \cdots & (-2)^7 \\ \vdots & \vdots & \vdots & \ddots & \vdots \\ 0 & 0 & 0 & 0 & 1 \end{bmatrix}$；（2）$B_{4\times 6}=\begin{bmatrix} 1 & 2 & -3 & 0 & 0 & 0 \\ 0 & 1 & 2 & -3 & 0 & 0 \\ 0 & 0 & 1 & 2 & -3 & 0 \\ 0 & 0 & 0 & 1 & 2 & -3 \end{bmatrix}$.

1.2 输入如下符号矩阵：

$$A_{10\times 10}=\begin{bmatrix} 1 & 0 & \cdots & 0 & 0 \\ 0 & 1 & \cdots & 0 & 0 \\ \vdots & \vdots & \ddots & \vdots & \vdots \\ 0 & 0 & \cdots & 1 & 0 \\ a_1 & a_2 & \cdots & a_9 & a_{10} \end{bmatrix}.$$

1.3 对于矩阵

$$A=\begin{bmatrix} 1 & 5 & 8 & 9 & 12 \\ 2 & 4 & 6 & 15 & 3 \\ 18 & 7 & 10 & 8 & 16 \end{bmatrix},$$

（1）求每一列的最小值，并指出该列的哪个元素取该最小值。

（2）求每一行的最大值，并指出该行的哪个元素取该最大值。

（3）求矩阵所有元素的最大值。

1.4 已知 $A = \begin{bmatrix} 1 & 2 & 3 & 4 \\ \inf & \inf & \inf & \inf \\ \inf & 5 & 6 & 7 \\ 8 & 9 & \text{NaN} & \text{NaN} \end{bmatrix}$.

（1）求 A 中哪些位置的元素为 inf；

（2）求 A 中哪些行含有 inf；

（3）将 A 中的 NaN 替换成 -1；

（4）将 A 中元素全为 inf 的行删除；

（5）将 A 中所有的 inf 和 NaN 元素删除。

1.5 求解线性方程组

$$\begin{bmatrix} 8 & 1 & & \\ 1 & 8 & \ddots & \\ & \ddots & \ddots & 1 \\ & & 1 & 8 \end{bmatrix}_{10\times 10} \begin{bmatrix} x_1 \\ x_2 \\ \vdots \\ x_{10} \end{bmatrix} = \begin{bmatrix} 1 \\ 2 \\ \vdots \\ 10 \end{bmatrix}.$$

1.6 设计九九乘法表，输出形式如下所示：

$1 \times 1 = 1$

$1 \times 2 = 2 \quad 2 \times 2 = 4$

$1 \times 3 = 3 \quad 2 \times 3 = 6 \quad 3 \times 3 = 9$

$1 \times 4 = 4 \quad 2 \times 4 = 8 \quad 3 \times 4 = 12 \quad 4 \times 4 = 16$

…

$1 \times 9 = 9 \quad 2 \times 9 = 18 \quad 3 \times 9 = 27 \quad 4 \times 9 = 36 \quad 5 \times 9 = 45 \quad 6 \times 9 = 54 \quad \cdots \quad 9 \times 9 = 81$

1.7 用图解的方式求解下面方程组的近似解：

$$\begin{cases} x^2 + y^2 = 3xy^2, \\ x^3 - x^2 = y^2 - y. \end{cases}$$

1.8 画出二元函数

$$z = f(x,y) = -20\exp\left(-0.2\sqrt{\frac{x^2+y^2}{2}}\right) - \exp(0.5\cos(2\pi x)) + 0.5\cos(2\pi y)$$

的图形，并求出所有极大值，其中 $x \in [-5,5]$，$y \in [-5,5]$。

1.9 已知正弦函数 $y = \sin(wt)$，$t \in [0, 2\pi]$，$w \in [0.01, 10]$，试绘制当 w 变化时正弦函数曲线的动画。

1.10 已知 4×15 维矩阵 B 的数据如表 1.22 所示，其第一行表示 x 坐标，第二行表示 y 坐标，第三行表示 z 坐标，第四行表示类别。

表 1.22 矩阵 B 的数据

7.7	5.1	5.4	5.1	5.1	5.5	6.1	5.5	6.7	7.7	6.4	6.2	4.9	5.4	6.9
2.8	2.5	3.4	3.4	3.7	4.2	3	2.6	3	2.6	2.7	2.8	3.1	3.9	3.2
6.7	3	1.5	1.5	1.5	1.4	4.6	4.4	5.2	6.9	5.3	4.8	1.5	1.7	5.7
3	2	1	1	1	1	2	2	3	3	3	3	1	1	3

（1）绘制三维散点图。对于类别为 1、2、3 的点，圆圈大小分别为 40、30、20；不同类别的点，其颜色不同。

（2）使用 x,y 坐标绘制二维散点图，对于类别为 1、2、3 的点，对应点分别用圆圈、正方形、三角形表示，颜色分别为红色、绿色和蓝色。

1.11 绘制平面 $3x-4y+z-10=0$，$x\in[-5,5]$，$y\in[-5,5]$。

1.12 绘制瑞士卷曲面

$$\begin{cases} x=t\cos t,\\ 0\leqslant y\leqslant 3, \quad t\in[\pi,9\pi/2].\\ z=t\sin t, \end{cases}$$

1.13 附件 1：区域高程数据.xlsx 给出了某区域 43.65km×58.2km 的高程数据，画出该区域的三维网格图和等高线图，在 A（30，0）和 B（43，30）（单位：km）两点处各建立一个基地，在等高线图上标注出这两个点，并求该区域地表面积的近似值。

1.14 数据文件"B 题_附件_通话记录.xlsx"取自 2017 年第 10 届华中地区大学生数学建模邀请赛 B 题：基于通信数据的社群聚类。该文件包括某营业部近三个月的内部通信记录，内容涉及通话的起始时间、主叫、时长、被叫、漫游类型和通话地点等，共 10713 条记录，每条数据有 7 列，部分数据如表 1.23 所示。

表 1.23 某营业部近三个月的内部通信记录

序号	起始时间	主叫	时长/s	被叫	漫游类型	通话地点
1	2016/09/01 10:08:51	涂蕴知	431	孙翼茜	本地	武汉
2	2016/09/01 10:17:37	毕婕靖	351	潘立	本地	武汉
3	2016/09/01 10:18:29	张培芸	1021	梁茵	本地	武汉
4	2016/09/01 10:23:22	张培芸	983	文芝	本地	武汉
⋮	⋮	⋮	⋮	⋮	⋮	⋮
10713	2016/12/31 9:36:15	柳谓	327	张荆	本地	武汉

（1）主叫和被叫分别有多少人？主叫和被叫是否是同一组人？

（2）统计主叫和被叫之间的呼叫次数和总呼叫时间。

（3）将日期中"2016/09/01"视为第 1 天，"2016/09/02"视为第 2 天，依此类推，将所有日期按上述方法转化。

（4）已知 2016/09/01 为星期四，将日期编码为数字。编码规则为：星期日对应"0"，星期一对应"1"，……，星期六对应"6"。

（5）假设周六和周日不上班，不考虑法定节假日，周一到周五上班时间为上午 8:00～12:00 和下午 14:00～18:00。计算任意两人在上班时间的通话次数。

第 2 章　函数与极限

函数与极限是整个微积分学的重要研究对象，学习函数表示方法与极限计算方法是学习整个积分学的基础。

2.1　函数的 Python 表示与计算

2.1.1　函数的 Python 表示

定义 2.1　设数集 $D \subset \mathbf{R}$，则称映射 $f: D \to \mathbf{R}$ 为定义在 D 上的函数，通常简记为
$$y = f(x), \quad x \in D,$$
其中 x 称为自变量，y 称为因变量，D 称为定义域。

1．一般函数的 Python 表示

对于一般的函数 $y = f(x)$，在 Python 中有两种表示方法，一种是用符号函数表示，另一种是用数值函数（或匿名函数）表示。

例 2.1　试用 Python 画出下列函数的曲线图形。
$$y = x^2 \sin(\pi x).$$

使用符号函数画图的 Python 程序如下：

```
#程序文件 pex2_1_1.py
import sympy as sp
import pylab as plt
x=sp.var("x")
f=x**2*sp.sin(sp.pi*x)
plt.rc("text",usetex=True)
sp.plot(f,(x,-sp.pi,sp.pi))
plt.xlabel("$x$")
plt.ylabel("$y$",rotation=0)
```

使用匿名函数的 Python 程序如下：

```
#程序文件 pex2_1_2.py
import numpy as np
import pylab as plt
f=lambda x: x**2*np.sin(np.pi*x)
plt.rc("text",usetex=True)
x=np.linspace(-np.pi,np.pi,100)
y=f(x); plt.plot(x,y)
plt.xlabel("$x$")
```

```
plt.ylabel("$y$",rotation=0)
plt.show()
```

2. 反函数

定义 2.2 设函数 $f:D \to f(D)$ 是单射,则它存在逆映射 $f^{-1}:f(D) \to D$,称此映射 f^{-1} 为函数 f 的反函数。

按此定义,对每个 $y \in f(D)$ 有唯一的 $x \in D$,使得 $f(x)=y$,于是有
$$f^{-1}(y)=x.$$
这就是说,反函数 f^{-1} 的对应法则是完全由函数 f 的对应法则确定的。

例如,函数 $y=x^3$,$x \in \mathbf{R}$ 是单射,所以它的反函数存在,其反函数为 $x=y^{\frac{1}{3}}$,$y \in \mathbf{R}$。由于习惯上自变量用 x 表示,因变量用 y 表示,于是 $y=x^3$,$x \in \mathbf{R}$ 的反函数通常写作 $y=x^{\frac{1}{3}}$,$x \in \mathbf{R}$。

利用 SymPy 库的 solve()函数可以求出一些给定函数的反函数。

例 2.2 试求函数 $f(x)=2+\ln(x+1)$ 的反函数。

解 求得的反函数为 $y=\mathrm{e}^{x-2}-1$。

```
#程序文件 pex2_2.py
import sympy as sp
x,y=sp.var("x,y"); f=2+sp.log(x+1)
finv=sp.solve(f-y,x)[0]
print(finv)
```

3. 复合函数

定义 2.3 设函数 $y=f(u)$ 的定义域为 D_f,函数 $u=g(x)$ 的定义域为 D_g,且其值域 $R_g \subset D_f$,则由下式确定的函数:
$$y=f[g(x)], \quad x \in D_g$$
称为由函数 $u=g(x)$ 与函数 $y=f(u)$ 构成的复合函数,它的定义域为 D_g,函数 u 称为中间变量。

例 2.3 已知函数 $f(x)=\mathrm{e}^x \cos x$,$g(x)=x^2$,试求复合函数 $f(g(x))$ 和 $g(f(x))$。

```
#程序文件 pex2_3.py
import sympy as sp
x=sp.var("x");
f,g=sp.var("f,g",cls=sp.Function)
f=sp.exp(x)*sp.cos(x); g=x**2
F1=f.subs(x,g); F2=g.subs(x,f)
print(F1); print(F2)
```

4. 分段函数

定义 2.4 如果某函数在不同的自变量取值范围,函数的表达式也不同,则这类函数称为分段函数。

例 2.4 设

$$f(x) = \begin{cases} 1, & |x| < 1, \\ 0, & |x| = 1, \\ -1, & |x| > 1, \end{cases} \quad g(x) = e^x,$$

求 $f[g(x)]$ 和 $g[f(x)]$，并作出这两个函数的图形。

解
$$f[g(x)] = f(e^x) = \begin{cases} 1, & x < 0, \\ 0, & x = 0, \\ -1, & x > 0. \end{cases} \quad g[f(x)] = e^{f(x)} = \begin{cases} e, & |x| < 1, \\ 1, & |x| = 1, \\ e^{-1}, & |x| > 1. \end{cases}$$

$f[g(x)]$ 与 $g[f(x)]$ 的图形如图 2.1 所示。Python 绘出的图形如图 2.2 所示。

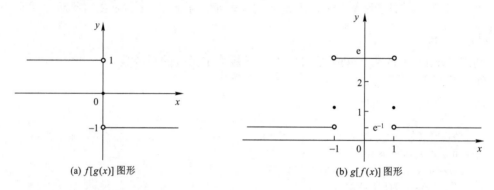

(a) $f[g(x)]$ 图形   (b) $g[f(x)]$ 图形

图 2.1 $f[g(x)]$ 和 $g[f(x)]$ 图形

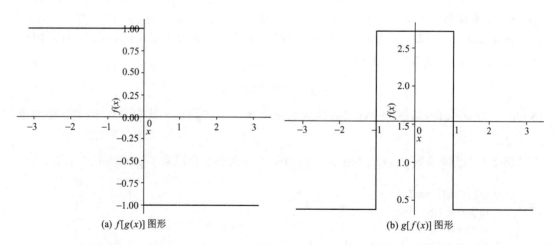

(a) $f[g(x)]$ 图形   (b) $g[f(x)]$ 图形

图 2.2 Python 绘制的 $f[g(x)]$ 和 $g[f(x)]$ 图形

```
#程序文件 pex2_4.py
import sympy as sp
import pylab as plt
x=sp.var("x");
f,g=sp.var("f,g",cls=sp.Function)
```

```
f=sp.Piecewise((1, sp.Abs(x)<1),(-1, sp.Abs(x)>1),(0,True))
g=sp.exp(x)
F1=f.subs(x,g); F2=g.subs(x,f)
print(F1); print(F2)
sp.plot(F1,(x,-sp.pi,sp.pi))
sp.plot(F2,(x,-sp.pi,sp.pi))
plt.show()
```

5．隐函数

在实际应用中经常会遇到一类函数，满足 $f(x,y)=0$，但没有办法将其写成 $y=g(x)$ 的显式形式，这类函数称为隐函数。

例 2.5 试用 Python 画出下列隐函数的曲线图形。
$$(x^2+y^2-1)^3 = x^2 y^3.$$

使用符号隐函数画图的 Python 程序如下：

```
#程序文件 pex2_5.py
import sympy as sp
import pylab as plt
x,y=sp.var("x,y");
f=(x**2+y**2-1)**3-x**2*y**3
sp.plot_implicit(f,(x,-1.5,1.5),(y,-1.5,1.5))
plt.ylabel("$y$",rotation=0); plt.show()
```

所画出的图形如图 2.3 所示。

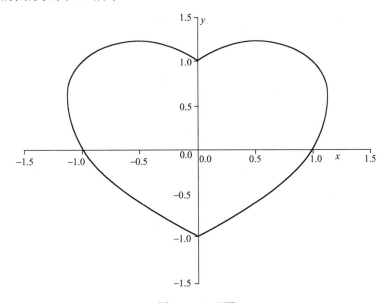

图 2.3 心形图

2.1.2 奇函数与偶函数

定义 2.5 假设函数 $f(x)$ 的定义域 D 关于原点对称。对于任意 $x \in D$，如果 $f(-x) = f(x)$，则 $f(x)$ 为偶函数；如果 $f(-x) = -f(x)$，则 $f(x)$ 为奇函数。

利用 Python 的符号运算功能可以很容易判定出一个给定的函数是奇函数还是偶函数，只需计算 $f(x) + f(-x)$ 与 $f(x) - f(-x)$，观察哪个为零就可以了。如果前者为零，则 $f(x)$ 为奇函数；如果后者为零，则 $f(x)$ 为偶函数；如果都非零，则 $f(x)$ 既不是奇函数也不是偶函数。

例 2.6 试判定函数 $f(x) = x(x-1)(x+1)$ 的奇偶性。

解 由 Python 计算得到 $f(x) + f(-x) = 0$，所以 $f(x)$ 为奇函数。

```
#程序文件 pex2_6.py
import sympy as sp
x=sp.var("x"); f=sp.var("f",cls=sp.Function)
f=x*(x-1)*(x+1)
g=f+f.subs(x,-x); g=sp.simplify(g)
print(g)
```

2.2 极 限

2.2.1 数列的极限

极限概念是在探求某些实际问题的精确解答过程中产生的。例如，我国古代数学家刘徽利用圆内接正多边形来推算圆面积的方法——割圆术，就是极限思想在几何学上的应用。

先说明数列的概念，并研究数列的极限。如果按照某一法则，对每个 $n \in \mathbf{N}_+$，对应着一个确定的实数 x_n，则这些实数 x_n 按照下标 n 从小到大排列得到的一个序列

$$x_1, x_2, \cdots, x_n, \cdots$$

就叫作数列，简记为数列 $\{x_n\}$。

数列中的每一个数叫作数列的项，第 n 项 x_n 叫作数列的一般项（或通项）。

例 2.7 试研究数列

$$x_n = \left(-\frac{2}{3}\right)^n, \quad n = 1, 2, 3, \cdots$$

的变化趋势。

画出的数列前 20 项的火柴杆图，如图 2.4 所示。

```
#程序文件 pex2_7.py
import pylab as plt
n=plt.arange(1,21); xn=(-2/3)**n
plt.stem(n,xn); plt.show()
```

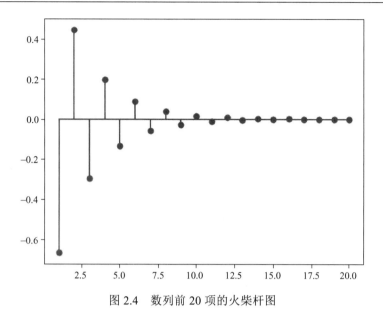

图 2.4 数列前 20 项的火柴杆图

2.2.2 函数的极限

Sympy 库计算符号函数极限的命令为 limit，其一般格式如下：

  limit(f,x,a)   #计算当自变量 x 趋近常数 a 时，符号函数 f(x)的极限值。
  limit(f,x,a,dir="-") #计算当 x 从左侧趋近 a 时，符号函数 f(x)的左极限值。
  limit(f,x,a,dir="+") #计算当 x 从右侧趋近 a 时，符号函数 f(x)的右极限值。

例 2.8 求下列极限：

（1）$\lim\limits_{x\to 0} x^x$；   （2）$\lim\limits_{x\to 0} \dfrac{\tan x - \sin x}{x^3}$.

解 求得 $\lim\limits_{x\to 0} x^x = 1$，$\lim\limits_{x\to 0} \dfrac{\tan x - \sin x}{x^3} = \dfrac{1}{2}$.

```
#程序文件 pex2_8.py
import sympy as sp
x=sp.var("x")
f=x**x; g=(sp.tan(x)-sp.sin(x))/x**3
s1=sp.limit(f,x,0); s2=sp.limit(g,x,0)
print(s1); print(s2)
```

例 2.9 求极限 $\lim\limits_{x\to 0}\left(\dfrac{a_1^x + a_2^x + \cdots + a_{10}^x}{10}\right)^{1/x}$，其中 $a_1, a_2, \cdots, a_{10}$ 为常数。

解 求得 $\lim\limits_{x\to 0}\left(\dfrac{a_1^x + a_2^x + \cdots + a_{10}^x}{10}\right)^{1/x} = \sqrt[10]{a_1 a_2 \cdots a_{10}}$。

```
#程序文件 pex2_9.py
import sympy as sp
```

```
x=sp.var("x")
a=sp.var("a1:11")    #定义符号行向量
f=(sum([b**x for b in a])/10)**(1/x)
s=sp.limit(f,x,0); print(s)
```

例 2.10 研究重要极限 $\lim\limits_{x\to\infty}\left(1+\dfrac{1}{x}\right)^x$，绘制函数 $y=\left(1+\dfrac{1}{x}\right)^x$ 的图形，观察当 $x\to\infty$ 时的函数变化趋势，并计算其极限。

解 首先使用 plot 函数进行符号函数绘图，输出图形如图 2.5 所示，从图形中观察函数变化趋势，然后使用 limit() 函数求得极限。

$$\lim_{x\to\infty}\left(1+\dfrac{1}{x}\right)^x = e.$$

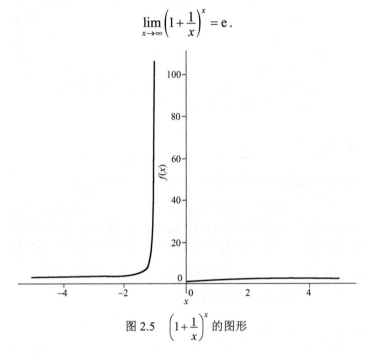

图 2.5 $\left(1+\dfrac{1}{x}\right)^x$ 的图形

```
#程序文件 pex2_10.py
import sympy as sp
x=sp.var("x"); f=(1+1/x)**x
sp.plot((f,(x,-5,-1.01)),(f,(x,0.01,5)))
s=sp.limit(f,x,sp.oo)    #求 x 趋于+∞的极限
```

SymPy 库中级数求和函数为 summation，其调用格式为

summation(f,(k,a,b))   %级数的一般项为 f，求和指标变量 k 取值从 a 到 b

例 2.11 求数列

$$x_n = 1+\dfrac{1}{2}+\dfrac{1}{3}+\cdots+\dfrac{1}{n}-\ln n$$

当 n 趋于 $+\infty$ 时的极限。

解 求得

$$\lim_{n\to+\infty} x_n = \gamma(\text{欧拉常数}),$$

取 10 位有效数字时，$\gamma = 0.5772156649$。

```
#程序文件 pex2_11.py
import sympy as sp
k,n=sp.var("k,n")
fn=sp.summation(1/k,(k,1,n))-sp.log(n)
s1=sp.limit(fn,n,sp.oo)      #求 n 趋于+∞的极限
s2=s1.evalf(10)              #显示欧拉常数的 10 位有效数字
print(s1); print(s2)
```

2.3 非线性方程（组）的求解

2.3.1 求非线性方程（组）的数值解

SciPy 库的函数 fsolve()和 root()可以求方程或方程组的解，NumPy 库的函数 roots() 可以求多项式的所有根。

例 2.12 对于函数 $f(x) = x^3 - 2x - 5$。

（1）求 $f(x)$ 在 1 附近的零点。

（2）求 $f(x)$ 的所有零点。

解 （1）求得 1 附近的零点为 2.0946。

（2）$f(x)$ 的所有零点为 2.0946，$-1.0473 \pm 1.1359\mathrm{i}$。

```
#程序文件 pex2_12.py
import numpy as np
from scipy.optimize import fsolve, root
fx=lambda x: x**3-2*x-5
s1=fsolve(fx,1); s2=root(fx,1)
f=np.array([1,0,-2,-5])      #用系数向量定义多项式
s3=np.roots(f)               #求多项式的所有根
print(s1); print(s2.x); print(s3)
```

我们先介绍下面例子使用的 Matplotlib 库中函数 ginput()，该函数识别鼠标单击点的 x、y 坐标值，其调用格式如下：

　　xy = ginput(n)　　%识别笛卡儿坐标区鼠标单击的 n 个点坐标，返回值 xy 为这 n 个点的 x、y 坐标值的列表

例 2.13 求非线性方程组

$$\begin{cases} \mathrm{e}^{-(x_1+x_2)} = x_2(1+x_1^2), \\ x_1 \cos x_2 + x_2 \sin x_1 = \dfrac{1}{2} \end{cases}$$

在 $[-20, 20] \times [-20, 20]$ 内的所有数值解。

解 首先用 SymPy 的符号函数的隐函数绘图命令画出两个方程对应的曲线，如

图 2.6 所示，通过图形可以看出在 [−20,20]×[−20,20] 内，方程组有 5 组解。依次单击两条曲线的 5 个交点，就可以得到方程组的 5 组近似解。再以这 5 组近似解为初值，调用 SciPy 库的 fsolve()函数就可以得到方程组的 5 组数值解，具体的解我们这里就不赘述了。

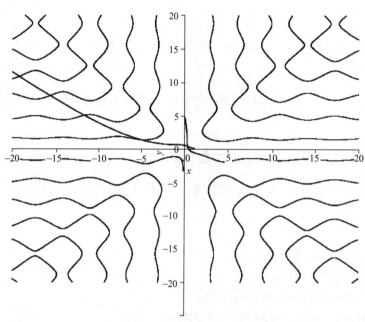

图 2.6　两个方程对应的曲线图

```
#程序文件 pex2_13.py
import sympy as sp
import pylab as plt
import numpy as np
from scipy.optimize import fsolve
plt.ion()                    #打开交互模式
x,y=sp.var("x,y")
f=sp.exp(-x-y)-y*(1+x**2)
g=x*sp.cos(y)+y*sp.sin(x)-1/2
plot1=sp.plot_implicit(f,(x,-20,20),(y,-20,20),
                       line_color="black",show=False)
plot2=sp.plot_implicit(g,(x,-20,20),(y,-20,20),show=False)
plot1.append(plot2[0]); plot1.show()
print("请用鼠标单击曲线的交点 5 次！\n")
xy=plt.ginput(5); S=[]
f=lambda x: [np.exp(-x[0]-x[1])-x[1]*(1+x[0]**2),
             x[0]*np.cos(x[1])+x[1]*np.sin(x[0])-1/2]
for i in range(5):
    s=fsolve(f,xy[i]); S.append(s)
    print(s)
plt.ioff(); plt.show()        #关闭交互模式
```

例 2.14 试判断方程 $f(x) = \cos\left(\dfrac{1}{x} + x^2\right) = 0$ 在区间 $[0.1, 5]$ 上是否有解，如果有，试求出全部解。

解 $f(x)$ 在区间 $[-5,5]$ 上的图形如图 2.7（a）所示，由连续函数的介值定理知，$f(x)$ 在 $(-\infty, +\infty)$ 上有无穷多个零点。$f(x)$ 在区间 $[0.1, 5]$ 上的图形如图 2.7（b）所示，同样由连续函数介值定理知，$f(x)$ 在 $[0.1, 5]$ 上有 9 个零点。

调用 SymPy 库的 ginput 函数，单击 $f(x)$ 的曲线与 x 轴交点的 9 个点 x 坐标作为所求零点的近似值，再以这些近似值作为 SciPy 库的函数 fsolve() 求零点时的初值，可求得这 9 个零点的数值解。

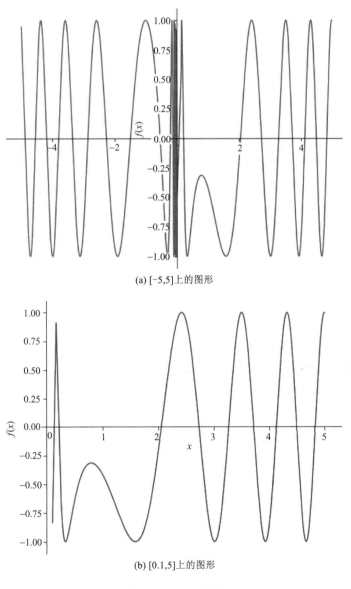

(a) $[-5,5]$ 上的图形

(b) $[0.1,5]$ 上的图形

图 2.7 $f(x)$ 的图形

```
#程序文件 pex2_14.py
import sympy as sp
import pylab as plt
from scipy.optimize import fsolve
import numpy as np
plt.ion()                    #开启交互模式
x=sp.var("x")
y=sp.cos(1/x+x**2)
sp.plot(y,(x,-5,5))
h1=sp.plot(y,(x,0.1,5),show=False)
h2=sp.plot(0,(x,0.1,5),show=False)
h1.append(h2[0]); h1.show()
xy=plt.ginput(9); S=[]
f=lambda x: np.cos(1/x+x**2)
for i in range(9):
    s=fsolve(f,xy[i][0])
    print(s); S.append(s)
plt.ioff(); plt.show()       #关闭交互模式
```

2.3.2 求非线性方程（组）的符号解

在 SymPy 库中，提供了 solve()函数求解简单的符号代数方程或方程组，其调用格式如下：

```
S=solve(eqn,var)         #求表达式 eqn 的代数方程，求解变量为 var
S=solve(eqns,vars)       #求表达式列表 eqns 的代数方程组，求解变量组为列表 vars
```

例 2.15 利用 solve 求下列方程的解。

$$ax^2 + bx = c,$$

其中 x 为未知数。

解 求得方程的解为 $x = \dfrac{-b \pm \sqrt{b^2 + 4ac}}{2a}$.

```
#程序文件 pex2_15.py
import sympy as sp
x,a,b,c=sp.var("x,a,b,c")
s=sp.solve(a*x**2+b*x-c,x)
sp.pprint(s)
```

例 2.16 求如下方程组的解。

$$\begin{cases} 2x^2 + y = 3x, \\ x + 2y = 1. \end{cases}$$

解 求得的解为

$$\begin{cases} x = \dfrac{7+\sqrt{33}}{8}, \\ y = \dfrac{1-\sqrt{33}}{16}, \end{cases} \text{或} \quad \begin{cases} x = \dfrac{7-\sqrt{33}}{8}, \\ y = \dfrac{1+\sqrt{33}}{16}. \end{cases}$$

```
#程序文件 pex2_16.py
import sympy as sp
x,y=sp.var("x,y")
s=sp.solve([2*x**2+y-3*x,x+2*y-1],[x,y])
print(s)
```

习 题 2

2.1 设
$$f(x)=\begin{cases}0, & x\leqslant 0,\\ x, & x\geqslant 0,\end{cases}\quad g(x)=\begin{cases}0, & x\leqslant 0,\\ -x^2, & x>0,\end{cases}$$
求 $f[f(x)]$、$g[g(x)]$、$f[g(x)]$、$g[f(x)]$。

2.2 Chebyshev 多项式的数学形式为 $T_1(x)=1$，$T_2(x)=x$，$T_n(x)=2xT_{n-1}(x)-T_{n-2}(x)$，$n=3,4,5,\cdots$，试计算 $T_3(x),T_4(x),\cdots,T_{10}(x)$。

2.3 试判定函数 $f(x)=\sqrt{1+x+x^2}-\sqrt{1-x+x^2}$ 的奇偶性。

2.4 如果 $f(x)=\ln\dfrac{1+x}{1-x}$ ($-1<x<1$)，试证明 $f(x)+f(y)=f\left(\dfrac{x+y}{1+xy}\right)$ ($-1<x,y<1$)。

2.5 试求解下面的极限问题。

（1）$\lim\limits_{x\to a}\dfrac{\ln x-\ln a}{x-a}(a>0)$.

（2）$\lim\limits_{x\to+\infty}\left[\sqrt[3]{x^3+x^2+x+1}-\sqrt{x^2+x+1}\dfrac{\ln(e^x+x)}{x}\right]$.

（3）$\lim\limits_{x\to a}\dfrac{\sin(a+2x)-2\sin(a+x)+\sin a}{x^2}$.

2.6 试由下面已知的极限值求出 a 和 b 的值。

（1）$\lim\limits_{x\to+\infty}\left(ax+b-\dfrac{x^3+1}{x^2+1}\right)=0$.

（2）$\lim\limits_{x\to+\infty}\left(\sqrt{x^2-x+1}-ax-b\right)=0$.

2.7 研究方程 $\sin(x^3)+\cos\left(\dfrac{x}{2}\right)+x\sin x-2=0$ 在区间 $\left[-\dfrac{\pi}{2},\dfrac{\pi}{2}\right]$ 上解的情况，并求出所有的解。

第 3 章 导数与微分

微分学是微积分的重要组成部分，它的基本概念是导数与微分。本章介绍 Python 的求导函数及应用。

3.1 SymPy 求符号函数的导数

3.1.1 SymPy 符号求导函数

SymPy 的符号求导函数为 diff()，其调用格式如下：

  diff(f,x)   #求符号函数 f 关于变量 x 的 1 阶导数
  diff(f,x,n)   #求符号函数 f 关于变量 x 的 n 阶导数

例 3.1 求函数 $y=\ln(x+\sqrt{1+x^2})$ 的 1 阶和 2 阶导数。

解 求得

$$\frac{\mathrm{d}y}{\mathrm{d}x}=\frac{1}{\sqrt{x^2+1}},\quad \frac{\mathrm{d}^2 y}{\mathrm{d}x^2}=-\frac{x}{(x^2+1)^{3/2}}.$$

```
#程序文件 pex3_1.py
import sympy as sp
x=sp.var("x")
f=sp.log(x+sp.sqrt(1+x**2))
d11=sp.diff(f,x); d12=sp.simplify(d11)
d21=sp.diff(f,x,2); d22=sp.simplify(d21)
d23=sp.factor(d22)          #第一种方法求 2 阶导数结果
d2f=sp.diff(d12,x)           #第二种方法求 2 阶导数结果
print(d12); print(d23); print(d2f)
```

例 3.2 求曲线 $y=x^{3/2}$ 的通过点 (0,–4) 的切线方程，并画出曲线和切线。

解 设切点为 (x_0,y_0)，则切点的斜率为

$$f'(x_0)=\frac{3}{2}\sqrt{x}\bigg|_{x=x_0}=\frac{3}{2}\sqrt{x_0}.$$

于是所求切线方程可设为

$$y-y_0=\frac{3}{2}\sqrt{x_0}(x-x_0). \tag{3.1}$$

因切点 (x_0,y_0) 在曲线 $y=x^{3/3}$ 上，故有

$$y_0=x_0^{3/2}. \tag{3.2}$$

由已知切线（3.1）通过点 $(0,-4)$，故有
$$-4-y_0=\frac{3}{2}\sqrt{x_0}(0-x_0). \tag{3.3}$$

求得由式（3.2）和式（3.3）组成的方程组的解为 $x_0=4$，$y_0=8$，代入式（3.1）并化简，即得所求切线方程为
$$3x-y-4=0.$$

```
#程序文件 pex3_2.py
import sympy as sp
import pylab as plt
x,y,x0,y0=sp.var("x,y,x0,y0")
f=sp.sqrt(x)**3; df=sp.diff(f,x)
g=y-y0-df.subs(x,x0)*(x-x0)        #切线方程对应的函数
eq1=y0-x0**(3/2)                    #第一个方程
eq2=g.subs({x:0,y:-4})
s=sp.solve([eq1,eq2],[x0,y0])      #求切点
h=g.subs({x0:s[0][0],y0:s[0][1]})
plt.rc("text",usetex=True)
plot1=sp.plot(f,(x,0,6),show=False)
plot2=sp.plot_implicit(h,(x,0,6),(y,-4,9),show=False)
plot2.append(plot1[0]);
plot2.show()
```

画出的曲线和切线如图 3.1 所示。

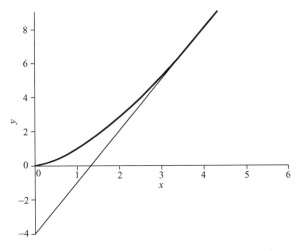

图 3.1　曲线及切线图

3.1.2　隐函数的导数

在 Python 中没有直接求解隐函数导数的函数，需要求解代数方程得到隐函数的导数。

例 3.3 设 $e^y + xy - e = 0$，求 $\dfrac{dy}{dx}$。

解 方程两边对 x 求导，得 $e^y \dfrac{dy}{dx} + y + x\dfrac{dy}{dx} = 0$，解之得 $\dfrac{dy}{dx} = -\dfrac{y}{x+e^y}$。

```
#程序文件 pex3_3_1.py
import sympy as sp
x=sp.var("x"); y=sp.var("y",cls=sp.Function)
f=sp.exp(y(x))+x*y(x)-sp.exp(1)
df=sp.diff(f,x)
dy=sp.solve(df,y(x).diff(x))[0]
print(dy)
```

也可以利用隐函数定理求隐函数的导数。

```
#程序文件 pex3_3_2.py
import sympy as sp
x,y=sp.var("x,y")
f=sp.exp(y)+x*y-sp.exp(1)
dy=-f.diff(x)/f.diff(y)
print(dy)
```

例 3.4 求由方程 $y^5 + 2y - x - 3x^7 = 0$ 所确定的隐函数在 $x=0$ 处的导数 $\left.\dfrac{dy}{dx}\right|_{x=0}$。

解 方程两边分别对 x 求导，得

$$5y^4 \dfrac{dy}{dx} + 2\dfrac{dy}{dx} - 1 - 21x^6 = 0.$$

由此得

$$\dfrac{dy}{dx} = \dfrac{1+21x^6}{5y^4+2}.$$

因为当 $x=0$ 时，从原方程得 $y=0$，所以

$$\left.\dfrac{dy}{dx}\right|_{x=0} = \dfrac{1}{2}.$$

```
#程序文件 pex3_4.py
import sympy as sp
x=sp.var("x"); y=sp.var("y",cls=sp.Function)
f=y(x)**5+2*y(x)-x-3*x**7          #定义隐函数 f=0 中的 f
df=sp.diff(f,x)                     #对 x 求导数
dy=sp.solve(df,y(x).diff(x))[0]     #解方程求隐函数的导数
dy0=dy.subs({x:0,y(x):0})
print(dy0)
```

3.1.3 参数方程的导数

设参数方程 $\begin{cases} x = x(t), \\ y = y(t) \end{cases}$ 确定函数 $y = f(x)$，则 $\dfrac{\mathrm{d}y}{\mathrm{d}x} = \dfrac{y'(t)}{x'(t)}$。

例 3.5 已知椭圆的参数方程为

$$\begin{cases} x = a\cos t, \\ y = b\sin t, \end{cases}$$

求椭圆在 $t = \dfrac{\pi}{4}$ 相应的点处的切线方程，并画出 $a = 3$，$b = 2$ 时的椭圆及切线。

解 当 $t = \dfrac{\pi}{4}$ 时，椭圆上的相应点 M_0 的坐标是

$$x_0 = a\cos\frac{\pi}{4} = \frac{\sqrt{2}a}{2}, \quad y_0 = b\sin\frac{\pi}{4} = \frac{\sqrt{2}b}{2}.$$

曲线在点 M_0 的切线斜率为

$$\left.\frac{\mathrm{d}y}{\mathrm{d}x}\right|_{x=\frac{\pi}{4}} = \left.\frac{(b\sin t)'}{(a\cos t)'}\right|_{t=\frac{\pi}{4}} = \left.\frac{b\cos t}{-a\sin t}\right|_{t=\frac{\pi}{4}} = -\frac{b}{a}.$$

代入点斜式方程，即得椭圆在点 M_0 处的切线方程

$$y - \frac{\sqrt{2}b}{2} = -\frac{b}{a}\left(x - \frac{\sqrt{2}a}{2}\right),$$

化简后得

$$bx + ay - \sqrt{2}ab = 0.$$

$a = 3$，$b = 2$ 时所画出的椭圆及切线如图 3.2 所示。

```
#程序文件 pex3_5.py
import sympy as sp
import pylab as plt
import numpy as np
a,b,t,X=sp.var("a,b,t,X")
x,y=sp.var("x,y",cls=sp.Function)
x=a*sp.cos(t); y=b*sp.sin(t)
x0=x.subs(t,sp.pi/4); y0=y.subs(t,sp.pi/4)
dy=(y.diff(t)/x.diff(t)).subs(t,sp.pi/4)
Y=y0+dy*(X-x0)              #切线方程
print(Y)
plt.axis("equal")
t=np.linspace(0,2*np.pi,100)
px=3*np.cos(t); py=2*np.sin(t)
plt.plot(px,py)             #画椭圆
Y0=Y.subs({a:3,b:2})        #a=3, b=2 时的切线方程
eq=sp.lambdify(X,Y0)        #转换为匿名函数
t2=np.linspace(-3,4,50)
```

```
plt.plot(t2,eq(t2))                    #画切线
plt.show()
```

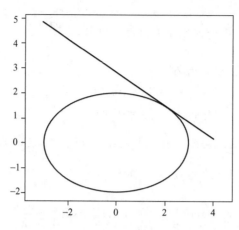

图 3.2 椭圆及相应点处的切线

例 3.6 计算由摆线的参数方程

$$\begin{cases} x = a(t - \sin t), \\ y = a(1 - \cos t) \end{cases}$$

所确定的函数 $y = y(x)$ 的二阶导数。

解 $\dfrac{\mathrm{d}y}{\mathrm{d}x} = \dfrac{\frac{\mathrm{d}y}{\mathrm{d}t}}{\frac{\mathrm{d}x}{\mathrm{d}t}} = \dfrac{a\sin t}{a(1-\cos t)} = \dfrac{\sin t}{1-\cos t} = \cot\dfrac{t}{2}.$

$\dfrac{\mathrm{d}^2 y}{\mathrm{d}x^2} = \dfrac{\mathrm{d}}{\mathrm{d}t}\left(\cot\dfrac{t}{2}\right) \cdot \dfrac{1}{\frac{\mathrm{d}x}{\mathrm{d}t}} = -\dfrac{1}{2\sin^2\frac{t}{2}} \cdot \dfrac{1}{a(1-\cos t)} = -\dfrac{1}{a(1-\cos t)^2}.$

```
#程序文件 pex3_6.py
import sympy as sp
a,t=sp.var("a,t")
x=a*(t-sp.sin(t)); y=a*(1-sp.cos(t))
d1=y.diff(t)/x.diff(t)     #计算一阶导数
d21=d1.diff(t)/x.diff(t)
d22=sp.simplify(d21); print(d22)
```

3.2 导数在经济学中的应用

3.2.1 边际分析

1. 边际概念

设一个经济指标是另一个经济指标 x 的函数 $y = f(x)$，且 $f(x)$ 在点 x 处可导，则 $f(x)$ 在 $(x, x + \Delta x)$ 内的平均变化率为

$$\frac{\Delta y}{\Delta x} = \frac{f(x+\Delta x) - f(x)}{\Delta x},$$

$f(x)$ 在点 x 处的瞬时变化率为

$$\lim_{\Delta x \to 0} \frac{\Delta y}{\Delta x} = \lim_{\Delta x \to 0} \frac{f(x+\Delta x) - f(x)}{\Delta x} = f'(x).$$

在经济管理中，称 $f'(x)$ 为 $f(x)$ 在点 x 处的边际函数值。

在点 x 处，当 x 改变一个单位时，函数 $y = f(x)$ 相应地改变，$\Delta y = f(x+1) - f(x)$，则有

$$\Delta y|_{\Delta x=1} \approx \mathrm{d}y|_{\Delta x=1} = f'(x)\Delta x|_{\Delta x=1} = f'(x),$$

这表明 $f(x)$ 在点 x 处，当 x 改变一个单位时，y 近似地改变 $f'(x)$ 个单位。在经济分析中解释边际函数值的具体意义时，常略去"近似地"三个字。于是，定义边际函数如下：

定义 3.1 设函数 $f(x)$ 可导，称导数 $f'(x)$ 为 $f(x)$ 的边际函数，$f'(x_0)$ 称为 $f(x)$ 在点 x_0 处的边际函数值。

边际函数值 $f'(x_0)$ 的经济学意义：在点 $x = x_0$ 处，x 增加一个单位时，$f(x)$（近似地）改变 $f'(x_0)$ 个单位。

例如：函数 $y = 3 + 2\sqrt{x}$，$y' = \frac{1}{\sqrt{x}}$，则在点 $x = 100$ 处的边际函数值 $y'(100) = \frac{1}{10}$。这表明，当 $x = 100$ 时，x 增加 1 个单位，y 相应改变 $\frac{1}{10}$ 个单位。

2. 经济学中常见的边际函数

1）边际成本

总成本函数 $y(x)$ 的导数 $y'(x) = \lim_{\Delta x \to 0} \frac{y(x+\Delta x) - y(x)}{\Delta x}$ 称为边际成本。它表示：已经生产了 x 单位产品，再生产一个单位产品所增加的总成本。

一般情况下，总成本 $y(x)$ 为固定成本 y_0 与可变成本 $y_1(x)$ 之和，即

$$y(x) = y_0 + y_1(x),$$

边际成本

$$y'(x) = y_1'(x).$$

显然，边际成本与固定成本无关。平均成本函数

$$\bar{y}(x) = \frac{y(x)}{x} = \frac{y_0}{x} + \frac{y_1(x)}{x},$$

其导数

$$\bar{y}'(x) = \frac{xy'(x) - y(x)}{x^2} = \frac{y'(x) - \bar{y}(x)}{x}$$

称为边际平均成本。

例 3.7 设某产品生产 x 单位时的总成本函数为 $y(x) = 2500 + 8x + \frac{1}{4}x^2$。求：

（1）$x=40$时的总成本、平均成本及边际成本，并解释边际成本的经济学意义；

（2）最低平均成本和相应产量的边际成本。

解 （1）由总成本函数 $y(x)=2500+8x+\dfrac{1}{4}x^2$，有

$$y(40)=3220，\quad \bar{y}(40)=\dfrac{y(40)}{40}=\dfrac{161}{2}，\quad y'(40)=\left(8+\dfrac{1}{2}x\right)\bigg|_{x=40}=28.$$

因此，当 $x=40$ 时，总成本 $y(40)=3220$，平均成本 $\bar{y}(40)=\dfrac{161}{2}$，边际成本 $y'(40)=28$，其中边际成本 $y'(40)$ 表示：当产量为 40 个单位时，再增加（或减少）1 个单位，总成本将增加（或减少）28 个单位。

（2）平均成本为 $\bar{y}(x)=\dfrac{y(x)}{x}=\dfrac{2500}{x}+8+\dfrac{1}{4}x$，令 $\bar{y}'(x)=0$，即 $-\dfrac{2500}{x^2}+\dfrac{1}{4}=0$，解得唯一驻点 $x=100$。由于 $\bar{y}''(100)=\dfrac{5000}{100^3}>0$，所以 $x=100$ 为 $\bar{y}(x)$ 的极小值点，也是最小值点。因此，产量为 100 单位时，平均成本最低，其最低平均成本为 $\bar{y}(100)=58$。边际成本函数 $y'(x)=8+\dfrac{1}{2}x$，故当 $x=100$ 时，边际成本 $y'(100)=58$。

```
#程序文件 pex3_7.py
import sympy as sp
x=sp.var("x"); y=2500+8*x+x**2/4
y1=y.subs(x,40); y2=y1/40        #计算总成本和平均成本
dy=y.diff(x); dy1=dy.subs(x,40)  #计算边际成本
ym=y/x; ym=sp.simplify(ym)       #计算平均成本函数
dym=ym.diff(x)                   #计算平均成本的导数
s=sp.solve(dym)                  #求驻点
ddym=dym.diff(x)                 #计算平均成本的两阶导数
print(s)
ym0=ym.subs(x,s[1])              #计算最低平均成本
dy2=dy.subs(x,s[1])              #计算最低成本时的边际成本
```

2）边际收益

总收益函数 $z(x)$ 的导数

$$z'(x)=\lim_{\Delta x\to 0}\dfrac{\Delta z}{\Delta x}=\lim_{\Delta x\to 0}\dfrac{z(x+\Delta x)-z(x)}{\Delta x}$$

称为边际收益。它（近似地）表示：已经销售了 x 单位产品，再销售一个单位产品所增加的总收益。

若 p 表示价格，且 p 是销售量 x 的函数 $p=p(x)$，则总收益函数 $z(x)=p(x)x$。此时边际收益为

$$z'(x)=p'(x)x+p(x).$$

例 3.8 设某产品的需求函数 $q=100-2p$，其中 p 为价格，q 为销售量，求：

（1）销售量为 20 个单位时的总收益、平均收益和边际收益；

（2）销售量从20个单位增加到28个单位时收益的平均变化率。

解 （1）总收益函数为

$$z(q) = p(q)q = 50q - \frac{1}{2}q^2,$$

故

$$z(20) = 800, \quad \bar{z}(20) = \frac{800}{20} = 40, \quad z'(20) = (50-q)\big|_{q=20} = 30.$$

因此，当 $q = 20$ 时，总收益 $z(20) = 800$，平均收益 $\bar{z}(20) = 40$，边际收益 $z'(20) = 30$。

（2）当销售量从20个单位增加到28个单位时，收益的平均变化率为

$$\frac{\Delta z}{\Delta q} = \frac{z(28) - z(20)}{28 - 20} = 26.$$

```
#程序文件 pex3_8.py
import sympy as sp
q=sp.var("q",positive=True)      #定义需求变量
p=50-q/2                          #价格函数
z=p*q                             #总收益函数
z1=z.subs(q,20)                   #计算销售量为20个单位时的总收益
zm=z1/20                          #计算销售量为20个单位时的平均收益
dz=z.diff(q)                      #计算收益函数的导数
dz0=dz.subs(q,20)                 #计算销售量为20个单位时的边际收益
dzq=(z.subs(q,28)-z.subs(q,20))/8
print(z1); print(zm); print(dz0); print(dzq)
```

3）边际利润

总利润函数 $L = L(x)$ 的导数

$$L'(x) = \lim_{\Delta x \to 0} \frac{\Delta L}{\Delta x} = \lim_{\Delta x \to 0} \frac{L(x + \Delta x) - L(x)}{\Delta x}$$

称为边际利润。它（近似地）表示：已经销售了 x 单位产品，再销售一个单位产品所增加（或减少）的利润。

总利润 $L(x)$ 是总收益 $z(x)$ 与总成本 $y(x)$ 之差，即 $L(x) = z(x) - y(x)$，则边际利润为

$$L'(x) = z'(x) - y'(x),$$

即边际利润是边际收益与边际成本之差。若令 $L'(x) = 0$，则 $z'(x) = y'(x)$，这说明产品取得最大利润的必要条件是边际收益等于边际成本。

例 3.9 某企业生产某产品的固定成本为 60000 元，可变成本为 20 元/件，价格函数为 $p = 60 - \frac{q}{1000}$，其中 p 是价格（单位：元/件），q 是销售量（单位：件）。已知产销平衡，求：

（1）该产品的边际利润；

（2）$p=50$ 时的边际利润，并解释其经济学意义；

（3）利润最大时的定价。

解 由 $p = 60 - \dfrac{q}{1000}$，得 $q = 1000(60-p)$，于是总成本函数

$$y(p) = 60000 + 20q = 1260000 - 20000p，$$

总收益函数

$$z(p) = pq = 60000p - 1000p^2，$$

总利润函数

$$L(p) = z(p) - y(p) = 80000p - 1000p^2 - 1260000.$$

（1）边际利润 $L'(p) = 80000 - 2000p$。

（2）当 $p=50$，边际利润 $L'(50) = (80000-2000p)\big|_{p=50} = -20000$。经济学意义为当产品价格为 50 元/件时，若价格增长 1 元/件，则利润减少 20000 元。

（3）令 $L'(p) = 0$，得 $L(p)$ 的驻点 $p = 40$。因为 $L''(p) = -2000 < 0$，所以 $L(40) = 340000$ 为极大值，也是最大值，即价格为 40 元时利润最大。

```
#程序文件 pex3_9.py
import sympy as sp
p=sp.var("p")
q=1000*(60-p)            #销售量 q 的表达式
y=60000+20*q             #总成本表达式
z=p*q                    #总收益
L=z-y                    #总利润
dL=L.diff(p)             #边际利润函数
dL0=dL.subs(p,50)
p0=sp.solve(dL)[0]       #求驻点
ddL=L.diff(p,2)          #求利润的二阶导数
L0=L.subs(p,p0)          #求利润的最大值
print(L0)
```

3.2.2 弹性分析

设 $y = f(x)$，称 $\Delta y = f(x + \Delta x) - f(x)$ 为函数 $f(x)$ 在点 x 处的绝对改变量，Δx 称为自变量在点 x 处的绝对改变量。绝对改变量在原来量值中的百分比称为相对改变量。例如，$\dfrac{\Delta y}{y} = \dfrac{f(x+\Delta x) - f(x)}{f(x)}$ 称为函数 $f(x)$ 在点 x 处的相对改变量，$\dfrac{\Delta x}{x}$ 称为自变量在点 x 处的相对改变量。

在边际分析中，所讨论函数的改变量与函数的变化率是绝对改变量与绝对变化率。在实践中，仅研究函数的绝对改变量与绝对变化率是不够的。例如，冰箱和大米的单价分别为 5000 元和 50 元，它们各涨价 50 元，尽管绝对改变量一样，但它们对经济和社会的影响却有巨大差异。前者价格增加 50 元，我们也许感受不到，但后者增加 50 元却对经济有巨大冲击。原因在于二者涨价的百分比有巨大差别，冰箱上涨了 1%，而大米涨了 100%。因此，有必要研究函数的相对改变量和相对变化率。

定义 3.2 设函数 $y=f(x)$ 可导，函数的相对改变量 $\dfrac{\Delta y}{y}=\dfrac{f(x+\Delta x)-f(x)}{f(x)}$ 与自变量的相对改变量 $\dfrac{\Delta x}{x}$ 之比 $\dfrac{x\Delta y}{y\Delta x}$ 称为函数 $y=f(x)$ 从 x 到 $x+\Delta x$ 的相对变化率，称极限

$$\lim_{\Delta x\to 0}\dfrac{x\Delta y}{y\Delta x}=\dfrac{xf'(x)}{f(x)}$$

为 $f(x)$ 在点 x 处的相对变化率（或相对导数），通常称为 $f(x)$ 在点 x 处的弹性，记为 $\dfrac{Ey}{Ex}$，即

$$\dfrac{Ey}{Ex}=\lim_{\Delta x\to 0}\dfrac{\Delta y/y}{\Delta x/x}=\dfrac{xf'(x)}{f(x)}.$$

若取 $\dfrac{\Delta x}{x}=1\%$，则由 $\dfrac{\Delta y/y}{\Delta x/x}\approx\dfrac{Ey}{Ex}$，知 $\dfrac{\Delta y}{y}\approx\dfrac{Ey}{Ex}\cdot\dfrac{\Delta x}{x}=\dfrac{Ey}{Ex}\%$，所以函数 $y=f(x)$ 在点 x 处的弹性可解释为当自变量的相对改变量 $\dfrac{\Delta x}{x}$ 为 1% 时，函数的相对改变量 $\dfrac{\Delta y}{y}$ 为 $\dfrac{Ey}{Ex}\%$。

注 3.1 对任意的 x，通常称 $\dfrac{xf'(x)}{f(x)}$ 为 $f(x)$ 的弹性函数。

例 3.10 求幂函数 $y=x^{\alpha}$（α 为常数）的弹性函数。

解 因为 $y'=\alpha x^{\alpha-1}$，所以

$$\dfrac{Ey}{Ex}=\dfrac{xy'}{y}=\alpha.$$

这说明幂函数的弹性函数为常数，即任意点的弹性相同，称为不变弹性函数。

在定义 3.2 中，若函数为需求函数 $q=q(p)$，其中 p 为价格，此时的弹性为需求对价格的弹性。

定义 3.3 设某商品的需求函数 $q=q(p)$（p 为价格）可导，称极限

$$\lim_{\Delta p\to 0}-\dfrac{\Delta q/q}{\Delta p/p}=-\dfrac{pq'(p)}{q(p)}$$

为该商品在点 p 处的需求弹性，记作

$$\eta=\eta(p)=-\dfrac{pq'(p)}{q(p)}.$$

注 3.2 由于 $q=q(p)$ 为单调递减函数，Δp 与 Δq 异号，p 与 q 为正数，故 $\dfrac{\Delta q/q}{\Delta p/p}$ 与 $\dfrac{pq'(p)}{q(p)}$ 均为非正数。为了用正数表示需求弹性，在定义 3.3 中加了负号。需求弹性表示价格为 p 时，价格上涨 1%，需求将减少 $\eta\%$。

需求弹性主要用于衡量需求函数对价格变化的敏感程度。若某商品的需求弹性 $\eta>1$，则该商品的需求量对价格富有弹性，即价格变化将引起需求量的较大变化；若 $\eta=1$，则称该商品在价格水平 p 下具有单位弹性，其价格上涨的百分数与需求下降的百分数相同；若 $\eta<1$，则称该商品的需求量对价格缺乏弹性，价格变化只能引起需求量的

微小变化。

例 3.11　已知某商品的需求函数为 $q = 200 - 2p^2$，求：

（1）需求弹性 $\eta(p)$；

（2）$\eta(4)$ 和 $\eta(8)$，并说明其经济学意义。

解　（1）$\eta(p) = -\dfrac{pq'(p)}{q(p)} = -\dfrac{p(-4p)}{200 - 2p^2} = \dfrac{2p^2}{100 - p^2}$。

（2）$\eta(4) = \left.\dfrac{2p^2}{100 - p^2}\right|_{p=4} = \dfrac{8}{21}$，它表示当 $p = 4$ 时，价格上涨 1%，需求量将减少 $\dfrac{8}{21}$%；

$\eta(8) = \left.\dfrac{2p^2}{100 - p^2}\right|_{p=8} = \dfrac{32}{9}$，它表示当 $p = 8$ 时，价格上涨 1%，需求量将减少 $\dfrac{32}{9}$%。

```
#程序文件 pex3_11.py
import sympy as sp
p=sp.var("p"); q=200-2*p**2;
yp=-p*q.diff(p)/q; yp=sp.simplify(yp)
yp4=yp.subs(p,4); yp8=yp.subs(p,8)
print(yp); print(yp4); print(yp8)
```

习　题　3

3.1　设某工厂生产 x 件产品的成本为
$$C(x) = 2000 + 100x - 0.1x^2 \text{（元）},$$
函数 $C(x)$ 称为成本函数，成本函数 $C(x)$ 的导数 $C'(x)$ 在经济学中称为边际成本，试求：

（1）生产 100 件产品的边际成本；

（2）生产第 101 件产品的成本，并与（1）中求得的边际成本做比较，说明边际成本的实际意义。

3.2　已知 $f(x) = \begin{cases} \sin x, & x < 0, \\ x, & x \geqslant 0, \end{cases}$ 求 $f'(x)$。

3.3　求下列函数的导数。

（1）$y = \dfrac{\arcsin x}{\arccos x}$；　　　　　　（2）$y = \dfrac{\sqrt{1+x} - \sqrt{1-x}}{\sqrt{1+x} + \sqrt{1-x}}$；

（3）$y = x\arcsin\dfrac{x}{2} + \sqrt{4 - x^2}$；　　（4）$y = \ln\operatorname{ch} x + \dfrac{1}{2\operatorname{ch}^2 x}$。

3.4　求下列函数所指定的阶的导数。

（1）$y = x^2 \mathrm{e}^{2x}$，求 $y^{(20)}$；（2）$y = x^2 \sin 2x$，求 $y^{(10)}$。

3.5　求由方程 $x - y + \dfrac{1}{2}\sin y = 0$ 所确定的隐函数的二阶导数 $\dfrac{\mathrm{d}^2 y}{\mathrm{d}x^2}$。

3.6　当正在高度 H 飞行的飞机开始向机场跑道下降时，如图 3.3 所示，从飞机到机场的水平地面距离为 L。假设飞机下降的路径为三次函数 $y = ax^3 + bx^2 + cx + d$ 的图形，

其中 $y|_{x=-L}=H$，$y|_{x=0}=0$。试确定飞机的降落路径。

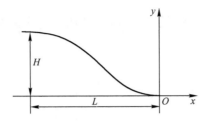

图 3.3　飞机降落路径

3.7　某商品的需求函数 $q=200-2p$，p 为产品价格（单位：元/t），q 为产品产量（单位：t），总成本函数 $y(q)=500+20q$，试求产量 q 分别为 50t、80t 和 100t 时的边际利润，并说明其经济意义。

第4章 微分中值定理与导数的应用

本章中,我们将应用导数来研究函数以及曲线的某些性态,并利用这些知识解决一些实际问题。

4.1 微分中值定理和洛必达法则

4.1.1 微分中值定理

数学原理我们就不赘述了,这里只介绍使用 Python 求解的例子。

例 4.1 存在函数 $f(x)=(x-1)(x-2)(x-3)(x-4)$,说明方程 $f'(x)=0$ 有几个实根,指出它们所在的区间,并求这些根的符号解和数值解。

解 函数 $f(x)$ 在 [1,2]、[2,3]、[3,4] 上均连续,在 (1,2)、(2,3)、(3,4) 内均可导,且 $f(1)=f(2)=f(3)=f(4)=0$。由罗尔定理知至少存在 $\xi_1 \in (1,2)$、$\xi_2 \in (2,3)$、$\xi_3 \in (3,4)$,使

$$f'(\xi_1)=f'(\xi_2)=f'(\xi_3)=0,$$

即方程 $f'(x)=0$ 至少有 3 个实根,又方程 $f'(x)=0$ 为三次方程,故它至多有 3 个实根,因此方程 $f'(x)=0$ 有且仅有 3 个实根,它们分别位于区间 (1,2)、(2,3)、(3,4) 内。

求得这 3 个根的符号解分别为 $\dfrac{5}{2}$、$\dfrac{5}{2}-\dfrac{\sqrt{5}}{2}$、$\dfrac{5}{2}+\dfrac{\sqrt{5}}{2}$,数值解分别为 2.5、1.3820、3.6180。

```
#程序文件 pex4_1.py
import sympy as sp
import numpy as np
x=sp.var("x")
f=sp.prod(x-np.arange(1,5))
df=f.diff(x); df=sp.simplify(df)
s1=sp.solve(df)             #求驻点
s2=[e.n(5) for e in s1]     #转换为数值型
print(s1); print(s2)
```

例 4.2 设 $f(x)$、$g(x)$ 在 $[a,b]$ 上连续,在 (a,b) 内可导,证明在 (a,b) 内有一点 ξ,使

$$\begin{vmatrix} f(a) & f(b) \\ g(a) & g(b) \end{vmatrix} = (b-a)\begin{vmatrix} f(a) & f'(\xi) \\ g(a) & g'(\xi) \end{vmatrix}.$$

证 取函数 $F(x)=\begin{vmatrix} f(a) & f(x) \\ g(a) & g(x) \end{vmatrix}=f(a)g(x)-g(a)f(x)$,由 $f(x),g(x)$ 在 $[a,b]$ 上连续,

在 (a,b) 内可导知 $F(x)$ 在 $[a,b]$ 上连续，在 (a,b) 内可导，由拉格朗日中值定理知，至少存在一点 $\xi \in (a,b)$，使 $F(b) - F(a) = F'(\xi)(b-a)$，其中

$$F(b) = \begin{vmatrix} f(a) & f(b) \\ g(a) & g(b) \end{vmatrix}, \quad F(a) = \begin{vmatrix} f(a) & f(a) \\ g(a) & g(a) \end{vmatrix} = 0,$$

$$F'(x) = f(a)g'(x) - g(a)f'(x) = \begin{vmatrix} f(a) & f'(x) \\ g(a) & g'(x) \end{vmatrix},$$

故

$$\begin{vmatrix} f(a) & f(b) \\ g(a) & g(b) \end{vmatrix} = (b-a) \begin{vmatrix} f(a) & f'(\xi) \\ g(a) & g'(\xi) \end{vmatrix}.$$

验证的 Python 程序如下：

```
#程序文件 pex4_2.py
import sympy as sp
a,b,x=sp.var("a,b,x")
f,g=sp.var("f,g",cls=sp.Function)
A=sp.Matrix([[f(a),f(x)],[g(a),g(x)]])
F=sp.det(A)
Fa=F.subs(x,a); Fb=F.subs(x,b)
dF=F.diff(x)
```

4.1.2 洛必达法则

例 4.3 求 $\lim\limits_{x \to +\infty} \dfrac{x^n}{e^{\lambda x}}$（$\lambda > 0$，$n$ 为正整数）。

解 $\lim\limits_{x \to +\infty} \dfrac{x^n}{e^{\lambda x}} = 0$.

```
#程序文件 pex4_3.py
import sympy as sp
x=sp.var("x")
n=sp.var("n",integer=True,positive=True)
t=sp.var("t",positive=True)
s=sp.limit(x**n/sp.exp(t*x),x,sp.oo)
print(s)
```

例 4.4 讨论下列函数在点 $x=0$ 处的连续性。

$$f(x) = \begin{cases} \left[\dfrac{(1+x)^{1/x}}{e}\right]^{1/x}, & x > 0, \\ e^{-1/2}, & x \leqslant 0. \end{cases}$$

解 $\lim\limits_{x \to 0^+} f(x) = \lim\limits_{x \to 0^+} \left[\dfrac{(1+x)^{1/x}}{e}\right]^{1/x} = e^{\lim\limits_{x \to 0^+} \frac{1}{x} \ln \frac{(1+x)^{1/x}}{e}}$,

而
$$\lim_{x\to 0^+}\frac{1}{x}\ln\frac{(1+x)^{1/x}}{\mathrm{e}}=\lim_{x\to 0^+}\frac{1}{x}\left[\frac{1}{x}\ln(1+x)-1\right]=\lim_{x\to 0^+}\frac{\ln(1+x)-x}{x^2}$$
$$=\lim_{x\to 0^+}\frac{\frac{1}{1+x}-1}{2x}=\lim_{x\to 0^+}-\frac{1}{2(1+x)}=-\frac{1}{2},$$

故
$$\lim_{x\to 0^+}f(x)=\mathrm{e}^{-1/2},$$

又
$$\lim_{x\to 0^-}f(x)=\lim_{x\to 0^-}\mathrm{e}^{-1/2}=\mathrm{e}^{-1/2}, \quad f(0)=\mathrm{e}^{-1/2}.$$

因为 $\lim_{x\to 0^+}f(x)=\lim_{x\to 0^-}f(x)=f(0)$，故函数 $f(x)$ 在 $x=0$ 处连续。

```
#程序文件 pex4_4.py
import sympy as sp
x=sp.var("x")
f=sp.Piecewise((((1+x)**(1/x)/sp.exp(1))**(1/x),x>0),
               (sp.exp(-sp.Rational(1,2)),x<=0))
f0=f.subs(x,0)                    #计算 0 处的函数值
Lm=sp.limit(f,x,0,dir="-")        #求左极限
Lp=sp.limit(f,x,0,dir="+")        #求右极限
print(f0); print(Lm); print(Lp)
```

4.2 泰 勒 公 式

Sympy 库中的函数 series()可以将函数展开为泰勒级数或幂级数，调用格式如下：

（1）series(expr, var, point, n)：将表达式 expr 关于变量 var 在指定点 point 展开成幂级数，展开的项数为 n。默认情况下，n 的值为 6。

（2）expr.series(var, point, n)：对于给定的表达式 expr，使用该方法将其关于变量 var 在指定点 point 展开成幂级数，展开的项数为 n。默认情况下，n 的值为 6。

（3）expr.series(var, point, n).removeO()：在展开的幂级数中，可以使用 removeO()方法去除幂级数中的高阶无穷小量（O(var**n)）。

例 4.5 分别计算 $f(x)=\dfrac{1}{\sqrt{1+x}}$ 在 $x=0$ 处的五阶泰勒展开式和 $x=2$ 处的四阶泰勒展开式。

解 $f(x)=\dfrac{1}{\sqrt{1+x}}$ 在 $x=0$ 处的五阶泰勒展开式为
$$f(x)=1-\frac{x}{2}+\frac{3x^2}{8}-\frac{5x^3}{16}+\frac{35x^4}{128}-\frac{63x^5}{256}+O(x^6),$$
$f(x)=\dfrac{1}{\sqrt{1+x}}$ 在 $x=2$ 处的四阶泰勒展开式为

$$f(x) = \frac{\sqrt{3}}{3} - \frac{\sqrt{3}}{18}(x-2) + \frac{\sqrt{3}}{72}(x-2)^2 - \frac{5\sqrt{3}}{1296}(x-2)^3 + \frac{35\sqrt{3}}{31104}(x-2)^4 + O((x-2)^5).$$

```
#程序文件 pex4_5.py
import sympy as sp
x=sp.var("x")
f=1/sp.sqrt(1+x)
f11=sp.series(f,x)                  #五阶泰勒展开式
f12=sp.series(f,x).removeO()        #去掉余项
f21=sp.series(f,x,2,5)              #四阶泰勒展开式
f22=sp.series(f,x,2,5).removeO()    #去掉余项
```

例 4.6 画出函数 $f(x) = \ln(1+x)$ $(x \geqslant 0)$ 及它的 4～9 阶泰勒展开式的图形。

所画的图形如图 4.1 所示。

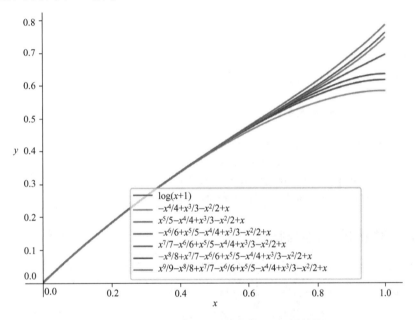

图 4.1 $f(x) = \ln(1+x)$ 及它的泰勒展开式的图形

```
#程序文件 pex4_6.py
import sympy as sp
import pylab as plt
x=sp.var("x"); f=sp.log(1+x)
plt.rc("text",usetex=True); plt.ion()     #打开交互模式
fig1=sp.plot(f,(x,0,1),show=False,legend="$ln(1+x)$")
for i in range(5,11):
    fig2=sp.plot(f.series(x,0,i).removeO(),(x,0,1),show=False)
    fig1.append(fig2[0])
fig1.show(); plt.xlabel("$x$")
plt.ylabel("$y$",rotation=0)
```

4.3 函数的单调性与曲线的凹凸性

4.3.1 函数单调性的判定法

例 4.7 确定函数 $f(x) = 2x^3 - 9x^2 + 12x - 3$ 的单调区间。

解 该函数的定义域为 $(-\infty, +\infty)$。求得该函数的导数

$$f'(x) = 6x^2 - 18x + 12 = 6(x-1)(x-2).$$

解方程 $f'(x) = 0$，得出它在函数定义域 $(-\infty, +\infty)$ 内的两个根 $x_1 = 1$，$x_2 = 2$。这两个根把 $(-\infty, +\infty)$ 分成三个区间 $(-\infty, 1]$、$[1, 2]$、$[2, +\infty)$。

在区间 $(-\infty, 1]$ 内，$f'(x) > 0$，因此函数 $f(x)$ 在 $(-\infty, 1]$ 内单调增加。在区间 $[1, 2]$ 内，$f'(x) < 0$，因此函数 $f(x)$ 在 $[1, 2]$ 内单调减少。在区间 $[2, +\infty)$ 内，$f'(x) > 0$，因此函数 $f(x)$ 在 $[2, +\infty)$ 内单调增加。

```
#程序文件 pex4_7.py
import sympy as sp
x=sp.var("x")
f=2*x**3-9*x**2+12*x-3
df=f.diff(x)
s=sp.solve(df)          #求驻点
s1=sp.is_increasing(f,sp.Interval.open(-sp.oo,s[0]))
s2=sp.is_decreasing(f,sp.Interval.open(s[0],s[1]))
s3=sp.is_increasing(f,sp.Interval.open(s[1],sp.oo))
```

4.3.2 曲线的凹凸性与拐点

例 4.8 求曲线 $y = 3x^4 - 4x^3 + 1$ 的拐点及凹、凸的区间。

解 函数 $y = 3x^4 - 4x^3 + 1$ 的定义域为 $(-\infty, +\infty)$。

$$y' = 12x^3 - 12x^2,$$
$$y'' = 36x^2 - 24x = 36x\left(x - \frac{2}{3}\right).$$

解方程 $y'' = 0$，得 $x_1 = 0$，$x_2 = \frac{2}{3}$。

$x_1 = 0$ 和 $x_2 = \frac{2}{3}$ 把函数的定义域 $(-\infty, +\infty)$ 分成三个区间：$(-\infty, 0]$、$\left[0, \frac{2}{3}\right]$、$\left[\frac{2}{3}, +\infty\right)$。

在 $(-\infty, 0]$ 内，$y'' > 0$，因此在区间 $(-\infty, 0]$ 内该曲线是凹的。在区间 $\left[0, \frac{2}{3}\right]$ 内，$y'' < 0$，因此在区间 $\left[0, \frac{2}{3}\right]$ 内该曲线是凸的。在 $\left[\frac{2}{3}, +\infty\right)$ 内，$y'' > 0$，因此在区间 $\left[\frac{2}{3}, +\infty\right)$ 内该曲线是凹的。

当 $x = 0$ 时，$y = 1$，点 $(0, 1)$ 是该曲线的一个拐点。当 $x = \frac{2}{3}$ 时，$y = \frac{11}{27}$，点 $\left(\frac{2}{3}, \frac{11}{27}\right)$ 也

是该曲线的拐点。

```
#程序文件 pex4_8.py
import sympy as sp
x=sp.var("x"); f=3*x**4-4*x**3+1
df=f.diff(x); d2f=f.diff(x,2)         #求一阶和二阶导数
s=sp.solve(d2f)                       #求二阶导数的零点
s1=sp.is_increasing(df,sp.Interval.open(-sp.oo,s[0]))
s2=sp.is_decreasing(df,sp.Interval.open(s[0],s[1]))
s3=sp.is_increasing(df,sp.Interval.open(s[1],sp.oo))
d3f=f.diff(x,3)                       #求三阶导数
s4=d3f.subs(x,s[0])
s5=d3f.subs(x,s[1])
```

4.4 函数的极值与最大值、最小值

4.4.1 函数的极值

例 4.9 求函数 $y=\dfrac{x}{1+x^2}$ 的极值。

解 计算得 $y'=\dfrac{1-x^2}{(1+x^2)^2}$，令 $y'=0$，求得驻点 $x_1=-1$，$x_2=1$。

计算得 $y''=\dfrac{2x(x^2-3)}{(1+x^2)^3}$，$y''(-1)=\dfrac{1}{2}$，所以 $x_1=-1$ 为极小点，对应的函数值 $y_1=-\dfrac{1}{2}$。

又有 $y''(1)=-\dfrac{1}{2}$，所以 $x_2=1$ 为极大点，对应的函数值为 $y_2=\dfrac{1}{2}$。

函数的图形如图 4.2 所示。

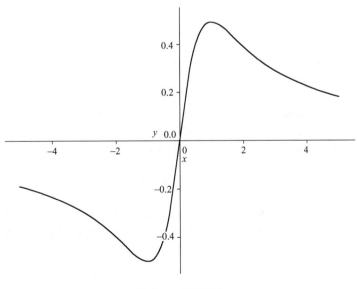

图 4.2 函数曲线

```
#程序文件 pex4_9.py
import sympy as sp
import pylab as plt
x=sp.var("x"); f=x/(1+x**2)
df=f.diff(x); d2f=f.diff(x,2)
s=sp.solve(df)          #求驻点
d21=d2f.subs(x,s[0]); f1=f.subs(x,s[0])
d22=d2f.subs(x,s[1]); f2=f.subs(x,s[1])
plt.rc("text",usetex=True); plt.ion()
sp.plot(f,(x,-5,5))
plt.xlabel("$x$")
plt.ylabel("$y$", rotation=0)
plt.ioff(); plt.show()
```

4.4.2 最大值和最小值

例 4.10 要生产一个容积为 v 的圆柱形无盖茶杯，为了使所用的材料最省，问茶杯的底半径与高应怎样取值。

解 设底半径为 x，则高 $h=\dfrac{v}{\pi x^2}$，从而茶杯的表面积

$$s=s(x)=\pi x^2+2\pi x\dfrac{v}{\pi x^2}=\pi x^2+\dfrac{2v}{x},\quad 0<x<+\infty.$$

计算得 $s'(x)=2\pi x-\dfrac{2V}{x^2}$，令 $s'(x)=0$，求得驻点 $x=\sqrt[3]{\dfrac{v}{\pi}}$。

计算得 $s''(x)=2\pi+\dfrac{4v}{x^3}$，$s''\left(\sqrt[3]{\dfrac{v}{\pi}}\right)=6\pi>0$，所以 $x=\sqrt[3]{\dfrac{v}{\pi}}$ 为极小点，由实际问题的意义，$x=\sqrt[3]{\dfrac{v}{\pi}}$ 也为最小点，此时 $h=x=\sqrt[3]{\dfrac{v}{\pi}}$，对应的最小表面积为 $s=3\pi^{1/3}v^{2/3}$。

```
#程序文件 pex4_10.py
import sympy as sp
v,x=sp.var("v,x")
h=v/(sp.pi*x**2)
s=sp.pi*x**2+2*sp.pi*x*h
ds=s.diff(x); d2s=s.diff(x,2)          #求一阶和二阶导数
sx1=sp.solve(ds,x); sx2=sx1[0]         #提出实数驻点值
d2s0=d2s.subs(x,sx2)                   #求驻点处二阶导数的值
h0=h.subs(x,sx2)                       #求高的值
s0=s.subs(x,sx2)                       #求表面积的值
```

例 4.11 一束光线由空气中点 A 经过水面折射后到达水中点 B（图 4.3）。已知光在空气中和水中传播的速度分别是 v_1 和 v_2，光线在介质中总是沿着耗时最少的路径传播。试确定光线传播的路径。

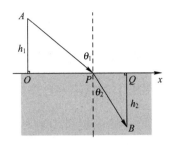

图 4.3 光线传播路径示意图

解 设点 A 到水面的垂直距离 $AO=h_1$，点 B 到水面的垂直距离 $BQ=h_2$，x 轴沿水平面过点 O 和 Q，$OQ=L$。

由于光线总是沿着耗时最少的路径传播，因此光线在同一均匀介质中必沿直线传播。设光线的传播路径与 x 轴的交点为 P，$OP=x$，则光线从点 A 到点 B 的传播路径必为折线 APB，其所需要的传播时间为

$$T(x)=\frac{\sqrt{h_1^2+x^2}}{v_1}+\frac{\sqrt{h_2^2+(L-x)^2}}{v_2}, x\in[0,L].$$

下面确定 x 满足什么条件时，$T(x)$ 在 $[0,L]$ 上取得最小值。由于

$$T'(x)=\frac{1}{v_1}\cdot\frac{x}{\sqrt{h_1^2+x^2}}-\frac{1}{v_2}\cdot\frac{L-x}{\sqrt{h_2^2+(L-x)^2}}, \quad x\in[0,L],$$

$$T''(x)=\frac{1}{v_1}\cdot\frac{h_1^2}{(h_1^2+x^2)^{3/2}}+\frac{1}{v_2}\cdot\frac{h_2^2}{\left[h_2^2+(L-x)^2\right]^{3/2}}>0, x\in[0,L],$$

$$T'(0)<0, T'(L)>0,$$

又 $T'(x)$ 在 $[0,L]$ 上连续，故 $T'(x)$ 在 $(0,L)$ 内存在唯一零点 x_0，且 x_0 是 $T(x)$ 在 $(0,L)$ 内的唯一极小值点，从而也是 $T(x)$ 在 $[0,L]$ 上的最小值点。

设 x_0 满足 $T'(x)=0$，即

$$\frac{1}{v_1}\cdot\frac{x_0}{\sqrt{h_1^2+x_0^2}}=\frac{1}{v_2}\cdot\frac{L-x_0}{\sqrt{h_2^2+(L-x_0)^2}}.$$

记

$$\frac{x_0}{\sqrt{h_1^2+x_0^2}}=\sin\theta_1, \frac{L-x_0}{\sqrt{h_2^2+(L-x_0)^2}}=\sin\theta_2,$$

就得到

$$\frac{\sin\theta_1}{v_1}=\frac{\sin\theta_2}{v_2}.$$

这就是说，当点 P 满足以上条件时，APB 就是光线的传播路径。上式就是光学中著名的折射定律，其中 θ_1、θ_2 分别是光线的入射角和折射角（图 4.3）。

```
#程序文件 pex4_11.py
import sympy as sp
```

```
h1,h2,x,v1,v2,L=sp.var("h1,h2,x,v1,v2,L",postive=True)
T=sp.sqrt(h1**2+x**2)/v1+sp.sqrt(h2**2+(L-x)**2)/v2
dT=T.diff(x)              #求 T 关于 x 的一阶导数
dT=sp.simplify(dT)
dT0=dT.subs(x,0)
dTL=dT.subs(x,L)
d21=T.diff(x,2);          #求 T 关于 x 的二阶导数
d22=sp.together(d21)
d23=sp.simplify(d22)
```

4.4.3 求一元函数极小值的数值解

当一元函数较复杂，无法求驻点的解析解，求函数的极小值和极大值时，只能使用 scipy.optimize 模块的 fminbound()和 fmin()等函数求数值解。这里使用 fminbound()求函数的极小值，其调用格式为

　　　　x=fminbnd(fun,x1,x2)　　#求函数 fun 在开区间（x1,x2）内的极小点 x。

例 4.12　求函数 $f(x) = x^4 \sin^2 x - 8x^2 \cos x - 10x \cos^2 x + 2$ 在开区间 (−3,3) 内的极小值和极大值。

解　这里函数 $f(x)$ 比较复杂，无法求驻点的解析解。求函数 $f(x)$ 的极小值只能使用数值求解函数 fminbound()。

使用 Python 软件求得 (−3,3) 内的极小点为 $x_1 = 0.8165$，则对应的极小值为 $f(x_1) = -5.2448$。

求得的极大点为 $x_2 = -2.99999$，则对应的极大值为 $f(x_2) = 104.29484$。函数的图形如图 4.4 所示。

```
#程序文件 pex4_12.py
from scipy.optimize import fminbound
import numpy as np
import pylab as plt
f=lambda x: x**4*(np.sin(x))**2-8*x**2*np.cos(x)-10*x*(np.cos(x))**2+2
x1=fminbound(f,-3,3)          #求极小点
y1=f(x1)                       #求极小值
f2=lambda x: -f(x)             #定义相反数的匿名函数
x2=fminbound(f2,-3,3)         #求极大点
y2=f(x2)                       #求极大值
x=np.linspace(-3,3,100)
plt.plot(x,f(x)); plt.show()
```

例 4.13　求函数 $y = x^4 - 8x^2 + 2$ 在开区间 (−1,3) 内的极小值和极大值。

解　函数的图形如图 4.5 所示。求得的极小点为 $x_1 = 2$，对应的极小值 $y_1 = -14$；求得的极大点为 $x_2 = 0$，对应的极大值 $y_2 = 2$。

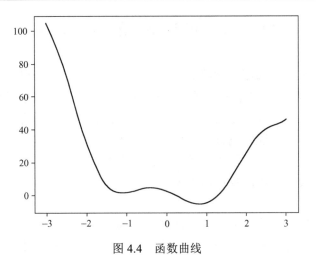

图 4.4 函数曲线

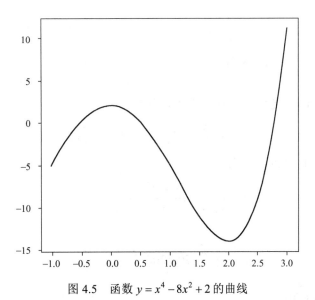

图 4.5 函数 $y = x^4 - 8x^2 + 2$ 的曲线

```
#程序文件 pex4_13.py
from scipy.optimize import fminbound
import pylab as plt
f=lambda x: x**4-8*x**2+2
x1=fminbound(f,-1,3)         #求极小点
y1=f(x1)                     #求极小值
f2=lambda x: -f(x)           #定义相反数的匿名函数
x2=fminbound(f2,-1,3)        #求极大点
y2=f(x2)                     #求极大值
x=plt.linspace(-1,3,100)
plt.plot(x,f(x)); plt.show()
```

4.5 飞行员对座椅的压力问题

例 4.14 飞机在做表演或向地面某目标实施攻击时，往往会做俯冲拉起的飞行，这时飞行员处于超重状态，即飞行员对座椅的压力大于他所受的重力，这种现象称为过荷。过荷会给飞行员的身体造成一定的损伤，如大脑贫血、四肢沉重等。过荷过大，会使飞行员暂时失明甚至昏厥。通常飞行员可以通过强化训练来提升自己的抗荷能力，受过专门训练的空军飞行员最多可以承受 9 倍于自己重力的压力。

如何计算飞行员对座椅的反作用力呢？

1. 问题分析

设飞机沿抛物线路径做俯冲飞行，问题转化为求飞机俯冲至最低点处时，座椅对飞行员的压力。飞行员对座椅的压力等于飞行员的离心力与飞行员本身的重力之和。

2. 模型建立

设飞机沿抛物线路径 $y = \dfrac{x^2}{10000}$ 做俯冲飞行，在坐标原点 O 处飞机的速度 $v = 200\text{m/s}$，飞行员体重 $m = 70\text{kg}$，飞行员对座椅的压力等于飞行员的离心力与飞行员的重力之和。

3. 模型求解

先求离心力，再求飞行员本身的重力，相加即可。因为

$$y' = \frac{2x}{10000} = \frac{x}{5000}, \quad y'' = \frac{1}{5000},$$

抛物线在坐标原点的曲率半径为

$$\rho = \frac{1}{K}\bigg|_{x=0} = \frac{(1+y'^2)^{3/2}}{|y''|}\bigg|_{x=0} = 5000,$$

故离心力为

$$F_1 = \frac{mv^2}{\rho} = \frac{70 \times 200^2}{5000} = 560 \text{ (N)},$$

座椅对飞行员的反作用力

$$F = F_1 + mg = 560 + 70 \times 9.8 = 1246 \text{ (N)}.$$

```
#程序文件 pex4_14.py
import sympy as sp
x=sp.var("x")
m=70; v=200; g=9.8
y=x**2/10000; dy=y.diff(x)
d2y=y.diff(x,2)
rho=(1+dy**2)**(3/2)/d2y
s=rho.subs(x,0)    #求曲率半径
F1=m*v**2/s; F=F1+m*g
```

4. 结果分析

这个力接近飞行员体重的 2 倍，还是比较大的。从结果中可以看出，若俯冲飞行的

抛物线平缓一些，则飞行员受到的过荷会小一些；若飞机的速度小一些，则飞行员受到的过荷也会小一些。

5．拓展应用

曲率、曲率半径的计算在铁路修建、桥梁建筑等问题中都有应用。

例 4.15 一辆军车连同载重共 10t，在抛物线拱桥上行驶，速度为 26km/h，桥的跨度为 10m，拱高为 0.25m，求汽车越过桥顶时对桥的压力。

解 建立如图 4.6 所示的直角坐标系。

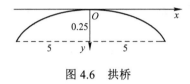

图 4.6　拱桥

设抛物线拱桥方程为 $y = ax^2$，由于抛物线过点 $(5, 0.25)$，代入方程 $y = ax^2$ 可得 $a = 0.01$，$y = 0.01x^2$，则 $y' = 0.02x$，$y'' = 0.02$。

顶点的曲率半径 $\rho = \dfrac{(1+y'^2)^{3/2}}{|y''|}\bigg|_{x=0} = 50$，军车越过桥顶时对桥的压力为

$$F = mg - \frac{mv^2}{\rho} = 87567.9012 \text{（N）}.$$

```
#程序文件 pex4_15.py
import sympy as sp
x=sp.var("x")
a=0.25/5**2; m=10000; g=9.8
v=sp.Rational(26*1000,3600)
y=a*x**2
dy=y.diff(x); d2y=y.diff(x,2)
rho=(1+dy**2)**(3/2)/abs(d2y)      #曲率半径的一般表达式
s=rho.subs(x,0)                    #计算曲率半径
F=m*g-m*v**2/s
```

4.6　方程的近似解

方程求解一直是数学中的核心问题之一。然而，即使是对于形如

$$\sum_{i=0}^{n} a_i x^i = 0$$

的代数方程，当 $n \geqslant 5$ 时也没有统一的求根公式。

在实际应用中，方程的数值解往往就可以满足工程及计算的需要了。这里介绍 3 种常用的求方程数值解方法：二分法、牛顿迭代法、一般迭代法。

4.6.1 二分法求根

若 $f(x) \in C[a,b]$（区间 $[a,b]$ 上的连续函数），且 $f(a)f(b)<0$，则由介值定理，存在 $c \in (a,b)$，使得 $f(c)=0$。这时，可以使用二分法对方程进行求根。二分法步骤如下：

（1）令 $a_0=a$，$b_0=b$，$n=0$。

（2）令 $c_n=(a_n+b_n)/2$。

（3）若 $|f(c_n)|<\varepsilon$，则算法停止，输出 c_n。

（4）若 $f(a_n)f(c_n)<0$，则 $a_{n+1} \leftarrow a_n$，$b_{n+1} \leftarrow c_n$；否则，$a_{n+1} \leftarrow c_n$，$b_{n+1} \leftarrow b_n$。

（5）$n \leftarrow n+1$，转步骤（2）。

采用二分法对方程求根时，第 n 次迭代对应的区间长度为 $(b-a)/2^n$，收敛速度是较快的。

例 4.16 求方程 $x^5+5x+1=0$ 在区间 $(-1,0)$ 内实根的近似值，使误差不超过 10^{-4}。

记 $f(x)=x^5+5x+1$，作出函数 $f(x)$ 的图形如图 4.7 所示，可知函数在区间 $(-1,0)$ 内有一个零点。利用上述的算法，迭代 14 次，求得方程的近似根 $\xi=-0.1999$。

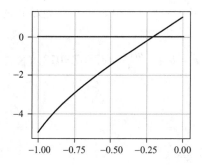

图 4.7 确定方程的有根区间

```
#程序文件 pex4_16.py
import pylab as plt
y=lambda x: x**5+5*x+1
x0=plt.linspace(-1,0,50)
plt.plot(x0,y(x0))
plt.plot([-1,0],[0,0])
plt.grid()
a=-1; b=0; ya=y(a); yb=y(b)
d=0.0001; n=0
while abs(b-a)>=d:
    x=(a+b)/2; yx=y(x)
    if yx==0:
        break
    elif ya*yx<0:
        b=x; yb=yx
    else:
        a=x; ya=yx
```

```
        n=n+1
print(x); print(yx); print(n)
plt.show()
```

4.6.2 牛顿迭代法求根

若 $f(x) \in C^2[a,b]$（区间 $[a,b]$ 上的二阶连续可微函数），$f(a)f(b)<0$，且 $f'(x)$ 在 $[a,b]$ 上不变号，则方程 $f(x)=0$ 在 (a,b) 内必然存在某个根 x^*。设 x_0 是 x^* 附近的点，则根据泰勒展开式有

$$0 = f(x^*) = f(x_0) + f'(x_0)(x^* - x_0) + \frac{f''(\xi_0)}{2}(x^* - x_0)^2, \tag{4.1}$$

其中 ξ_0 为 x^* 与 x_0 之间的一点。

令 $x_1 = x_0 - \dfrac{f(x_0)}{f'(x_0)}$，那么

$$x^* - x_1 = x^* - x_0 + \frac{f(x_0)}{f'(x_0)} \stackrel{(4.1)}{=\!=\!=} \frac{-f(x_0) - \dfrac{f''(\xi_0)}{2}(x^* - x_0)^2}{f'(x_0)} + \frac{f(x_0)}{f'(x_0)}$$

$$= -\frac{f''(\xi_0)}{2f'(x_0)}(x^* - x_0)^2,$$

即

$$\frac{x^* - x_1}{(x^* - x_0)^2} = -\frac{f''(\xi_0)}{2f'(x_0)}.$$

同样，对每个 i，若令

$$x_{i+1} = x_i - \frac{f(x_i)}{f'(x_i)}, \tag{4.2}$$

则有

$$\frac{x^* - x_{i+1}}{(x^* - x_i)^2} = -\frac{f''(\xi_i)}{2f'(x_i)}.$$

若存在 $M = \max\limits_{x \in [a,b]} |f''(x)| \Big/ \min\limits_{x \in [a,b]} |f'(x)|$，则

$$\frac{|x^* - x_{i+1}|}{|x^* - x_i|} \leqslant \frac{M}{2} |x^* - x_i|,$$

这说明该序列能够以较快的速度收敛于 x^*。该方法称为牛顿迭代法。

例 4.17（续例 4.16） 求方程 $x^5 + 5x + 1 = 0$ 在区间 $(-1, 0)$ 内的实根的近似值，使误差不超过 10^{-4}。

解 迭代 4 次即求得实根的近似值为 -0.1999。

```
#程序文件 pex4_17.py
y=lambda x: x**5+5*x+1
```

```
dy=lambda x: 5*x**4+5
x0=-1; x1=x0-y(x0)/dy(x0); n=1
while abs(x0-x1)>=0.0001:
    x0=x1; x1=x0-y(x0)/dy(x0); n=n+1
print(x1); print(y(x1)); print(n)    #显示根的近似值，对应函数值及迭代次数
```

4.6.3 牛顿分形图案

下面利用牛顿迭代法产生分形图案。

分形（Fractal）这个术语是由美籍法国数学家 Mandelbrot 于 1975 年创造的。Fractal 出自拉丁语 fractus（碎片，支离破碎）、英文 fractured（断裂）和 fractional（碎片，分数），说明分形是用来描述和处理粗糙、不规则对象的。Mandelbrot 是想用此词来描述自然界中传统欧几里得几何学所不能描述的一大类复杂无规则的几何对象，如蜿蜒曲折的海岸线、起伏不定的山脉、令人眼花缭乱的漫天繁星等。它们的共同特点是极不规则或极不光滑，但是它们都有一个重要的性质——自相似性，举例来说，海岸线的任意小部分都包含有与整体相似的细节。要定量地分析这样的图形，要借助分形维数这一概念。经典维数都是整数，而分形维数可以取分数。简单来讲，具有分数维数的几何图形称为分形。

1975 年，Mandelbrot 出版了他的专著《分形对象：形、机遇与维数》，标志着分形理论正式诞生。1982 年，随着他的名著 The Fractal Geometry of Nature 出版，分形这个概念被广泛传播，成为当时全球科学家们议论最为热烈、最感兴趣的热门话题之一。

分形具有以下几个特点：

（1）具有无限精细的结构。

（2）有某种自相似的形式，可能是近似的或是统计的。

（3）一般它的分形维数大于它的拓扑维数。

（4）可以由非常简单的方法定义，并由递归、迭代等产生。

取一个较简单的复变函数 $f(z)=z^n-1$，则 $f(z)$ 的一阶导数 $f'(z)=nz^{n-1}$，代入牛顿迭代公式得

$$z_{k+1}=z_k-\frac{f(z_k)}{f'(z_k)}=z_k-\frac{z_k^n-1}{nz_k^{n-1}}, k=0,1,2,\cdots. \tag{4.3}$$

牛顿分形的生成算法 在复平面上取定一个窗口，将此窗口均匀离散化为有限个点，将这些点记为初始点 z_0，按式（4.3）进行迭代。其中，大多数的点都会很快收敛到方程 $f(z)=z^n-1$ 的某一个零点，但也有一些点经过很多次迭代也不收敛。为此，可以设定一个正整数 M 和一个很小的数 δ，如果当迭代次数小于 M 时，有两次迭代的两个点间距离小于 δ，即

$$|z_{k+1}-z_k|<\delta, \tag{4.4}$$

则认为 z_0 是收敛的，即点 z_0 被吸引到方程 $f(z)=z^n-1=0$ 的某一个根上；反之，如若迭代次数达到了 M，而 $|z_{k+1}-z_k|>\delta$，则认为点 z_0 是发散（逃逸）的。这是时间逃逸算法的基本思想。

当点 z_0 比较靠近方程 $f(z)=z^n-1=0$ 的根时,迭代次数就很少;离得越远,迭代次数越多,甚至不收敛。

由此设计出函数 $f(z)=z^n-1$ 的牛顿分形生成算法步骤如下:

(1) 设定复平面窗口范围,实部范围为 $[a_1,a_2]$,虚部范围为 $[b_1,b_2]$,并设定最大迭代步数 M 和判断距离 δ。

(2) 将复平面窗口均匀离散化为有限个点,取定第一个点,将其记为 z_0,然后按式 (4.3) 进行迭代。

每进行一次迭代,按式 (4.4) 判断迭代前后的距离是否小于 δ,如果小于 δ,则根据当前迭代的次数 N 选择一种颜色在复平面上绘出点 z_0;如果达到了最大迭代次数 M 而迭代前后的距离仍然大于 δ,则认为 z_0 是发散的,也选择一种颜色在复平面上绘出点 z_0。

(3) 在复平面窗口上取定第二个点,将其记为 z_0,按第 (2) 步的方法进行迭代和绘制。直到复平面上所有点迭代完毕。

例 4.18 按上面的算法绘制牛顿分形图案。

```
#程序文件 Pex4_18.py
import numpy as np
import pylab as plt
plt.rc('text', usetex=True); c=30                #30 种颜色

def mynew(N,c):
    fz=lambda z: z-(z**N-1)/(N*z**(N-1))         #定义牛顿迭代函数
    x=np.linspace(-1.5, 1.5, 200)
    x,y=np.meshgrid(x,x); z=x+1j*y
    f=np.zeros(x.shape,dtype=int)
    for j in range(x.shape[0]):
        for k in range(y.shape[1]):
            n=0; zn1=z[j,k]; zn2=fz(zn1)         #第一次牛顿迭代
            while (abs(zn1-zn2)>0.01) & (n<35):
                zn1=zn2; zn2=fz(zn1); n += 1     #继续进行牛顿迭代
            f[j,k]=np.mod(n,c)                   #使用 c 种颜色
    plt.imshow(f); plt.colorbar()
    plt.xlabel("Re$z$"); plt.ylabel("Im$z$")
    plt.title("$f(z)=z^{"+str(N)+"}-1$")

plt.subplots_adjust(wspace=0.5, hspace=0.5)      #设置子图之间的间距
plt.subplot(221); mynew(3,c)
plt.subplot(222); mynew(4,c)
plt.subplot(223); mynew(5,c)
plt.subplot(224); mynew(10,c)
plt.show()
```

分形图案与颜色的种数选择有很大的关系,使用 30 种颜色的牛顿分形图案见图 4.8。

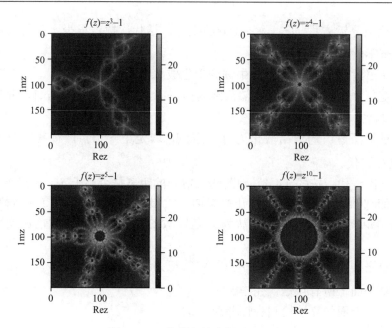

图 4.8　30 种颜色的牛顿分形图案

4.6.4　一般迭代法求根

迭代法是一种逐次逼近法，这种方法使用迭代公式反复校正根的近似值，使之逐步精确化，直至满足精度要求的结果。

迭代法的求根过程分成两步，第一步先提供根的某个猜测值，即所谓迭代初值，然后将迭代初值逐步迭代直到求得满足精度要求的根。

迭代法的设计思想是把方程 $f(x)=0$ 作等价变换，得到 $x=\varphi(x)$。把根的某个猜测值 x_0 代入迭代函数 $x=\varphi(x)$，得

$$x_1=\varphi(x_0),\quad x_2=\varphi(x_1),\quad x_3=\varphi(x_2),\quad \cdots,$$

一般地，$x_{k+1}=\varphi(x_k)$，得到序列 $\{x_k\}$，若 $\{x_k\}$ 收敛就必收敛到 $f(x)=0$ 的根。

如何选取 $\varphi(x)$ 才能保证迭代收敛？有如下结论：

（压缩映像原理）如果 $\varphi(x)$ 满足下列条件：

（1）$x\in[a,b]$，$\varphi(x)\in[a,b]$；

（2）对任意 $x\in[a,b]$，存在 $0<L<1$，使

$$|\varphi'(x)|\leqslant L<1.$$

则方程 $x=\varphi(x)$ 在 $[a,b]$ 上有唯一的根 x^*，且对任意初值 $x_0\in[a,b]$ 时，迭代序列 $x_{k+1}=\varphi(x_k)$ $(k=0,1,2,\cdots)$ 收敛于 x^*，且有下列误差估计：

$$|x^*-x_k|=\frac{1}{1-L}|x_{k+1}-x_k|,$$

$$|x^*-x_k|=\frac{L^k}{1-L}|x_1-x_0|.$$

例 4.19　用一般迭代法求 $f(x)=x^3-\sin x-12x+1=0$ 的一个根，误差 $\varepsilon=10^{-6}$。

解 $f(x)$ 的图形如图 4.9 所示，从图中可以看出 $f(x)=0$ 有 3 个根。

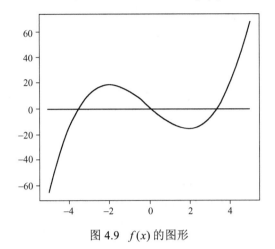

图 4.9 $f(x)$ 的图形

将原方程化成等价方程 $x=\sqrt[3]{\sin x+12x-1}$。取迭代序列
$$x_{n+1}=\sqrt[3]{\sin x_n+12x_n-1},$$
其中初值分别取 $x_0=0.5,1.5,4.5$，最终的迭代结果求得的根都是 3.4101。

```
#程序文件 Pex4_19.py
import numpy as np
import pylab as plt
f=lambda x: x**3-np.sin(x)-12*x+1
x=np.linspace(-5,5,100)
plt.plot(x,f(x)); plt.plot([-5,5],[0,0])

def iterate(x0):
    g=lambda x: (np.sin(x)+12*x-1)**(1/3)
    x1=g(x0)
    while abs(x0-x1)>1e-6:
        x0=x1; x1=g(x0)
    return x1

x1=iterate(0.5)          #取初值 0.5 进行迭代
x2=iterate(1.5)          #取初值 1.5 进行迭代
x3=iterate(4.5)          #取初值 4.5 进行迭代
print(x1); print(x2); print(x3); plt.show()
```

习 题 4

4.1 证明：当 $x>0$ 时，$1+\dfrac{1}{2}x>\sqrt{1+x}$。

4.2 求函数 $y=\dfrac{3x^2+4x+4}{x^2+x+1}$ 的极值。

4.3 从一块半径为 R 的圆铁片上挖去一个扇形做成一个漏斗（图 4.10）。问留下的扇形的中心角 φ 取多大时，做成的漏斗的容积最大？

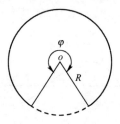

图 4.10 圆铁片图

4.4 求函数 $f(x)=\sin(x^5)+\cos(x^2)+x^2\sin x$ 在区间 $[-1.8,1.8]$ 上的最小值和最大值。

4.5 用二分法求 $f(x)=x^{600}-12.41x^{180}+11.41$ 在区间 $(1.0001,1.01)$ 内的一个零点。

4.6 用牛顿法求 $f(x)=x^3+x^2+x-1$ 在 0.5 附近的零点，要求误差不超过 10^{-6}。

4.7 用一般迭代法求 $f(x)=x^3-\cos x-10x+1=0$ 的一个根，误差 $\varepsilon=10^{-6}$。并求 $f(x)=0$ 在区间 $[-5,5]$ 上的所有实根。

第 5 章 函数的积分

积分问题是函数求导的反问题。如果已知一个函数 $F(x)$，则可以通过求导方法得出其导数 $f(x)$。反过来，已知 $f(x)$，如何求 $F(x)$ 使得 $F'(x)=f(x)$，是积分学所要解决的问题。

5.1 SymPy 库符号积分函数 integrate()

在 SymPy 库中，提供了 integrate()函数计算符号表达式或符号函数的不定积分和定积分，函数的调用格式为

integrate(expr,v)　　　　　#求表达式 expr 关于符号变量 v 的不定积分
integrate(expr,(v,a,b))　　#求表达式 expr 关于 v 的定积分，积分区间为[a,b]

5.1.1 不定积分

例 5.1 求下列不定积分。

（1）$\int \dfrac{2x^4 + x^2 + 3}{x^2 + 1}\mathrm{d}x$；　　　　（2）$\int \cos 3x \cos 2x \mathrm{d}x$.

解 求得

（1）$\int \dfrac{2x^4 + x^2 + 3}{x^2 + 1}\mathrm{d}x = \dfrac{2}{3}x^3 - x + 4\arctan x + C$；

（2）$\int \cos 3x \cos 2x \mathrm{d}x = \dfrac{\sin(5x)}{10} + \dfrac{\sin x}{2} + C$.

```
#程序文件 pex5_1.py
import sympy as sp
x=sp.var("x")
I1=sp.integrate((2*x**4+x**2+3)/(x**2+1))
I21=sp.integrate(sp.cos(3*x)*sp.cos(2*x))
I22=sp.simplify(I21)
```

例 5.2 求下列不定积分。

（1）$\int \dfrac{x^3 \arccos x}{\sqrt{1-x^2}}\mathrm{d}x$；　　　　（2）$\int \dfrac{\mathrm{d}x}{(2+\cos x)\sin x}$.

解 求得

（1）$\int \dfrac{x^3 \arccos x}{\sqrt{1-x^2}}\mathrm{d}x = -\dfrac{1}{3}\sqrt{1-x^2}(x^2+2)\arccos x - \dfrac{1}{9}x(x^2+6) + C$；

（2）$\int \dfrac{\mathrm{d}x}{(2+\cos x)\sin x} = \dfrac{\ln\left(\tan^2\left(\dfrac{x}{2}\right)+3\right)}{3} + \dfrac{\ln\left(\tan\left(\dfrac{x}{2}\right)\right)}{3} + C$.

```
#程序文件 pex5_2.py
import sympy as sp
x=sp.var("x")
I11=sp.integrate(x**3*sp.acos(x)/sp.sqrt(1-x**2))
I12=sp.collect(I11,sp.acos(x)*sp.sqrt(1-x**2))
I2=sp.integrate(1/(2+sp.cos(x))/sp.sin(x))
```

5.1.2 定积分

例 5.3 求下列定积分。

（1）$\int_0^a \sqrt{a^2-x^2}\,dx$；　　（2）$\int_0^\pi (\sin^3 x - \sin^5 x)\,dx$.

解 求得

（1）$\int_0^a \sqrt{a^2-x^2}\,dx = \dfrac{\pi a^2}{4}$；　　（2）$\int_0^\pi (\sin^3 x - \sin^5 x)\,dx = \dfrac{4}{15}$.

```
#程序文件 pex5_3.py
import sympy as sp
a,x=sp.var("a,x",positive=True)
I1=sp.integrate(sp.sqrt(a**2-x**2),(x,0,a))
I2=sp.integrate(sp.sin(x)**3-sp.sin(x)**5,(x,0,sp.pi))
print(I1); print(I2)
```

例 5.4 在区间 $[-\pi,\pi]$ 上用三角函数组合 $g(x)=a+b\cos x+c\sin x$ 逼近已知函数 $f(x)$，如何选取 a、b、c 可使误差 $\sigma = \int_{-\pi}^{\pi} [g(x)-f(x)]^2\,dx$ 达到最小？对于 $f(x)=x^3$，求对应的逼近函数 $g(x)$。

解 误差 $\sigma = \int_{-\pi}^{\pi} [g(x)-f(x)]^2\,dx$ 依赖于 a、b、c，记

$$\sigma(a,b,c) = \int_{-\pi}^{\pi} [g(x)-f(x)]^2\,dx = \int_{-\pi}^{\pi} [a+b\cos x+c\sin x-f(x)]^2\,dx$$

$$= a^2\int_{-\pi}^{\pi} 1\,dx + b^2\int_{-\pi}^{\pi} \cos^2 x\,dx + c^2\int_{-\pi}^{\pi} \sin^2 x\,dx + \int_{-\pi}^{\pi} f^2(x)\,dx$$

$$- 2a\int_{-\pi}^{\pi} f(x)\,dx - 2b\int_{-\pi}^{\pi} f(x)\cos x\,dx - 2c\int_{-\pi}^{\pi} f(x)\sin x\,dx$$

$$= 2\pi a^2 + \pi b^2 + \pi c^2 - 2a\int_{-\pi}^{\pi} f(x)\,dx - 2b\int_{-\pi}^{\pi} f(x)\cos x\,dx - 2c\int_{-\pi}^{\pi} f(x)\sin x\,dx,$$

要使 σ 达到最小，由极值的必要条件，得

$$\begin{cases} \dfrac{\partial \sigma(a,b,c)}{\partial a} = 4\pi a - 2\int_{-\pi}^{\pi} f(x)\,dx = 0, \\ \dfrac{\partial \sigma(a,b,c)}{\partial b} = 2\pi b - 2\int_{-\pi}^{\pi} f(x)\cos x\,dx = 0, \\ \dfrac{\partial \sigma(a,b,c)}{\partial c} = 2\pi c - 2\int_{-\pi}^{\pi} f(x)\sin x\,dx = 0. \end{cases}$$

解之，得

$$a = \frac{1}{2\pi}\int_{-\pi}^{\pi} f(x)\mathrm{d}x, \quad b = \frac{1}{\pi}\int_{-\pi}^{\pi} f(x)\cos x\mathrm{d}x, \quad c = \frac{1}{\pi}\int_{-\pi}^{\pi} f(x)\sin x\mathrm{d}x.$$

对于 $f(x) = x^3$，计算得 $g(x) = (2\pi^2 - 12)\sin x$.

```
#程序文件 pex5_4.py
import sympy as sp
x=sp.var("x")
a=sp.integrate(x**3,(x,-sp.pi,sp.pi))/(2*sp.pi)
b=sp.integrate(x**3*sp.cos(x),(x,-sp.pi,sp.pi))/sp.pi
c=sp.integrate(x**3*sp.sin(x),(x,-sp.pi,sp.pi))/sp.pi
c=sp.simplify(c)
```

例 5.5 求由 $\int_0^y \mathrm{e}^t \mathrm{d}t + y\int_0^x \sin t \mathrm{d}t = 0$ 所确定的隐函数 y 对 x 的导数。

解 方程两边对 x 求导，得

$$\mathrm{e}^y \frac{\mathrm{d}y}{\mathrm{d}x} + \frac{\mathrm{d}y}{\mathrm{d}x}\int_0^x \sin t\mathrm{d}t + y\sin x = 0,$$

即 $(\mathrm{e}^y + 1 - \cos x)\dfrac{\mathrm{d}y}{\mathrm{d}x} + y\sin x = 0$，解之得

$$\frac{\mathrm{d}y}{\mathrm{d}x} = -\frac{y\sin x}{\mathrm{e}^y + 1 - \cos x}.$$

```
#程序文件 pex5_5.py
import sympy as sp
t,x=sp.var("t,x")
y=sp.var("y",cls=sp.Function)
eq=sp.integrate(sp.exp(t),(t,0,y(x)))+\
    y(x)*sp.integrate(sp.sin(t),(t,0,x))
deq=eq.diff(x)
Dy=sp.solve(deq,y(x).diff(x))[0]   #解代数方程
```

例 5.6 求 $\lim\limits_{x\to 0}\dfrac{\int_{\cos(x)}^1 \mathrm{e}^{-t^2}\mathrm{d}t}{x^2}$.

解 求得

$$\lim_{x\to 0}\frac{\int_{\cos(x)}^1 \mathrm{e}^{-t^2}\mathrm{d}t}{x^2} = \frac{1}{2\mathrm{e}}.$$

```
#程序文件 pex5_6.py
import sympy as sp
t,x=sp.var("t,x")
f=sp.integrate(sp.exp(-t**2),(t,sp.cos(x),1))/x**2
s=sp.limit(f,x,0)
```

5.2 有理函数的部分分式展开

在手工进行有理函数的积分时,有时需要把有理函数先进行部分分式展开,然后进行积分。当然用 SymPy 做有理函数的积分时,直接调用符号函数的积分函数 integrate() 就可以了。

在 SymPy 库中,函数 apart() 可以把有理函数展开为部分分式的和。

例 5.7 对有理函数 $\dfrac{30(x+2)}{(x+1)(x+3)(x+4)}$ 进行部分分式展开。

解 令

$$\frac{30(x+2)}{(x+1)(x+3)(x+4)} = \frac{A}{x+1} + \frac{B}{x+3} + \frac{C}{x+4}, \tag{5.1}$$

式(5.1)两边乘以 $x+1$,令 $x=-1$,得 $A=\dfrac{30}{2\times 3}=5$;式(5.1)两边乘以 $x+3$,令 $x=-3$,得 $B=\dfrac{-30}{-2\times 1}=15$;式(5.1)两边乘以 $x+4$,令 $x=-4$,得 $C=\dfrac{30\times(-2)}{-3\times(-1)}=-20$。因而有

$$\frac{30(x+2)}{(x+1)(x+3)(x+4)} = \frac{-20}{x+4} + \frac{15}{x+3} + \frac{5}{x+1}.$$

```
#程序文件 pex5_7.py
import sympy as sp
x=sp.var("x")
f=30*(x+2)/(x+1)/(x+3)/(x+4)
s=sp.apart(f)
```

例 5.8 对有理函数 $\dfrac{x-3}{(x-1)(x^2-1)}$ 进行部分分式展开。

解 由于 $\dfrac{x-3}{(x-1)(x^2-1)} = \dfrac{x-3}{(x-1)^2(x+1)}$,令

$$\frac{x-3}{(x-1)^2(x+1)} = \frac{A}{x-1} + \frac{B}{(x-1)^2} + \frac{C}{x+1}, \tag{5.2}$$

式(5.2)两边乘以 $(x-1)^2$,令 $x=1$,得 $B=-1$;式(5.2)两边乘以 $x+1$,令 $x=-1$,得 $C=-1$;式(5.2)两边乘以 x,并令 $x\to +\infty$,得 $A+C=0$,所以 $A=-C=1$,因而有

$$\frac{x-3}{(x-1)^2(x+1)} = \frac{1}{x-1} + \frac{-1}{(x-1)^2} + \frac{-1}{x+1}.$$

```
#程序文件 pex5_8.py
import sympy as sp
x=sp.var("x")
f=(x-3)/(x-1)/(x**2-1)
s=sp.apart(f)
```

5.3 特殊函数

5.3.1 Γ函数

Γ函数是常见的一种特殊函数，常用的定义是

$$\Gamma(z) = \int_0^{+\infty} e^{-t} t^{z-1} dt, \quad \text{Re}\, z > 0. \tag{5.3}$$

利用等式

$$\Gamma(z+1) = z\Gamma(z), \tag{5.4}$$

可以将Γ函数在全平面上做解析延拓，这样延拓的$\Gamma(z)$在整个复平面上除去$z = 0, -1, -2, \cdots$之外解析。

例 5.9 取Γ函数中的自变量为实数，画出它的图形。

所画的Γ函数的图形如图 5.1 所示。

```
#程序文件 pex5_9.py
from scipy.special import gamma
import pylab as plt
import sympy as sp
plt.rc("text",usetex=True)
x = plt.linspace(-5, 5, 1000)
plt.plot(x, gamma(x), c="k")    #数值函数画图
plt.xlabel("$x$"); plt.ylabel("$\Gamma(x)$")
x=sp.var("x")
sp.plot(sp.gamma(x),(x,-5,5))    #符号函数画图
plt.show()
```

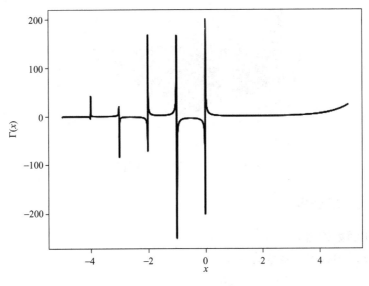

图 5.1 Γ函数的图形

5.3.2 Beta 函数

1. Beta 函数的定义

定义 Beta 函数为

$$B(x,y) = \int_0^1 t^{x-1}(1-t)^{y-1}\mathrm{d}t, \quad (5.5)$$

其中 $x, y \in C$ 并且 $\mathrm{Re}(x) > 0$，$\mathrm{Re}(y) > 0$.

2. Beta 函数的性质

（1）对称性，$B(x,y) = B(y,x)$.

（2）与 Γ 函数联系，$B(x,y) = \dfrac{\Gamma(x)\Gamma(y)}{\Gamma(x+y)}$.

例 5.10 画出 Beta 函数在区域 $\Omega = \{(x,y) \mid 0.01 \leqslant x \leqslant 1, 0.01 \leqslant y \leqslant 1\}$ 上的图形。所画出的图形如图 5.2 所示。

```
#程序文件 pex5_10.py
from scipy.special import beta
import pylab as plt
x = plt.linspace(-5, 5, 500)
x,y=plt.meshgrid(x,x)
z=beta(x,y)
ax=plt.axes(projection="3d")
ax.plot_surface(x,y,z); plt.show()
```

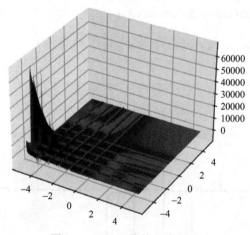

图 5.2 Beta 函数的三维图形

5.3.3 贝塞尔函数

1. 贝塞尔函数的定义

v 阶贝塞尔（Bessel）函数的定义是

$$J_v(x) = \sum_{k=0}^{\infty} \frac{(-1)^k}{k!\Gamma(v+k+1)} \left(\frac{x}{2}\right)^{v+2k}, \quad (5.6)$$

式（5.6）定义的贝塞尔函数也称为第一类贝塞尔函数。

v 阶诺依曼（Neumann）函数的定义是

$$N_v(x) = \frac{J_v(x)\cos(v\pi) - J_{-v}(x)}{\sin(v\pi)},\quad (5.7)$$

诺依曼函数也称为第二类贝塞尔函数。

第一种和第二种汉克尔（Hankel）函数的定义分别是

$$H_v^{(1)}(x) = J_v(x) + iN_v(x),\quad (5.8)$$

$$H_v^{(2)}(x) = J_v(x) - iN_v(x).\quad (5.9)$$

汉克尔函数也称为第三类贝塞尔函数。

2．计算贝塞尔函数的 Python 函数

Python 的 scipy.special 模块中只有第一类和第二类贝塞尔函数，没有第三类贝塞尔函数。Python 中的贝塞尔函数如表 5.1 所示。

表 5.1　Python 中的贝塞尔函数

Python 函数	所计算的函数
jv(v,z)	计算第一类贝塞尔函数，简称贝塞尔函数
yv(v,z)	计算第二类贝塞尔函数，即诺依曼函数

例 5.11　在同一个图形界面上画出第一类贝塞尔函数 $v = 0, 1, 2, 3, 4$ 时的图形。所画的图形如图 5.3 所示。

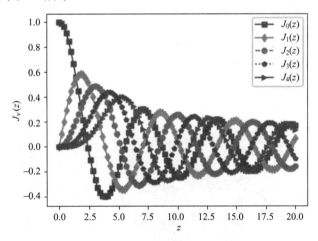

图 5.3　前 5 个第一类贝塞尔函数

```
#程序文件 pex5_11.py
from scipy.special import jv
import pylab as plt
x=plt.linspace(0,20,100)
plt.rc("text",usetex=True)
s=["s-","d-","o--","p:",">-"];
```

```
for i in range(5):
    plt.plot(x,jv(i,x),s[i],label="$J_"+str(i)+"(z)$")
plt.xlabel("$z$"); plt.ylabel("$J_{\\nu}(z)$")
plt.legend(); plt.show()
```

例 5.12 画出第一类贝塞尔函数 $\nu = 2$ 时的复函数图形。画出的图形如图 5.4 所示。

```
#程序文件 pex5_12.py
import numpy as np
import pylab as plt
from matplotlib import cm
from scipy.special import jv

def cplxgrid(m):
    r = np.arange(0,m).reshape(m,1) / m
    theta = np.pi * np.arange(-m,m+1) / m
    z = r * np.exp(1j * theta)
    return z

plt.rc("font",size=15); plt.rc("text",usetex=True)
z=10*cplxgrid(30); w=jv(2,z)
x=z.real; y=z.imag; u=w.real; v=w.imag
ax=plt.axes(projection="3d") #创建三维坐标轴对象
surf=ax.plot_surface(x, y, u, facecolors=cm.Blues(v))
plt.colorbar(surf)
ax.set_xlabel("$x$"); ax.set_ylabel("$y$")
ax.set_zlabel("$z$"); plt.show()
```

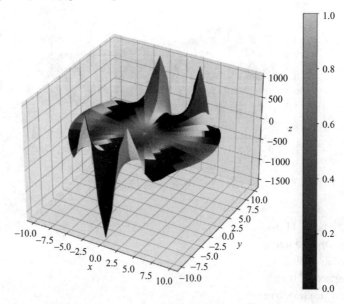

图 5.4 第一类贝塞尔函数 $\nu = 2$ 时的复函数图形

5.4 一重积分的数值解

已知一元函数的离散点观测值，求一重数值积分可以使用 NumPy 库的 trapz()函数，该命令使用梯形法求数值积分。

已知被积一元函数的表达式，求一重积分的数值解可以使用 scipy.integrate 模块的 quad()函数。

例 5.13 计算定积分 $\int_0^1 \dfrac{4}{1+x^2}\,\mathrm{d}x$ 的符号解和数值解。

解 求得符号解为 π，梯形积分法求得的数值解为 3.1416，调用函数 quad()求得的数值解也为 3.1416。

```
#程序文件 pex5_13.py
import sympy as sp
import numpy as np
from scipy.integrate import quad
x=sp.var("x")                           #定义符号变量
I1=sp.integrate(4/(1+x**2),(x,0,1))     #求符号积分
f=lambda x: 4/(1+x**2)                  #定义被积函数的匿名函数
xi=np.linspace(0,1,100); yi=f(xi)
I2=np.trapz(yi,xi)                      #计算离散点的数值积分
I3=quad(f,0,1)                          #计算函数的数值积分
print("数值积分为： ",I3[0])
print("数值积分的精度为：",I3[1])
```

例 5.14 计算 $\int_0^{+\infty} \mathrm{e}^{-x}(\ln x)^2\,\mathrm{d}x$。

解 求得的符号解为 $\gamma^2 + \dfrac{\pi^2}{6}$，其中 γ 为欧拉常数。求得的数值解为 1.9781。

```
#程序文件 pex5_14.py
import sympy as sp
import numpy as np
from scipy.integrate import quad
x=sp.var("x")                           #定义符号变量
f1=sp.exp(-x)*sp.log(x)**2              #被积函数的符号表达式
I1=sp.integrate(f1,(x,0,sp.oo))         #求积分的符号解
I2=I1.n(5)                              #转换为 5 位有效数字的小数
f2=sp.lambdify(x,f1)                    #符号表达式转换为匿名函数
I3=quad(f2,0,np.inf)                    #求数值积分
```

习 题 5

5.1 求下列不定积分。

（1）$\int \dfrac{x^3}{(1+x^8)^2}dx$ ；　　（2）$\int \dfrac{\cot x}{1+\sin x}dx$．

5.2　求下列定积分。

（1）$\int_{-1}^{0} \dfrac{3x^4+3x^2+1}{x^2+1}dx$ ；　　（2）$\int_{0}^{\sqrt{3}a} \dfrac{dx}{a^2+x^2}$ ；

（3）$\int_{0}^{2} f(x)dx$，其中 $f(x)=\begin{cases} x+1, & x\leqslant 1, \\ \dfrac{1}{2}x^2, & x>1. \end{cases}$

5.3　设

$$f(x)=\begin{cases} \dfrac{1}{2}\sin x, & 0\leqslant x\leqslant \pi, \\ 0, & x<0 \text{ 或 } x>\pi. \end{cases}$$

求 $\Phi(x)=\int_{0}^{x} f(t)dt$ 在 $(-\infty,+\infty)$ 内的表达式。

5.4　设 $F(x)=\int_{0}^{x} \dfrac{\sin t}{t}dt$，求 $F'(0)$。

5.5　计算定积分

$$\int_{0}^{1}(1-x^2)^{\frac{m}{2}}dx, m\in \mathbf{N}_+ .$$

5.6　计算下列反常积分的值。

（1）$\int_{0}^{+\infty} e^{-pt}\sin \omega t\, dt, p>0, \omega>0$ ；　　（2）$\int_{0}^{+\infty} \dfrac{dx}{(1+x)(1+x^2)}$．

5.7　计算积分

$$\int_{0}^{+\infty} x^{2n+1}e^{-x^2}dx, n\in \mathbf{N}.$$

第 6 章 定积分的应用

本章将应用前面的定积分理论分析和解决几何、物理、经济等方面的一些问题,并利用 Python 软件求解。

6.1 定积分在几何学上的应用

6.1.1 平面图形的面积

1. 直角坐标情形

例 6.1 计算抛物线 $y^2 = 2x$ 与直线 $y = x - 4$ 所围成的图形的面积。

解 如图 6.1 所示,解方程组
$$\begin{cases} y^2 = 2x, \\ y = x - 4, \end{cases}$$

得交点为 $(2,-2)$ 和 $(8,4)$。小区间 $[y, y+\mathrm{d}y]$ 上窄长条的面积近似等于高为 $\mathrm{d}y$、底为 $(y+4)-\dfrac{1}{2}y^2$ 的矩形面积,则得到面积元素

$$\mathrm{d}A = \left(y+4-\frac{1}{2}y^2\right)\mathrm{d}y,$$

故所求图形面积

$$A = \int_{-2}^{4}\left(y+4-\frac{1}{2}y^2\right)\mathrm{d}y = 18.$$

```
#程序文件 pex6_1.py
import sympy as sp
x,y=sp.var("x,y")
[s1,s2]=sp.solve([y**2-2*x,y-x+4])      #求解代数方程
A=sp.integrate(y+4-y**2/2,(y,s1[y],s2[y]))   #积分计算面积
```

2. 极坐标情形

例 6.2 计算心形线
$$\rho = a(1+\cos\theta), a > 0$$

所围成的图形的面积。

解 心形线所围成的图形如图 6.2 所示。这个图形对称于极轴,因此所求图形的面积 A 是极轴以上部分图形面积的 2 倍。

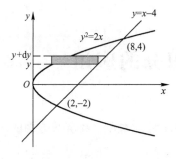 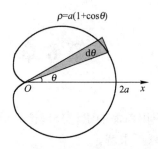

图 6.1　抛物线与直线所围图形　　　　图 6.2　心形线图形

对于极轴以上部分的面积，θ 的变化区间为 $[0,\pi]$。相应于 $[0,\pi]$ 上任一小区间 $[\theta,\theta+\mathrm{d}\theta]$ 的窄曲边扇形的面积近似于半径为 $a(1+\cos\theta)$、中心角为 $\mathrm{d}\theta$ 的扇形的面积，从而得到面积元素

$$\mathrm{d}A = \frac{1}{2}a^2(1+\cos\theta)^2\mathrm{d}\theta,$$

于是所求面积为

$$A = 2\int_0^\pi \frac{1}{2}a^2(1+\cos\theta)^2\mathrm{d}\theta = \frac{3}{2}\pi a^2.$$

```
#程序文件 pex6_2.py
import sympy as sp
import pylab as plt
import numpy as np
a,t=sp.var("a,t")
I=sp.integrate(a**2*(1+sp.cos(t))**2,(t,0,sp.pi))
ax=plt.axes(projection="polar")
t0=np.linspace(-np.pi,np.pi,100)
r0=2*(1+np.cos(t0))
ax.plot(t0,r0); plt.show()    #画 a=2 的心形线
```

6.1.2　体积

1. 旋转体的体积

已知某函数 $y=f(x)$，$x\in[a,b]$，则该函数曲线与 $x=a$，$x=b$ 及 x 轴所围图形绕 x 轴旋转一周所得到的旋转体体积为

$$V = \int_a^b \pi f^2(x)\mathrm{d}x. \tag{6.1}$$

例 6.3　已知函数 $y=f(x)=2+x\cos\dfrac{10}{x}$，$0 \leqslant x \leqslant \pi$，试求出该曲线与 $x=0$，$x=\pi$ 及 x 轴所围图形绕 x 轴旋转一周所得到的旋转体体积。

解　首先绘制给定函数的曲线，如图 6.3 所示。求出的符号解比较复杂，转换为浮点数形式后可以看到，旋转体体积 $V=42.5878$。

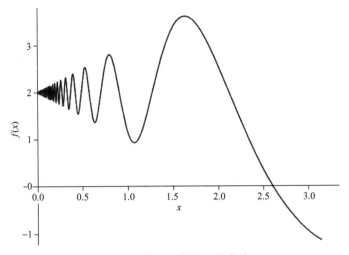

图 6.3　给定函数的二维曲线

```
#程序文件 pex6_3.py
import sympy as sp
import pylab as plt
x=sp.var("x"); f=2+x*sp.cos(10/x)
plt.rc("text",usetex=True)
sp.plot(f,(x,0,sp.pi))
I1=sp.integrate(sp.pi*f**2,(x,0,sp.pi))    #求积分的符号解
I2=I1.evalf(6)                             #把符号解转换为6位有效数字的小数格式
```

类似地，由曲线 $x=\varphi(y)$ $(c\leqslant y\leqslant d)$ 与 $y=c$，$y=d$ 及 y 轴所围成的图形绕 y 轴旋转一周所得到的旋转体体积为

$$V=\int_c^d \pi\varphi^2(y)\mathrm{d}y. \tag{6.2}$$

例 6.4　计算由摆线 $x=a(t-\sin t)$，$y=a(1-\cos t)$ 相应于 $0\leqslant t\leqslant 2\pi$ 的一拱与直线 $y=0$ 所围成的图形绕 y 轴旋转而成的旋转体的体积。

解　所述图形绕 y 轴旋转而成的旋转体的体积可看成平面图形 $OABC$ 与 OBC（图 6.4）分别绕 y 轴旋转而成的旋转体的体积之差。因此所求的体积为

$$\begin{aligned}V&=\int_0^{2a}\pi x_2^2(y)\mathrm{d}y-\int_0^{2a}\pi x_1^2(y)\mathrm{d}y\\&=\pi\int_{2\pi}^\pi a^2(t-\sin t)^2 a\sin t\mathrm{d}t-\pi\int_0^\pi a^2(t-\sin t)^2 a\sin t\mathrm{d}t\\&=6\pi^3 a^3.\end{aligned}$$

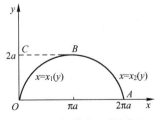

图 6.4　摆线的一拱图形

```
#程序文件 pex6_4.py
import sympy as sp
a,t=sp.var("a,t")
x=a*(t-sp.sin(t)); y=a*(1-sp.cos(t))
dy=y.diff(t); f=sp.pi*x**2*dy
V1=sp.integrate(f,(t,2*sp.pi,sp.pi))-sp.integrate(f,(t,0,sp.pi))
V2=sp.simplify(V1)
```

6.1.3 平面曲线的弧长

例 6.5 计算曲线 $y=\dfrac{2}{3}x^{3/2}$ 上相应于 $a\leqslant x\leqslant b$ 的一段弧（图 6.5）的长度。

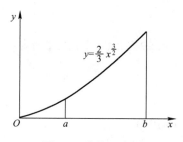

图 6.5 曲线示意图

解 因 $y'=x^{1/2}$，从而弧长元素

$$ds=\sqrt{1+(x^{1/2})^2}dx=\sqrt{1+x}dx,$$

因此，所求弧长为

$$s=\int_a^b \sqrt{1+x}dx=\dfrac{2}{3}[(1+b)^{3/2}-(1+a)^{3/2}].$$

```
#程序文件 pex6_5.py
import sympy as sp
a,b,x=sp.var("a,b,x")
y=sp.Rational(2,3)*x**(sp.Rational(3,2));
dy=y.diff(x); ds=sp.sqrt(1+dy**2)
s=sp.integrate(ds,(x,a,b))
```

例 6.6 计算摆线

$$\begin{cases} x=a(t-\sin t), \\ y=a(1-\cos t) \end{cases}$$

的一拱（$0\leqslant t\leqslant 2\pi$）图形的长度。

解 弧长元素为

$$ds=\sqrt{x'^2(t)+y'^2(t)}dt=2a\sin\dfrac{t}{2}dt.$$

从而，所求弧长

$$s = \int_0^{2\pi} 2a\sin\frac{t}{2}dt = 8a.$$

```
#程序文件 pex6_6.py
import sympy as sp
a=sp.var("a",positive=True)         #定义正的符号量
t=sp.var("t")
x=a*(t-sp.sin(t)); y=a*(1-sp.cos(t))
ds1=sp.sqrt(x.diff(t)**2+y.diff(t)**2)
ds2=sp.simplify(ds1)                #化简弧微分
s11=sp.integrate(ds2,(t,0,2*sp.pi))
s12=sp.simplify(s11)                #化简也无法得到符号积分
s2=sp.integrate(2*a*sp.sin(t/2),(t,0,2*sp.pi))
```

6.2 定积分在物理学上的应用

1. 变力沿直线所作的功

例 6.7 把一个带电荷量 $+q$ 的点电荷放在 r 轴上坐标原点 O 处，它产生一个电场，这个电场对周围的电荷有作用力。由物理学知道，如果有一个单位正电荷放在这个电场中距离原点 O 为 r 的地方，那么电场对它的作用力的大小为

$$F = k\frac{q}{r^2} \ (k \text{ 是常数}).$$

如图 6.6 所示，当这个单位正电荷在电场中从 $r = a$ 处沿 r 轴移动到 $r = b$ $(a < b)$ 处时，计算电场力 F 对它所作的功。

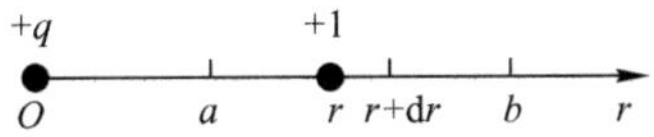

图 6.6 电荷在电场中受力示意图

解 在上述移动过程中，电场对这单位正电荷的作用力是变的。取 r 为积分变量，它的变化区间为 $[a,b]$。设 $[r, r+\mathrm{d}r]$ 为 $[a,b]$ 上的任一小区间，当单位正电荷从 r 移动到 $r + \mathrm{d}r$ 时，电场力对它所作的功近似于 $\frac{kq}{r^2}\mathrm{d}r$，即功元素为

$$\mathrm{d}W = \frac{kq}{r^2}\mathrm{d}r,$$

于是所求的功为

$$W = \int_a^b \frac{kq}{r^2}\mathrm{d}r = kq\left(\frac{1}{a} - \frac{1}{b}\right).$$

```
#程序文件 pex6_7.py
import sympy as sp
k,q,r,a,b=sp.var("k,q,r,a,b")
w1=sp.integrate(k*q/r**2,(r,a,b))
```

```
w2=sp.simplify(w1)
```

2. 液体的压力

例 6.8 洒水车上的水箱是一个横放的椭圆柱体，尺寸如图 6.7 所示。当水箱装满水时，计算水箱的一个端面所受的压力。

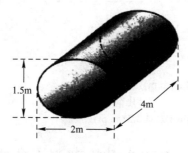

图 6.7 水箱示意图

解 以侧面的椭圆长轴为 x 轴、短轴为 y 轴建立坐标系，则该椭圆的方程为 $x^2+\dfrac{y^2}{0.75^2}=1$，取 y 为积分变量，则 y 的变化范围为 $[-0.75, 0.75]$，对该区间内任一小区间 $[y, y+\mathrm{d}y]$，该小区间相应的水深为 $0.75-y$，相应面积

$$\mathrm{d}S = 2\sqrt{1-\frac{y^2}{0.75^2}}\mathrm{d}y,$$

得到该小区间相应的压力

$$\mathrm{d}F = 1000g(0.75-y)\mathrm{d}S = 2000g(0.75-y)\sqrt{1-\frac{y^2}{0.75^2}}\mathrm{d}y,$$

因此压力为

$$F = \int_{-0.75}^{0.75} 2000g(0.75-y)\sqrt{1-\frac{y^2}{0.75^2}}\mathrm{d}y = \frac{11025\pi}{2} = 17318.0295(\mathrm{N}).$$

```
#程序文件 pex6_8.py
import sympy as sp
y=sp.var("y")
g=sp.Rational(98,10); c=sp.Rational(3,4)
f=2000*g*(c-y)*sp.sqrt(1-y**2/c**2)
F1=sp.integrate(f,(y,-c,c))
F2=F1.n(9)        #符号数转换为9位有效数字的小数
```

6.3 定积分在经济学中的应用

6.3.1 总成本、总收益与总利润

前面介绍了导数在经济学中的应用，引入了边际函数的概念。由于积分是微分的逆

运算，因此定积分在经济学中也有很多应用。

若 $F'(x)$ 为连续函数，则由牛顿-莱布尼茨公式得

$$F(x) = F(a) + \int_a^x F'(t)dt.$$

因此，若已知边际成本 $y'(x)$ 及固定成本 $y(0)$，则总成本函数为

$$y(x) = y(0) + \int_0^x y'(t)dt.$$

若已知边际收益 $z'(x)$ 及 $z(0)$，则总收益函数为

$$z(x) = z(0) + \int_0^x z'(t)dt.$$

若已知边际利润函数为 $L'(x) = z'(x) - y'(x)$ 及 $L(0) = z(0) - y(0) = -y(0)$，则总利润函数为

$$L(x) = L(0) + \int_0^x L'(t)dt = -y(0) + \int_0^x [z'(t) - y'(t)]dt.$$

当产量由 a 个单位变到 b 个单位时，上述经济函数的改变量分别为

$$y(b) - y(a) = \int_a^b y'(t)dt,$$

$$z(b) - z(a) = \int_a^b z'(t)dt,$$

$$L(b) - L(a) = \int_a^b L'(t)dt = \int_a^b [z'(t) - y'(t)]dt.$$

上述是以总成本、总收益、总利润函数为例，说明了已知其变化率（即边际函数，也就是导数）如何求总量函数。已知其他经济函数的变化率求其总量函数的情况类似。

例 6.9 已知生产某商品的固定成本为 6 万元，边际成本和边际收益分别为（单位：万元/百台）

$$y'(x) = 3x^2 - 18x + 36, \quad z'(x) = 33 - 8x.$$

（1）求生产 x 百台产品的总成本函数；

（2）产量由 1 百台增加到 4 百台时，总收益和总成本各增加多少？

（3）产量为多少时，总利润最大？

解 （1）总成本函数为

$$y(x) = y(0) + \int_0^x y'(t)dt = 6 + \int_0^x (3t^2 - 18t + 36)dt = x^3 - 9x^2 + 36x + 6.$$

（2）总收益和总成本分别增加

$$z(4) - z(1) = \int_1^4 z'(t)dt = \int_1^4 (33 - 8t)dt = 39 \text{（万元）},$$

$$y(4) - y(1) = \int_1^4 y'(t)dt = \int_1^4 (3t^2 - 18t + 36)dt = 36 \text{（万元）}.$$

（3）由极值的必要条件 $L'(x) = 0$，即 $z'(x) - y'(x) = 0$，解得 $x_1 = \dfrac{1}{3}$，$x_2 = 3$。且

$L''(x)=10-6x$，$L''\left(\dfrac{1}{3}\right)>0$，$L''(3)<0$，因此，当 $x=3$（百台）时，利润 $L(3)=z(3)-y(3)=3$（万元）最大。

```
#程序文件 pex6_9.py
import sympy as sp
import numpy as np
t,x=sp.var("t,x")
dy=3*x**2-18*x+36; dz=33-8*x
y=6+sp.integrate(dy,(x,0,x))           #计算总成本函数
deltaz=sp.integrate(dz,(x,1,4))        #计算总收益的增量
deltay=sp.integrate(dy,(x,1,4))        #计算总成本的增量
dL=dz-dy; s=sp.solve(dL)               #求利润 L 的驻点
print(s)                               #显示驻点值
ddL=dL.diff(x)                         #求 L 的二阶导数
ddL1=ddL.subs(x,s[0])                  #求第一个驻点处的二阶导数值
ddL2=ddL.subs(x,s[1])                  #求第二个驻点处的二阶导数值
L=sp.integrate(dz,(x,0,x))-y           #求 L 的表达式
Lm=L.subs(x,s[1])                      #求 L 的最大值
```

6.3.2 资金现值和终值的近似计算

在普通的复利计算和技术经济分析中，所给定的计算利率的时间单位是年。但在实际工作中，由于计息周期可能是比年短的时间，比如计息周期可以是半年、一个月或一天等，因此一年内的计息次数就相应为 2 次、12 次或 365 次等。这样，一年内计算利息的次数不止一次，在复利条件下每计息一次都要产生一部分新的利息，因此实际的利率也就不同了。

假如按月计算利息，且其月利率为 1%，通常称为"年利率 12%，每月计息一次"。这个年利率 12%称为"名义利率"。也就是说，名义利率等于每一计息周期的利率与每年的计息周期数的乘积。若按单利计算，名义利率与实际利率是一致的，但是，按复利计算，上述"年利率 12%，每月计息一次"的实际年利率为

$$\left(1+\dfrac{0.12}{12}\right)^{12}-1\approx 12.68\%,$$

比名义利率 12%略大。"年利率 r，每年计息 k 次"的实际年利率为

$$\left(1+\dfrac{r}{k}\right)^{k}-1.$$

因为复利就是复合利息，具体是将整个借贷期限分割为若干段，前一段按本金计算出的利息要加入本金中，形成增大了的本金，作为下一段计算利息的本金基数，直到每一段的利息都计算出来，加总之后，就得出整个借贷期内的利息，也就是俗称的利滚利。而连续复利则是指在期数趋于无限大的极限情况下得到的利率，即

$$\lim_{k\to\infty}\left(1+\dfrac{r}{k}\right)^{k}-1=\mathrm{e}^{r}-1.$$

特别地，当年利率 $r=0.12$ 时，（1 年期）连续复利率 $\mathrm{e}^r-1\approx 12.75\%$。

设有现金 a 元，若按年利率 r 作连续复利计算，则第 k 年末的本利和为 $a\mathrm{e}^{kr}$ 元，通常称为 a 元资金在 k 年末的终值。反之，若 k 年末要得到资金 A 元，按上述同一方式计算连续复利，显然现在应投入的资金为 $A\mathrm{e}^{-rk}$ 元，通常称为 k 年末资金 A 元的现值。利用终值与现值的概念，可以将不同时期的资金转化为同一时期的资金进行比较，这在经济管理中有重要应用。

企业在日常经营中，其收入和支出通常是离散地在一定时刻发生。由于这些资金周转经常发生，为便于计算，其收入或支出常常可以近似地看成是连续发生的，通常称为收入流或支出流。此时，可以将 t 时刻单位时间的收入记作 $f(t)$，称为收益率。收益率就是总收益的变化率，它随时刻 t 而变化，其单位为 "元/月" 或 "元/年" 等。收益率常指净收益率。类似地，也可以定义支出率。

设某企业在时间段 $[0,T]$ 上的收益率为 $f(t)$（设 $f(t)$ 为连续的），按年利率为 r 的连续复利计算，求该时间段内总收益的现值和终值。用微元法，在时间段 $[t,t+\mathrm{d}t]$ 上的收入近似地等于 $f(t)\mathrm{d}t$，其现值为 $f(t)\mathrm{e}^{-rt}\mathrm{d}t$ $(k=1,2,\cdots,n)$，因此总收益的现值为

$$F=\int_0^T f(t)\mathrm{e}^{-rt}\mathrm{d}t. \tag{6.3}$$

在求终值时，因为在时间段 $[t,t+\mathrm{d}t]$ 上的收入近似地等于 $f(t)\mathrm{d}t$，该时间段收入的终值近似为 $f(t)\mathrm{e}^{r(T-t)}\mathrm{d}t$，因此所求总收益的终值为

$$A=\int_0^T f(t)\mathrm{e}^{r(T-t)}\mathrm{d}t. \tag{6.4}$$

例 6.10 设对某企业一次性投资 3000 万元，按年利率 10%连续复利计算。设在 20 年中该企业的平均收益率为 800 万元/年，求该项投资净收益的现值和投资回收期。

解 由式（6.3），投资总收益的现值为

$$F=\int_0^{20}800\mathrm{e}^{-0.1t}\mathrm{d}t=-\frac{800}{0.1}\mathrm{e}^{-0.1t}\bigg|_0^{20}=8000(1-\mathrm{e}^{-2})=6917.3177.$$

因此净收益现值为 6917.3177−3000=3917.3177（万元）。

投资回收期是总收益的现值等于投资初值的时间。设回收期为 T 年，则有

$$\int_0^T 800\mathrm{e}^{-0.1t}\mathrm{d}t=3000,\quad \text{即}\ 8000(1-\mathrm{e}^{-0.1T})=3000,$$

由此得 $T=10\ln\dfrac{8}{5}\approx 4.7$（年）。

```
#程序文件 pex6_10.py
import sympy as sp
t,T=sp.var("t,T")
F=sp.integrate(800*sp.exp(-0.1*t),(t,0,20))
eq=sp.integrate(800*sp.exp(-0.1*t),(t,0,T))-3000
st=sp.solve(eq)[0]        #求解代数方程，得到回收期
```

注 6.1 如果每期期末都支付本金 F_t，每期的利率 r 不变，则 n 期后的现值

$$P = \sum_{t=1}^{n} \frac{F_t}{(1+r)^t} \approx \int_0^n F_t e^{-rt} dt.$$

例 6.11 一家水电公司正在研究是否要建造一个新的水坝来扩充其水力发电能力，通过初步论证，该投资项目的成本和预期的收益如表 6.1 所示，如果年利率为 6%，则这个投资项目是否可行？

表 6.1 投资项目的成本及预期收益（单位：百万元）

项目	金额	时间
建设成本	200	即期
	100	接下来 3 年的每年年末
运营成本	5	第四年年末开始及接下来的时间
收入	30	第四年年末开始及接下来的时间

解 假设开始投资的时刻记为 $t=0$，c_1 表示建造水坝的建设成本在 $t=0$ 时刻的现值总和，c_2 表示开始运营后每年运营成本在 $t=0$ 时刻的现值总和，p 表示开始运营后每年收入在 $t=0$ 时刻的现值总和，则现值计算如下：

$$c_1 = 200 + \frac{100}{1+0.06} + \frac{100}{(1+0.06)^2} + \frac{100}{(1+0.06)^3} = 467.3012 \text{（百万元）}.$$

$$c_2 = \sum_{i=4}^{\infty} \frac{5}{(1+0.06)^i} = \frac{\frac{5}{(1+0.06)^4}}{1 - \frac{1}{1+0.06}} = \frac{5}{0.06 \times (1+0.06)^3} = 69.9683 \text{（百万元）}.$$

$$p = \sum_{i=4}^{\infty} \frac{30}{(1+0.06)^i} = \frac{30}{0.06 \times (1+0.06)^3} = 419.8096 \text{（百万元）}.$$

因为 $c_1 + c_2 > p$，即总成本的现值大于未来收益的现值，说明这个投资计划是不可行的。

如果看作连续型问题，用积分求近似解，则现值计算如下：

$$C_1 = 200 + \int_0^3 100 e^{-0.06t} dt = 474.5496 \text{（百万元）}.$$

$$C_2 = \int_3^{+\infty} 5 e^{-0.06t} dt = 69.6059 \text{（百万元）}.$$

$$P = \int_3^{+\infty} 30 e^{-0.06t} dt = 417.6351 \text{（百万元）}.$$

```
#程序文件 pex6_11.py
import sympy as sp
i=sp.var("i",integer=True); t=sp.var("t")
c1=200+sp.summation(100/1.06**i,(i,1,3))   #级数求和
c2=sp.summation(5/1.06**i,(i,4,sp.oo))
p=sp.summation(30/1.06**i,(i,4,sp.oo))
f=sp.exp(-0.06*t)
C1=200+100*sp.integrate(f,(t,0,3))
C2=5*sp.integrate(f,(t,3,sp.oo))
```

P=30*sp.integrate(f,(t,3,sp.oo))

习 题 6

6.1 求 $y = \frac{1}{2}x^2$ 与 $x^2 + y^2 = 8$ 所围图形的面积（两部分都要计算）。

6.2 求由抛物线 $y^2 = 4ax$ 与过焦点的弦所围成的图形面积的最小值。

6.3 求圆盘 $x^2 + y^2 \leqslant a^2$ 绕 $x = -b$ $(b > a > 0)$ 旋转所成旋转体的体积。

6.4 计算半立方抛物线 $y^2 = \frac{2}{3}(x-1)^3$ 被抛物线 $y^2 = \frac{x}{3}$ 截得的一段弧的长度。

6.5 （1）证明：把质量为 m 的物体从地球表面升高到 h 处所作的功是

$$W = \frac{mgRh}{R+h},$$

其中 g 是重力加速度，R 是地球的半径。

（2）一颗人造地球卫星的质量为 173kg，在高于地面 630km 处进入轨道。问把这颗卫星从地面送到 630km 的高空处，克服地球引力要作多少功？已知 $g = 9.8 \text{m}/\text{s}^2$，地球半径 $R = 6370 \text{km}$。

6.6 已知生产某产品的固定成本为 10 万元，边际成本 $y'(x) = x^2 - 5x + 40$（单位：万元/t），边际收益为 $z'(x) = 50 - 2x$（单位：万元/t）。求：

（1）总成本函数；

（2）总收益函数；

（3）总利润函数及利润达最大时的产量。

6.7 某企业投资 100 万元建一条生产线，并于一年后建成投产，开始获得经济效益。设流水线的收入是均衡货币流，年收入为 30 万元，已知银行年利率为 10%，问该企业多少年后可收回投资？

第 7 章 常微分方程

本章介绍利用 Python 求常微分方程的符号解和数值解的方法，最后给出常微分方程的一些应用。

7.1 常微分方程的符号解

SymPy 库提供了功能强大的求常微分方程符号解函数 dsolve()。

例 7.1 求常微分方程初值问题 $\dfrac{d^3 u}{dx^3} = u$，$u(0)=1$，$u'(0)=-1$，$u''(0)=0$ 的解。

解 求得的解为 $u = e^{-\frac{x}{2}}\left(\cos\dfrac{\sqrt{3}x}{2} - \dfrac{\sqrt{3}}{3}\sin\dfrac{\sqrt{3}x}{2}\right)$.

```
#程序文件 pex7_1.py
import sympy as sp
x=sp.var("x"); u=sp.Function("u")
d1=u(x).diff(x); d2=u(x).diff(x,2)
eq=u(x).diff(x,3)-u(x)              #定义微分方程
s=sp.dsolve(eq,ics={u(0):1,d1.subs(x,0):-1,d2.subs(x,0):0})
```

例 7.2 求解如下常微分方程边值问题。

$$\begin{cases} y'' + 5y' + 6y = 0, \\ y(0) = 1, \quad y(1) = 0. \end{cases}$$

解 求得的解为 $y = \dfrac{e}{e-1}e^{-3x} - \dfrac{e^{-2x}}{e-1}$.

```
#程序文件 pex7_2.py
import sympy as sp
x=sp.var("x"); y=sp.Function("y")
eq=y(x).diff(x,2)+5*y(x).diff(x)+6*y(x)
s1=sp.dsolve(eq,ics={y(0):1,y(1):0})
s2=sp.simplify(s1)
```

例 7.3 设非负函数 $y = y(x)(x \geq 0)$ 满足微分方程 $xy'' - y' + 2 = 0$，当曲线 $y = y(x)$ 过原点时，其与直线 $x=1$ 及 $y=0$ 所围成的平面区域 D 的面积为 2，求 D 绕 y 轴旋转一周所得旋转体的体积。

解 由函数 $y = y(x)$ 满足的微分方程，求得 y 的通解为

$$y = c_2 x^2 + 2x + c_1,$$

由定解条件 $y(0)=0$, $\int_0^1 y\mathrm{d}x=2$ 求得 $c_1=0$, $c_2=3$, 因而 $y=3x^2+2x(x\geqslant 0)$。

当 $x=1$ 时, $y(1)=5$, $y=3x^2+2x(x\geqslant 0)$ 的反函数为

$$x(y)=\frac{\sqrt{3y+1}}{3}-\frac{1}{3},$$

则旋转体的体积为

$$V=\int_0^5(\pi-\pi x^2(y))\mathrm{d}y=\frac{17}{6}\pi.$$

```
#程序文件 pex7_3.py
import sympy as sp
x,Y=sp.var("x,Y"); y=sp.Function("y")
eq=x*y(x).diff(x,2)-y(x).diff(x)+2
s=sp.dsolve(eq,ics={y(0):0}).args[1]      #求过原点的微分方程的解
eq2=sp.integrate(s,(x,0,1))-2             #构造未知参数的代数方程
sc2=sp.solve(eq2)[0]                       #求解中的未知参数 c2
sv0=list(s.free_symbols)                   #提出表达式中所有符号量
sv=sv0[1]                                  #提出参数 c2
sy=s.subs(sv,sc2)                          #得到微分方程的特解
sx=sp.solve(Y-sy,x)[1]                     #求反函数
V=sp.integrate(sp.pi*(1-sx**2),(Y,0,5))   #求旋转体的体积
```

例 7.4 求解线性常微分方程组

$$\begin{cases}\dfrac{\mathrm{d}y}{\mathrm{d}x}=3y-2z, & y(0)=1,\\ \dfrac{\mathrm{d}z}{\mathrm{d}x}=2y-z, & z(0)=0.\end{cases}$$

解 引入记号

$$\boldsymbol{U}=\begin{bmatrix}y\\z\end{bmatrix},\quad \boldsymbol{U}'=\begin{bmatrix}\dfrac{\mathrm{d}y}{\mathrm{d}x}\\ \dfrac{\mathrm{d}z}{\mathrm{d}x}\end{bmatrix},\quad \boldsymbol{A}=\begin{bmatrix}3 & -2\\2 & -1\end{bmatrix},\quad \boldsymbol{U}(0)=\begin{bmatrix}y(0)\\z(0)\end{bmatrix},$$

则线性常微分方程组可以表示为

$$\begin{cases}\boldsymbol{U}'=\boldsymbol{A}\boldsymbol{U},\\ \boldsymbol{U}(0)=[1,0]^\mathrm{T}.\end{cases}$$

利用 Python 求得的符号解为

$$\begin{cases}y=(1+2x)\mathrm{e}^x,\\ z=2x\mathrm{e}^x.\end{cases}$$

```
#程序文件 pex7_4.py
import sympy as sp
x=sp.var("x")                   #定义符号自变量
A=sp.Matrix([[3,-2],[2,-1]])
```

```
fname=[f"y{i}" for i in range(2)]        #创建函数名称
U=sp.Matrix ([sp.Function(name)(x) for name in fname])
U_prime = A*U
eqns=[U[i].diff(x)- U_prime[i] for i in range(2)]
ic = {U[0].subs(x,0): 1,U[1].subs(x,0): 0}
s=sp.dsolve(eqns,ics=ic)
```

例 7.5 解方程

$$(2x+y-4)dx+(x+y-1)dy=0.$$

解 求得的通解为

$$y=-x+1\pm\sqrt{C_1+6x-x^2}.$$

```
#程序文件 pex7_5.py
import sympy as sp
x=sp.var("x"); y=sp.Function("y")
s=sp.dsolve(y(x).diff(x)+(2*x+y(x)-4)/(x+y(x)-1))
sy1=s[0].args[1]; sy2=s[1].args[1]    #提取两个通解
```

例 7.6 解方程

$$\frac{dy}{dx}+\frac{y}{x}=a(\ln x)y^2.$$

解 求得的通解为

$$y=\frac{2}{x(C-a\ln^2 x)} \quad 或 \quad y=0.$$

```
#程序文件 pex7_6.py
import sympy as sp
a,x=sp.var("a,x"); y=sp.Function("y")
s=sp.dsolve(y(x).diff(x)+y(x)/x-a*sp.log(x)*y(x)**2).args[1]
```

7.2 常微分方程的数值解

Python 只能求一阶常微分方程（组）的数值解，高阶微分方程必须化成一阶方程组求解，通常采用龙格-库塔方法求数值解。scipy.integrate 模块的 odeint()函数可用于求常微分方程的数值解，其基本调用格式为

```
sol=odeint(func, y0, t)
```

其中 func 是定义微分方程的函数或匿名函数，y0 是初始条件值，t 是自变量取值的序列（t 的第一个元素必须为初始时刻），返回值 sol 是对应于序列 t 中元素的数值解，如果微分方程组中有 n 个函数，则返回值 sol 是 n 列的矩阵，第 $i(i=1,2,\cdots,n)$ 列对应第 i 个函数的数值解。

例 7.7 试求解 Lotka-Volterra 方程

$$\begin{cases} x'(t) = 4x(t) - 2x(t)y(t), & x(0) = 2, \\ y'(t) = x(t)y(t) - 3y(t), & y(0) = 3. \end{cases} \tag{7.1}$$

并画出解曲线和相平面轨线。

解 画出的解曲线和相平面轨线如图 7.1 所示。

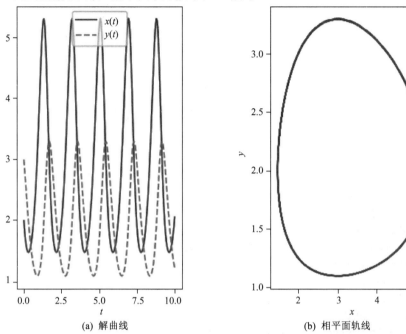

图 7.1 解曲线和相平面轨线

```
#程序文件 pex7_7.py
from scipy.integrate import odeint
import numpy as np
import pylab as plt
dxy=lambda z,t: [4*z[0]-2*z[0]*z[1],z[0]*z[1]-3*z[1]]
t=np.linspace(0,10,200); s=odeint(dxy,[2,3],t)
plt.rc("text",usetex=True)
plt.subplot(121); plt.plot(t,s[:,0],"-",t,s[:,1],"--")
plt.xlabel("$t$")
plt.legend(["$x(t)$","$y(t)$"])
plt.subplot(122); plt.plot(s[:,0],s[:,1])
plt.xlabel("$x$"); plt.ylabel("$y$",rotation=0)
plt.show()
```

例 7.8 求解如下常微分方程初值问题的数值解。

$$\begin{cases} \dfrac{\mathrm{d}y}{\mathrm{d}x} + 2y^2 \sin x = 2x\cos(x^2), & 0 \leqslant x \leqslant 1, \\ y(0) = 1. \end{cases}$$

解 画出的解曲线如图 7.2 所示。

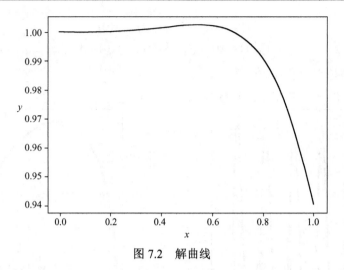

图 7.2 解曲线

```
#程序文件 pex7_8.py
from scipy.integrate import odeint
import numpy as np
import pylab as plt
dy=lambda y,x: 2*x*np.cos(x**2)-2*y**2*np.sin(x)
x=np.linspace(0,1,100)
s=odeint(dy,1,x)
plt.rc("text",usetex=True)
plt.plot(x,s); plt.xlabel("$x$")
plt.ylabel("$y$",rotation=0); plt.show()
```

例 7.9 求解 Lorenz 方程组

$$\begin{cases} x_1'(t)=-\beta x_1(t)+x_2(t)x_3(t), & x_1(0)=0, \\ x_2'(t)=-\rho x_2(t)+\rho x_3(t), & x_2(0)=0, \\ x_3'(t)=-x_1(t)x_2(t)+\sigma x_2(t)-x_3(t), & x_3(0)=10^{-10}, \end{cases}$$

并画出三维空间的轨线。

（1） $\beta=8/3$，$\rho=10$，$\sigma=28$；

（2） $\beta=2$，$\rho=5$，$\sigma=20$。

解 通过这个例题，介绍求常微分数值解时一些附加参数的传递。

（1）画出的三维空间轨线如图 7.3（a）所示。

（2）画出的三维空间轨线如图 7.3（b）所示。

```
#程序文件 pex7_9.py
from scipy.integrate import odeint
import numpy as np
import pylab as plt
dz=lambda z,t,b,r,s: [-b*z[0]+z[1]*z[2],
    -r*z[1]+r*z[2], -z[0]*z[1]+s*z[1]-z[2]]
z0=[0,0,10**(-10)]     #初值
t=np.linspace(0,100,10000)
```

```
s1=odeint(dz,z0,t,args=(8/3,10,28))
ax1=plt.subplot(121,projection="3d")
plt.plot(s1[:,0],s1[:,1],s1[:,2])
s2=odeint(dz,z0,t,args=(2,5,20))
ax2=plt.subplot(122,projection="3d")
plt.plot(s2[:,0],s2[:,1],s2[:,2])
plt.show()
```

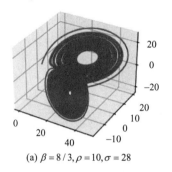
(a) $\beta=8/3, \rho=10, \sigma=28$

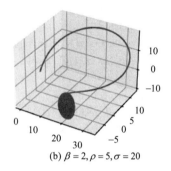
(b) $\beta=2, \rho=5, \sigma=20$

图 7.3 Lorenz 方程组的三维轨线图

例 7.10 试求解二阶常微分方程

$$x''(t)+\lambda x(t)=0, \quad x(0)=1, \quad x'(0)=0,$$

其中，$0.1 \leqslant \lambda \leqslant 2$，并画出解 $x(t)$ 的图形。

解 Python 无法直接求高阶常微分方程（组）的数值解，必须做变换将其化成一阶常微分方程组，才能使用 Python 求解。设 $x_1(t)=x(t)$，$x_2(t)=x'(t)$，则可以把上述二阶常微分方程化成如下 1 阶线性微分方程组：

$$\begin{cases} x_1'(t)=x_2(t), & x_1(0)=1, \\ x_2'(t)=-\lambda x_1(t), & x_2(0)=0. \end{cases}$$

当 λ 在区间 $[0.1,2]$ 上以步长 0.1 取值时，所画出的 $x(t)$ 的图形如图 7.4 所示。因为要绘制解的三维曲面图，对于所有的 λ，时间 t 取区间 $[0,10]$ 上步长间隔为 0.1 的确定值。

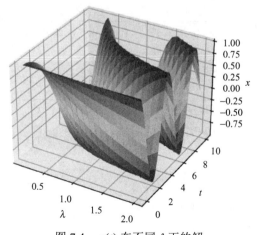

图 7.4 $x(t)$ 在不同 λ 下的解

```
#程序文件 pex7_10.py
from scipy.integrate import odeint
import numpy as np
import pylab as plt
t=np.arange(0,10.1,0.1)
L=np.arange(0.1,2.1,0.1)    #lambda 的取值
n=len(t); m=len(L)
s=np.zeros((m,n))
for k in range(m):
    dz=lambda z,t: [z[1],-L[k]*z[0]]
    s[k,:]=odeint(dz,[1,0],t)[:,0]
plt.rc("text",usetex=True)
ax=plt.axes(projection="3d")
ax.plot_surface(L.reshape(-1,1),t,s,cmap="coolwarm")
ax.set_xlabel("$\\lambda$"); ax.set_ylabel("$t$")
ax.set_zlabel("$x$"); plt.show()
```

例 7.11 已知阿波罗卫星的运动轨迹 (x,y) 满足如下方程:

$$\begin{cases} \dfrac{d^2x}{dt^2} = 2\dfrac{dy}{dt} + x - \dfrac{\lambda(x+\mu)}{r_1^3} - \dfrac{\mu(x-\lambda)}{r_2^3}, \\ \dfrac{d^2y}{dt^2} = -2\dfrac{dx}{dt} + y - \dfrac{\lambda y}{r_1^3} - \dfrac{\mu y}{r_2^3}. \end{cases}$$

其中 $\mu = 1/82.45$，$\lambda = 1-\mu$，$r_1 = \sqrt{(x+\mu)^2 + y^2}$，$r_2 = \sqrt{(x-\lambda)^2 + y^2}$，试在初值 $x(0) = 1.2$，$x'(0) = 0$，$y(0) = 0$，$y'(0) = -1.0494$ 下求解，并绘制阿波罗卫星轨迹图。

解 做变换，令 $z_1 = x$，$z_2 = \dfrac{dx}{dt}$，$z_3 = y$，$z_4 = \dfrac{dy}{dt}$，则原二阶微分方程组可以化为如下的一阶方程组：

$$\begin{cases} \dfrac{dz_1}{dt} = z_2, & z_1(0) = 1.2, \\ \dfrac{dz_2}{dt} = 2z_4 + z_1 - \dfrac{\lambda(z_1+\mu)}{((z_1+\mu)^2 + z_3^2)^{3/2}} - \dfrac{\mu(z_1-\lambda)}{((z_1-\lambda)^2 + z_3^2)^{3/2}}, & z_2(0) = 0, \\ \dfrac{dz_3}{dt} = z_4, & z_3(0) = 0, \\ \dfrac{dz_4}{dt} = -2z_2 + z_3 - \dfrac{\lambda z_3}{((z_1+\mu)^2 + z_3^2)^{3/2}} - \dfrac{\mu z_3}{((z_1-\lambda)^2 + z_3^2)^{3/2}}, & z_4(0) = -1.0494. \end{cases}$$

使用 Python 软件求得数值解所绘制的轨迹如图 7.5 所示，与实际情况吻合，模拟效果良好。

```
#程序文件 pex7_11.py
from scipy.integrate import odeint
import numpy as np
import pylab as plt
mu=1/82.45; lamda=1-mu; z0=[1.2, 0, 0, -1.0494]; #初值
```

```
dz=lambda z,t: [z[1], 2*z[3]+z[0]-lamda*(z[0]+mu)/((z[0]+mu)**2+
    z[2]**2)**(3/2)-mu*(z[0]-lamda)/((z[0]-lamda)**2+z[2]**2)**(3/2),
    z[3], -2*z[1]+z[2]-lamda*z[2]/((z[0]+mu)**2+z[2]**2)**(3/2)-
    mu*z[2]/((z[0]-lamda)**2+z[2]**2)**(3/2)]
t=np.linspace(0,30,9000); s=odeint(dz,z0,t)
plt.rc("text",usetex=True)
plt.plot(s[:,0],s[:,2]); plt.xlabel("$x$")
plt.ylabel("$y$",rotation=0); plt.show()
```

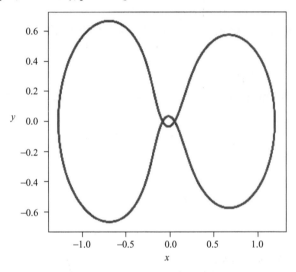

图 7.5 阿波罗卫星的运动轨迹图

7.3 常微分方程的应用

例 7.12（高温物体冷却问题） 物体冷却的速度和该物体与周围环境的温差成正比。现有一瓶热水，其水温为 100℃，放在 20℃ 的房间中，经过 10h，瓶内温度降为 60℃。求瓶内水温 T 随时间 t 的变化规律。

解 设瓶内水温的变化规律为 $T = T(t)$，由物体冷却规律可得

$$\frac{\mathrm{d}T}{\mathrm{d}t} = -k(T-20), \quad k > 0, \tag{7.2}$$

且满足条件：当 $t=0$ 时，$T=100$；当 $t=10$ 时，$T=60$。式（7.2）的通解为

$$T = C\mathrm{e}^{-kt} + 20.$$

把 $T|_{t=0} = 100$，$T|_{t=10} = 60$ 代入通解得

$$\begin{cases} 100 = C + 20, \\ 60 = C\mathrm{e}^{-60k} + 20, \end{cases}$$

解出 $C = 80$，$k = \dfrac{1}{10}\ln 2$。所以瓶内水温的变化规律为

$$T = 80\mathrm{e}^{-\frac{\ln 2}{10}t} + 20.$$

```
#程序文件 pex7_12.py
import sympy as sp
k,t=sp.var("k,t")
T=sp.Function("T")
s1=sp.dsolve(T(t).diff(t)+k*(T(t)-20)).args[1]
fs=list(s1.free_symbols)              #提出表达式中的符号量
s2=sp.solve([s1.subs(t,0)-100,s1.subs(t,10)-60])
s3=s2[9]; k0=s3[k]; c0=s3[fs[0]]      #提出代数方程的实数解
s=s1.subs(s3)                          #未知参数代入具体值
```

例 7.13 放射性元素镭在自然界中的衰变有如下规律，镭的衰变率与它的现有量 R 成正比。已知镭经过 1600 年后，只剩下原来量 R_0 的一半。试求镭的量 R 随时间 t 的变化规律。

解 设镭的量 R 的变化规律为 $R = R(t)$，由其衰变规律可得

$$\begin{cases} \dfrac{\mathrm{d}R}{\mathrm{d}t} = -kR, & k > 0, \\ R(0) = R_0, \end{cases} \tag{7.3}$$

且满足条件 $R|_{t=1600} = \dfrac{1}{2}R_0$。

方程组（7.3）的解为 $R(t) = R_0 \mathrm{e}^{-kt}$，由条件 $R|_{t=1600} = \dfrac{1}{2}R_0$，待定出系数 $k = \dfrac{\ln 2}{1600}$，所以，镭的衰变规律为 $R = R_0 \mathrm{e}^{-\frac{\ln 2}{1600}t}$。

```
#程序文件 pex7_13.py
import sympy as sp
t=sp.var("t")
R0,k=sp.var("R0,k",positive=True)
R=sp.Function("R")
s=sp.dsolve(R(t).diff(t)+k*R(t),ics={R(0):R0}).args[1]   #求解微分方程
eq1=(s.subs(t,1600)-R0/2)/R0                              #构造代数方程
eq2=sp.simplify(eq1)
#k0=sp.solve(eq2,k)                                       #该代数方程无法求解
```

例 7.14 设降落伞从跳伞塔下落后，所受空气阻力与速度成正比，并设降落伞离开跳伞塔时（$t = 0$）速度为零，求降落伞下落速度与时间的函数关系。

解 设降落伞下落速度为 $v(t)$。降落伞在空中下落时，同时受到重力与阻力的作用。重力大小为 mg，方向与 v 一致；阻力大小为 kv（k 为比例系数），方向与 v 相反，从而降落伞所受外力为

$$F = mg - kv.$$

根据牛顿第二运动定律

$$F = ma,$$

其中 a 为加速度，得函数 $v(t)$ 应满足的方程为

$$\begin{cases} m\dfrac{dv}{dt} = mg - kv, \\ v(0) = 0. \end{cases} \tag{7.4}$$

解之，得

$$v(t) = \frac{mg}{k}\left(1 - e^{-\frac{k}{m}t}\right). \tag{7.5}$$

由式（7.5）可以看出，随着时间 t 的增大，速度 v 逐渐接于常数 $\dfrac{mg}{k}$，且不会超过 $\dfrac{mg}{k}$，也就是说，跳伞后开始阶段是加速运动，以后逐渐接近于匀速运动。

```
#程序文件 pex7_14.py
import sympy as sp
m,g,k,t=sp.var("m,g,k,t")
v=sp.Function("v")
s=sp.dsolve(m*v(t).diff(t)-m*g+k*v(t),ics={v(0):0})
```

例 7.15 探照灯的聚光镜的镜面是一张旋转曲面，它的形状由 xOy 坐标面上的一条曲线 L 绕 x 轴旋转而成。按聚光镜性能的要求，在其旋转轴（x 轴）上一点 O 处发出的一切光线，经它反射后都与旋转轴平行。求曲线 L 的方程。

解 将光源所在之 O 点取作坐标原点，如图 7.6 所示，且曲线 L 位于 $y \geqslant 0$ 范围内。

设点 $M(x,y)$ 为 L 上的任一点，点 O 发出的某条光线经点 M 反射后是一条与 x 轴平行的直线 MS。又设过点 M 的切线 AT 与 x 轴的夹角为 α。根据题意，$\angle SMT = \alpha$。另外，$\angle OMA$ 是入射角的余角，$\angle SMT$ 是反射角的余角，于是由光学中的反射定律有 $\angle OMA = \angle SMT = \alpha$，从而 $AO = OM$，但 $AO = AP - OP = PM\cot\alpha - OP = \dfrac{y}{y'} - x$，而 $OM = \sqrt{x^2 + y^2}$。于是得微分方程

$$\frac{y}{y'} - x = \sqrt{x^2 + y^2}. \tag{7.6}$$

利用 Python 软件，求得方程的通解为

$$y^2 = 2C\left(x + \frac{C}{2}\right),$$

这是以 x 轴为轴、焦点在原点的抛物线。

```
#程序文件 pex7_15.py
import sympy as sp
x=sp.var("x"); y=sp.Function("y")
s=sp.dsolve(y(x)/y(x).diff(x)-x-sp.sqrt(x**2+y(x)**2))
```

注 7.1 Python 无法求得上述微分方程的显式解。

例 7.16 设有一均匀、柔软的绳索，两端固定，绳索仅受重力的作用而下垂。试问该绳索在平衡状态时是怎样的曲线？

解 设绳索的最低点为 A。取 y 轴通过点 A 铅直向上，并取 x 轴水平向右，且 $|OA|$ 为某个定值。设绳索曲线的方程为 $y=\varphi(x)$。考查绳索上点 A 到另一点 $M(x,y)$ 间的一段弧 $\overset{\frown}{AM}$，设其长为 s。假设绳索的线密度为 ρ，则弧 $\overset{\frown}{AM}$ 所受重力为 $\rho g s$。由于绳索是柔软的，因而在点 A 处的张力沿水平的切线方向，其大小设为 H；在点 M 处的张力沿该点处的切线方向，设其倾角为 θ，其大小为 T（图 7.7）。

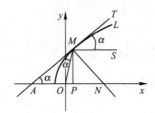 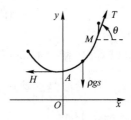

图 7.6 聚光镜示意图　　图 7.7 悬链线示意图

因作用于弧段 $\overset{\frown}{AM}$ 的外力相互平衡，所以把作用于弧 $\overset{\frown}{AM}$ 上的力沿铅直及水平两方向分解，得

$$T\sin\theta = \rho g s, \quad T\cos\theta = H.$$

将其两式相除，得

$$\tan\theta = \frac{1}{a}s, \quad a = \frac{H}{\rho g}.$$

由于 $\tan\theta = y'$，$s = \int_0^x \sqrt{1+y'^2}\,\mathrm{d}x$，代入上式即得

$$y' = \frac{1}{a}\int_0^x \sqrt{1+y'^2}\,\mathrm{d}x.$$

上式两端对 x 求导，便得 $y=\varphi(x)$ 满足的微分方程

$$y'' = \frac{1}{a}\sqrt{1+y'^2}, \tag{7.7}$$

取原点 O 到点 A 的距离为定值 a，即 $|OA|=a$，那么初值条件为

$$y|_{x=0} = a, \quad y'|_{x=0} = 0. \tag{7.8}$$

求解式（7.7）和式（7.8）定义的初值问题，得

$$y = \frac{a}{2}\left(\mathrm{e}^{\frac{x}{a}} + \mathrm{e}^{-\frac{x}{a}}\right).$$

该曲线为悬链线。

```
#程序文件 pex7_16.py
import sympy as sp
x=sp.var("x"); a=sp.var("a",positive=True)
y=sp.Function("y")
s1=sp.dsolve(y(x).diff(x,2)-sp.sqrt(1+y(x).diff(x)**2)/a)         #求通解
s2=sp.dsolve(y(x).diff(x,2)-sp.sqrt(1+y(x).diff(x)**2)/a,
             ics={y(0):a,y(x).diff(x).subs(x,0):0})                #直接求特解
```

注 7.2 Python 无法求上述微分方程的符号解，MATLAB 可以求上述问题的符号解。

7.4 降落伞空投物资问题

例 7.17 为向灾区空投一批救灾物资，共 2000kg，需选购一批降落伞，已知空投高度为 500m，要求降落伞落地时的速度不能超过 20m/s，降落伞的伞面为半径 r 的半球面，用长均为 L 的 16 根绳索连接的物资重 m 且位于球心正下方球面处，如图 7.8 所示。每个降落伞的价格由 3 部分组成：伞面费用 c_1，由伞的半径 r 决定，如表 7.1 所示；绳索费用 c_2，由绳索总长度及单价 4 元/m 决定；固定费用 c_3，$c_3 = 200$ 元。

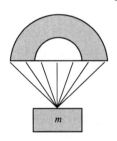

图 7.8 降落伞空投物资

表 7.1 伞面费用

r/m	2	2.5	3	3.5	4
c_1/元	65	170	350	660	1000

降落伞在降落过程中除受到重力外，还受到空气的阻力，阻力可以认为与降落的速度和伞的面积的乘积成正比。为了确定阻力系数，利用半径 $r = 3$m，载重 $m = 300$kg 的降落伞从 500m 高度作降落试验，测得各个时刻的高度 x 如表 7.2 所列。

表 7.2 降落伞各个时刻的高度

t/s	0	3	6	9	12	15	18	21	24	27	30
x/m	500	470	425	372	317	264	215	160	108	55	1

试确定降落伞的选购方案，即共需要多少个伞，每种伞的半径多大（在给定的半径的伞中选），才能在满足空投要求的条件下使费用最低。

解 （1）问题分析。

根据题意，每种伞的价格是确定的，要确定伞的选购方案，即需多少个伞，每种伞的半径多大（在给定的半径的伞中选），才能在满足空投要求的条件下使费用最低。首先，必须知道每个伞在满足空投条件的最大载重量 $M(r)$，意欲得到 $M(r)$，必须先求出空气阻力系数 k；然后根据平衡条件得出 $M(r)$；最后求解线性规划模型，得到问题的结果。

（2）模型假设。

① 救灾物资 2000kg 可以任意分割。

② 降落伞落地时的速度不超过 20m/s。

③ 降落伞和绳索的质量可以忽略。
④ 伞在降落过程中，只受到重力和空气阻力的作用。
⑤ 空气阻力的阻力系数 k 是定值，与其他因素无关。

（3）符号说明。

$M(r)$：半径 r 的伞在满足空投条件的最大载重量；

$h(t)$：降落伞从降落位置经过时间 t 所下降的距离；

m：降落伞负重质量；

g：重力加速度；

s：降落伞伞面面积；

$y_i(i=1,2,\cdots,5)$：选购的半径 r 分别为 2、2.5、3、3.5、4 的 5 种降落伞的个数。

（4）模型的建立与求解。

① 确定空气阻力系数 k。以开始降落点为坐标原点，垂直向下为坐标轴的正向建立坐标系。

降落伞在下降过程中受到重力 mg 和空气阻力 kvs，其中 m 为降落伞负重质量，g 为重力加速度，k 为空气阻力系数，v 为降落伞下降速度，s 为降落伞伞面面积。降落伞的初速度为 0。

由牛顿第二定律，有

$$\begin{cases} m\dfrac{\mathrm{d}v(t)}{\mathrm{d}t} = mg - kvs, \\ v(0) = 0. \end{cases}$$

解之，得

$$v(t) = \frac{gm}{ks}\left(1 - \mathrm{e}^{-\frac{kst}{m}}\right).$$

该降落伞从降落位置经过时间 t 降落的距离为

$$h(t) = \int_0^t v(t)\mathrm{d}t = \frac{gmt}{ks} - \frac{gm^2}{k^2s^2}\left(1 - \mathrm{e}^{-\frac{kst}{m}}\right).$$

将表 7.2 的不同时刻降落伞离地面的距离转换成不同时间降落伞的下降距离，可得表 7.3 所列数据。

表 7.3　不同时间降落伞下降距离

t/s	0	3	6	9	12	15	18	21	24	27	30
$h(t)$/m	0	30	75	128	183	236	285	340	392	445	499

下面首先估计阻力系数。画出表 7.3 中数据的散点图如图 7.9 所示，从图 7.9 中可以看出，$h(t)$ 与 t 的关系在后阶段基本是线性关系，即降落伞做匀速运动，重力等于空气阻力，即 $mg = kvs$。给定数据的降落伞半径 $r = 3\mathrm{m}$，质量 $m = 300\mathrm{kg}$，取 $g = 9.8\mathrm{m/s}$，伞面积 $s = 2\pi r^2$，利用表 7.3 中的后阶段时间估算出 $v \approx \dfrac{499-236}{30-15} = 17.5333$（m/s），计算得

$$k = \frac{mg}{vs} = 2.9652.$$

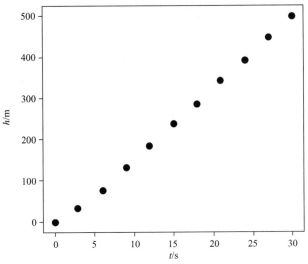

图 7.9　下降高度 h 与时间 t 关系的散点图

② 计算半径为 r 的降落伞在满足空投条件的最大载重量 $M(r)$。负重降落伞的降落刚开始是加速运动，由于速度越来越大，受到的阻力也越来越大，因此加速度越来越小，直到重力和阻力达到平衡状态，速度达到最大值，降落伞开始做垂直方向的匀速直线运动。

降落伞落地时的最大速度 $v_m = 20\text{m/s}$，该最大速度必须是降落伞匀速运动的速度，此时重力和阻力达到了平衡，则有

$$M(r)g = kv_m s(r),$$

这里，$g = 9.8\text{m/s}^2$，$k = 2.9652$，$s(r) = 2\pi r^2$，计算得到最大载重量

$$M(r) = \frac{2\pi k v_m r^2}{g}.$$

分别取半径 $r = 2\text{m}$，2.5m，3m，3.5m，4m，得到不同半径 r 的降落伞在满足空投条件的最大载重量数据 $M(r)$ 如表 7.4 所列。

表 7.4　不同半径 r 降落伞的最大载重量 $M(r)$ 数据

r/m	2	2.5	3	3.5	4
$M(r)$/kg	152.0913	237.6426	342.2053	465.7795	608.365

③ 计算每种降落伞的单价。绳索的长度由降落伞的半径决定，绳索长度 $L = \sqrt{2}r$，则绳索的费用为 $c_2 = 4 \times \sqrt{2} r \times 16$，固定费用 $c_3 = 200$ 元，伞面费用 c_1 见表 7.1，则总费用 $d = c_1 + c_2 + c_3$，如表 7.5 所列。

表 7.5 每种降落伞的各项费用和总费用

r/m	2	2.5	3	3.5	4
c_1/元	65	170	350	660	1000
c_2/元	181.02	226.27	271.53	316.78	362.04
c_3/元	200	200	200	200	200
d/元	446.02	596.27	821.53	1176.78	1562.04

④ 选取降落伞的优化模型。每种降落伞的价格是确定的,每种降落伞的最大载重量也知道了,要确定降落伞的选购方案,在每种降落伞满足空投条件最大载重量 $M(r)$ 要求的条件下使费用最低,原问题就成了一个整数线性规划问题。

用 $i=1,2,\cdots,5$ 分别表示伞面半径 $r=2,2.5,\cdots,4$ 的 5 种规格的降落伞, d_i 表示每把第 i 种降落伞的费用, e_i 表示第 i 种降落伞的最大载重量, y_i 表示选购第 i 种降落伞的数量。建立如下的整数线性规划模型:

$$\min \sum_{i=1}^{5} d_i y_i,$$

$$\text{s.t.} \begin{cases} \sum_{i=1}^{5} e_i y_i \geqslant 2000, \\ y_i \geqslant 0 \text{且为整数}, \quad i=1,2,\cdots,5. \end{cases}$$

利用 Python 软件求得目标函数的最小值为 4929.17 元,最优解为

$$y_1=y_2=y_4=y_5=0, \quad y_3=6.$$

即只选购半径为 3m 的降落伞 6 把。

```
#程序文件 pex7_17.py
import sympy as sp
import numpy as np
import pylab as plt
import pandas as pd
import cvxpy as cp
g,k,s,m=sp.var("g,k,s,m",positive=True)
t=sp.var("t"); v=sp.Function("v")
vt=sp.dsolve(v(t).diff(t)-g+k*v(t)*s/m,ics={v(0):0}).args[1]
ht=sp.integrate(vt,(t,0,t))
a=np.loadtxt("data7_17_1.txt")
t=a[0,:]; h=500-a[1,:]
plt.rc("text",usetex=True)
plt.scatter(t,h)
plt.xlabel("$t$/s"); plt.ylabel("$h$/m")
vh=(499-236)/15              #计算速度的近似值
s=2*np.pi*3**2               #计算伞面积
k=300*9.8/(vh*s)             #计算阻力系数
r=np.arange(2,4.5,0.5); vm=20
```

```
M=2*np.pi*k*vm*r**2/9.8            #计算最大载重量
f=pd.ExcelWriter("data7_17_2.xlsx")
b1=np.vstack([r,M])
pd.DataFrame(b1).to_excel(f,index=None,header=None)
c1=np.array([65,170,350,660,1000])   #伞面费用
c2=4*np.sqrt(2)*r*16                 #绳索费用
c3=200                               #固定费用
d=c1+c2+c3                           #总费用
b2=np.vstack([c2,d])
pd.DataFrame(b2).to_excel(f,"Sheet2",index=None,header=None)
f.close()
y=cp.Variable(5,integer=True)
obj=cp.Minimize(sum(cp.multiply(d,y)))
cons=[M@y>=2000,y>=0]
prob=cp.Problem(obj,cons)
prob.solve(solver="GLPK_MI")
print("最优解为：",y.value)
print("最优值为：",round(prob.value,2))
```

习 题 7

7.1 一曲线通过点 $(3,4)$，它在两坐标轴间的任一切线线段均被切点所平分，求该曲线的方程。

7.2 小船从河边点 O 处出发驶向对岸（两岸为平行直线）。设船速为 a，船行方向始终与河岸垂直，又设河宽为 h，河中任一点处的水流速度与该点到两岸距离的乘积成正比（比例系数为 k）。求小船的航行路线。

7.3 一个单位质量的质点在数轴上运动，开始时质点在原点 O 处且速度为 v_0，在运动过程中，它受到一个力的作用，这个力的大小与质点到原点的距离成正比（比例系数 $k_1>0$）而方向与初速一致。又介质的阻力与速度成正比（比例系数 $k_2>0$）。求反映该质点运动规律的函数。

7.4 大炮以仰角 α、初速 v_0 发射炮弹，若不计空气阻力，求弹道曲线。

7.5 一链条悬挂在一钉子上，启动时一端离开钉子 8m，另一端离开钉子 12m，分别在以下两种情况下求链条滑下来所需要的时间：

（1）不计钉子对链条所产生的摩擦力；

（2）摩擦力等于 1m 长的链条的重量。

7.6 已知某车间的容积为 $30m \times 30m \times 6m$，其中的空气含 0.12% 的 CO_2。现输入含 $CO_2 0.04\%$ 的新鲜空气，问每分钟应输入多少，才能在 30min 后使车间空气中 CO_2 的含量不超过 0.06%？（假定输入的新鲜空气与原有空气很快混合均匀后，以相同的流量排出。）

7.7 （1）一架重 5000kg 的飞机以 800km/h 的航速开始着陆，在减速伞的作用下滑行 500m 后减速为 100km/h。设减速伞的阻力与飞机的速度成正比，并忽略飞机所受的其他外力，试计算减速伞的阻力系数。

（2）将同样的减速伞配备在 8000kg 的飞机上，现已知机场跑道长度为 1200m，若飞机着陆速度为 600km/h，问跑道长度能否保障飞机安全着陆。

7.8 求方程
$$x^2 y'' - xy' + y = x\ln x, \quad y(1) = y'(1) = 1$$
的解析解和数值解，并进行比较。

7.9 试求下列常微分方程组的解析解和数值解。
$$\begin{cases} x''(t) = -2x(t) - 3x'(t) + e^{-5t}, & x(0) = 1, x'(0) = 2, \\ y''(t) = 2x(t) - 3y(t) - 4x'(t) - 4y'(t), & y(0) = 3, y'(0) = 4. \end{cases}$$

第 8 章　向量代数与空间解析几何

本章依次介绍向量和矩阵的范数，向量的运算，空间解析几何的有关内容，最后给出一个应用案例。

8.1　向量和矩阵的范数

在数学上，范数包括向量范数和矩阵范数，向量范数表征向量空间中向量的大小，矩阵范数表征矩阵引起变化的大小。

一种非严密的解释就是，向量空间中的向量都是有大小的，这个大小就是用范数来度量的，不同的范数都可以度量这个大小，就好比米和尺都可以度量距离一样。对于矩阵范数，通过运算 $AX = B$，可以将向量 X 变化为 B，矩阵范数就是用来度量这个变化的大小的。

1．向量的范数

向量的范数主要指的是 L^p 范数，与闵可夫斯基距离的定义一样，L^p 范数不是一个范数，而是一组范数，其定义如下：

$$\|X\|_p = \left(\sum_{i=1}^{n}|x_i|^p\right)^{1/p}, \quad X = [x_1, x_2, \cdots, x_n], 0 < p < +\infty, p = -\infty \text{ 或 } p = +\infty, \quad (8.1)$$

其中 p 取一些特殊值时，向量 p 范数的具体含义如下：

（1）向量 X 的 L^1 范数 $\|X\|_1 = \sum_{i=1}^{n}|x_i|$。

（2）向量 X 的 L^2 范数 $\|X\|_2 = \left(\sum_{i=1}^{n}|x_i|^2\right)^{1/2}$（下面省略下标 2 的范数 $\|\cdot\|$，都默认为 2 范数 $\|\cdot\|_2$）。

（3）向量 X 的 L^∞ 范数 $\|X\|_\infty = \max\limits_{1 \leqslant i \leqslant n}\{|x_i|\}$。

（4）向量 X 的 $L^{-\infty}$ 范数 $\|X\|_{-\infty} = \min\limits_{1 \leqslant i \leqslant n}\{|x_i|\}$。

2．矩阵的范数

设 x 为 n 维列向量，$A = (a_{ij})_{n \times n}$ 为 n 阶方阵。常用的矩阵范数有：

（1）矩阵的 1 范数（列模），定义为

$$\|A\|_1 = \max_{x \neq 0} \frac{\|Ax\|_1}{\|x\|_1} = \max_{1 \leqslant j \leqslant n} \sum_{i=1}^{n}|a_{ij}|, \quad (8.2)$$

即矩阵的每一列上的元素绝对值先求和，再从中取最大的（列和最大）。

(2) 矩阵的 2 范数（谱模），定义为

$$\|A\|_2 = \max_{x \neq 0} \frac{\|Ax\|_2}{\|x\|_2} = \sqrt{\lambda_{\max}(A^T A)}, \quad (8.3)$$

其中，$\lambda_{\max}(A^T A)$ 为矩阵 $A^T A$ 的最大特征值，矩阵的 2 范数即矩阵 $A^T A$ 的最大特征值的平方根。

(3) 矩阵的无穷范数（行模），定义为

$$\|A\|_\infty = \max_{x \neq 0} \frac{\|Ax\|_\infty}{\|x\|_\infty} = \max_{1 \leq i \leq n} \sum_{j=1}^{n} |a_{ij}|, \quad (8.4)$$

即矩阵的每一行上的元素绝对值先求和，再从中取最大的（行和最大）。

(4) 矩阵的 F 范数，定义为

$$\|A\|_F = \sqrt{\sum_{i=1}^{n} \sum_{j=1}^{n} |a_{ij}|^2} = \sqrt{\text{trace}(A^T A)}, \quad (8.5)$$

其中，$\text{trace}(A^T A)$ 表示矩阵 $A^T A$ 的迹，即矩阵 $A^T A$ 的对角线元素之和。

3．Python 的求范数函数

在 Python 的 numpy.linalg 模块中，求向量或矩阵范数的 norm()函数调用格式如下：
numpy.linalg.norm(x, ord=None, axis=None, keepdims=False)
参数说明：

(1) x：要计算范数的数组（向量或矩阵）。

(2) ord：范数的类型，可选参数。默认为 None，表示计算 F 范数。如果 ord 是整数，则计算 ord 次范数（如 ord=1 表示 1 范数，ord=2 表示 2 范数）；如果 ord 是字符串 "fro" 或"f "则计算 F 范数；如果 ord 是其他字符串值，如"inf "或"-inf"，则表示计算无穷范数。

(3) axis：沿着哪个轴计算范数。默认为 None，表示计算整个数组的范数。如果指定轴，则沿该轴计算范数。

(4) keepdims：如果为 True，则在结果中保持轴的维度；如果为 False，则默认挤压轴的维度。

例 8.1 对于矩阵

$$A = \begin{bmatrix} -2 & 1 & 1 \\ 0 & 2 & 0 \\ -4 & 1 & 3 \end{bmatrix}.$$

(1) 求 A 的 2 范数和 F 范数；

(2) 求 A 的逐列 2 范数和逐行 2 范数。

解 (1) 求得 A 的 2 范数为 $\sqrt{6\sqrt{7}+16}$，F 范数为 6。

(2) 逐列 2 范数分别为 $2\sqrt{5}$、$\sqrt{6}$、$\sqrt{10}$；逐行 2 范数分别为 $\sqrt{6}$、2、$\sqrt{26}$。

```
#程序文件 pex8_1.py
import numpy as np
```

```
import numpy.linalg as LA
import sympy as sp
A=np.array([[-2,1,1],[0,2,0],[-4,1,3]])
N1=LA.norm(A,2); N2=LA.norm(A,"fro")         #求矩阵的 2 范数和 F 范数
N3=LA.norm(A,2,axis=0,keepdims=True)          #求逐列 2 范数
N4=LA.norm(A,2,axis=1,keepdims=True)          #求逐行 2 范数

B=sp.Matrix(A)                                #转换为符号数矩阵
N5=B.norm(2); N6=B.norm("fro")                #求符号矩阵的 2 范数和 F 范数
N7=[B[:,i].norm() for i in range(3)]          #求逐列 2 范数
N8=[B[i,:].norm() for i in range(3)]          #求逐行 2 范数
```

注 8.1 在 numpy.linalg 模块中,norm()函数默认的是求 F 范数;在 SymPy 库中,只能使用 norm()方法求范数。

8.2 数量积、向量积和混合积

8.2.1 数量积

向量数量积也叫向量点乘、向量内积。对两个向量执行数量积运算,就是对这两个向量对应元素相乘之后求和,所得结果是一个标量。

向量 $\boldsymbol{a}=[a_1,a_2,\cdots,a_n]$ 和向量 $\boldsymbol{b}=[b_1,b_2,\cdots,b_n]$ 的数量积公式为

$$\boldsymbol{a}\cdot\boldsymbol{b}=a_1b_1+a_2b_2+\cdots+a_nb_n.$$

在 NumPy 库中,dot()函数求向量的数量积,C=dot(A,B)返回向量 A 和 B 的数量积。

例 8.2 (1)求向量 $\boldsymbol{\alpha}=[4,-1,2]^\mathrm{T}$ 和 $\boldsymbol{\beta}=[1,2,3]^\mathrm{T}$ 的数量积。

(2)求矩阵

$$\boldsymbol{A}=\begin{bmatrix}1&2&3\\4&5&6\end{bmatrix},\ \boldsymbol{B}=\begin{bmatrix}1&1&1\\2&2&2\end{bmatrix},$$

逐列对应的数量积和逐行对应的数量积。

解 (1)求得 $\boldsymbol{\alpha}$ 与 $\boldsymbol{\beta}$ 的数量积为 8。

(2)求得逐列对应的数量积为 [9,12,15],求得逐行对应的数量积为 $\begin{bmatrix}6\\30\end{bmatrix}$。

```
#程序文件 pex8_2.py
import numpy as np
a=np.array([4,-1,2]); b=np.array([1,2,3])
s11=np.dot(a,b); s12=a@b                      #s11 和 s12 都等于 a 与 b 的数量积

A=np.array([[1,2,3],[4,5,6]])
B=np.array([[1,1,1],[2,2,2]])
s2=np.sum(A*B,0)                              #计算逐列对应的数量积
s3=np.sum(A*B,1,keepdims=True)                #计算逐行对应的数量积
```

例 8.3 已知三点 $M(1,1,1)$、$A(2,2,1)$ 和 $B(2,1,2)$，求 $\angle AMB$。

解 由

$$\cos \angle AMB = \frac{\overrightarrow{MA} \cdot \overrightarrow{MB}}{\|\overrightarrow{MA}\|\|\overrightarrow{MB}\|} = \frac{1}{2},$$

求得 $\angle AMB = \dfrac{\pi}{3}$。

```
#程序文件 pex8_3.py
import sympy as sp
M=sp.Matrix([1,1,1]); A=sp.Matrix([2,2,1])
B=sp.Matrix([2,1,2]); MA=A-M; MB=B-M
a=sp.acos(MA.dot(MB)/MA.norm()/MB.norm())
```

8.2.2 向量积

向量积又叫向量外积、向量叉积。向量 $\boldsymbol{a}=[a_1,a_2,a_3]$ 和向量 $\boldsymbol{b}=[b_1,b_2,b_3]$ 的向量积公式为

$$\boldsymbol{a} \times \boldsymbol{a} = \begin{vmatrix} \boldsymbol{i} & \boldsymbol{j} & \boldsymbol{k} \\ a_1 & a_2 & a_3 \\ b_1 & b_2 & b_3 \end{vmatrix}. \tag{8.6}$$

在三维几何中，向量 $\boldsymbol{a}$ 和向量 $\boldsymbol{b}$ 的向量积结果仍然是一个向量，叫法向量，该向量垂直于向量 $\boldsymbol{a}$ 和向量 $\boldsymbol{b}$ 构成的平面。在三维空间中，向量积还有另外一个几何意义：$\|\boldsymbol{a} \times \boldsymbol{b}\|$ 等于由向量 $\boldsymbol{a}$ 和向量 $\boldsymbol{b}$ 构成的平行四边形的面积。

在 NumPy 库中，C=cross(A,B) 返回向量 A 和 B 的向量积，其中 A 和 B 为二维或三维向量，并且在计算时遵循右手法则。

例 8.4 已知三角形 ABC 的顶点分别是 $A(1,2,3)$、$B(3,4,5)$ 和 $C(2,4,7)$，求三角形 ABC 的面积。

解 根据向量积的定义，可知三角形 ABC 的面积

$$S_{\triangle ABC} = \frac{1}{2} \|\overrightarrow{AB}\|\|\overrightarrow{AC}\| \sin \angle A = \frac{1}{2} \|\overrightarrow{AB} \times \overrightarrow{AC}\| = \sqrt{14}.$$

```
#程序文件 pex8_4.py
import numpy as np
import sympy as sp
A1=np.array([1,2,3]); B1=np.array([3,4,5])
C1=np.array([2,4,7])
D=np.cross(B1-A1,C1-A1)          #计算向量积
s1=np.linalg.norm(D,2)/2         #计算面积的数值解

A2=sp.Matrix(A1)
B2=sp.Matrix(B1); C2=sp.Matrix(C1)
s2=(B2-A2).cross(C2-A2).norm()/2 #计算面积的符号解
```

8.2.3 混合积

设 a、b、c 是空间中三个向量，则 $(a \times b) \cdot c$ 称为三个向量 a、b、c 的混合积，记作 $[abc]$。

向量 $a = [a_1, a_2, a_3]$、$b = [b_1, b_2, b_3]$ 和向量 $c = [c_1, c_2, c_3]$ 的混合积公式为

$$[abc] = (a \times b) \cdot c = \begin{vmatrix} a_1 & a_2 & a_3 \\ b_1 & b_2 & b_3 \\ c_1 & c_2 & c_3 \end{vmatrix}.$$

混合积有如下几何意义：向量的混合积 $(a \times b) \cdot c$ 的绝对值表示以向量 a、b、c 为棱的平行六面体的体积。

例 8.5 已知 $A(1,2,0)$、$B(2,3,1)$、$C(4,2,2)$、$M(x_1, x_2, x_3)$ 四点共面，求点 M 的坐标 x_1、x_2、x_3 所满足的关系式。

解 A、B、C、M 四点共面相当于 $\overrightarrow{AM}$、$\overrightarrow{AB}$、$\overrightarrow{AC}$ 三向量共面，按三向量共面的充要条件，可得

$$(\overrightarrow{AM} \times \overrightarrow{AB}) \cdot \overrightarrow{AC} = 0,$$

即

$$\begin{vmatrix} x_1 - 1 & x_2 - 2 & x_3 \\ 1 & 1 & 1 \\ 3 & 0 & 2 \end{vmatrix} = 0,$$

化简，得

$$2x_1 + x_2 - 3x_3 - 4 = 0,$$

这就是点 M 的坐标所满足的关系式。

```
#程序文件 pex8_5.py
import sympy as sp
X=sp.Matrix(1,3,sp.var("x1:4"))
A=sp.Matrix(1,3,[1,2,0]); B=sp.Matrix(1,3,[2,3,1])
C=sp.Matrix(1,3,[4,2,2])
M=sp.Matrix([X-A,B-A,C-A])          #构造三阶矩阵
s=M.det()                            #计算行列式的值
```

8.3 平面方程和直线方程

8.3.1 平面方程

1．平面方程

1）平面的点法式方程

已知平面 Π 过点 $M_0(x_0, y_0, z_0)$，法线向量 $n = [A, B, C]$，则平面的点法式方程为

$$A(x-x_0)+B(y-y_0)+C(z-z_0)=0. \tag{8.7}$$

2）平面的一般式方程

平面的一般式方程为

$$Ax+By+Cz+D=0, \tag{8.8}$$

其中，A、B、C 不全为零。

2．两平面的夹角

设两平面 Π_1 和 Π_2 的法线向量分别为 $\boldsymbol{n}_1=[A_1,B_1,C_1]$ 和 $\boldsymbol{n}_2=[A_2,B_2,C_2]$，则平面 Π_1 和 Π_2 的夹角 θ 满足

$$\cos\theta=\frac{|\boldsymbol{n}_1\cdot\boldsymbol{n}_2|}{\|\boldsymbol{n}_1\|\|\boldsymbol{n}_2\|}=\frac{|A_1A_2+B_1B_2+C_1C_2|}{\sqrt{A_1^2+B_1^2+C_1^2}\sqrt{A_2^2+B_2^2+C_2^2}}. \tag{8.9}$$

例 8.6 一平面通过两点 $M_1(1,1,1)$ 和 $M_2(0,1,-1)$ 且垂直于平面 $x+y+z=0$，求它的方程。

解 设所求平面的一个法线向量为

$$\boldsymbol{n}=[X_1,X_2,X_3],$$

因 $\overrightarrow{M_1M_2}=[-1,0,-2]$ 在所求平面上，它必与 $\boldsymbol{n}$ 垂直，所以有

$$-X_1-2X_3=0. \tag{8.10}$$

又因所求的平面垂直于已知平面 $x+y+z=0$，所以又有

$$X_1+X_2+X_3=0. \tag{8.11}$$

解由式（8.10）和式（8.11）组成的线性方程组，得

$$X_1=-2X_3，\quad X_2=X_3.$$

取法线向量 $\boldsymbol{n}=[-2,1,1]$，由平面的点法式方程可知，所求平面方程为

$$-2(x-1)+(y-1)+(z-1)=0,$$

即

$$2x-y-z=0.$$

这就是所求的平面方程。

```
#程序文件 pex8_6.py
import sympy as sp
X=sp.Matrix(sp.var("x1:4"))              #法线列向量
M1=sp.Matrix([1,1,1]); M2=sp.Matrix([0,1,-1])
n0=M1                                     #已知平面的法线
eq1=(M2-M1).dot(X); eq2=n0.dot(X)
s=sp.solve([eq1,eq2],X[:2])
n=X.subs(s)/X[2]                          #构造所求平面的法线向量
eq=n.dot(X-M1)                            #求平面方程
```

8.3.2 直线方程

1．空间直线的一般方程

空间直线 L 可以看作两个平面 Π_1 和 Π_2 的交线。如果两个相交的平面 Π_1 和 Π_2 的方

程分别为 $A_1x+B_1y+C_1z+D_1=0$ 和 $A_2x+B_2y+C_2z+D_2=0$，那么直线 L 的一般方程为

$$\begin{cases} A_1x+B_1y+C_1z+D_1=0, \\ A_2x+B_2y+C_2z+D_2=0. \end{cases} \tag{8.12}$$

2. 空间直线的对称式方程与参数方程

已知直线 L 上的一点 $M_0(x_0,y_0,z_0)$ 和它的一方向向量 $\mathbf{s}=[m,n,p]$，则直线的对称式方程或点向式方程为

$$\frac{x-x_0}{m}=\frac{y-y_0}{n}=\frac{z-z_0}{p}. \tag{8.13}$$

直线的参数方程为

$$\begin{cases} x=x_0+mt, \\ y=y_0+nt, \\ z=z_0+pt. \end{cases} \tag{8.14}$$

例 8.7 求直线 $L_1: \dfrac{x-1}{1}=\dfrac{y}{-4}=\dfrac{z+3}{1}$ 和 $L_2: \dfrac{x}{2}=\dfrac{y+2}{-2}=\dfrac{z}{-1}$ 的夹角。

解 直线 L_1 的方向向量为 $\mathbf{s}_1=[1,-4,1]$，直线 L_2 的方向向量为 $\mathbf{s}_2=[2,-2,-1]$。设直线 L_1 和 L_2 的夹角为 φ，则有

$$\cos\varphi=\frac{|\mathbf{s}_1\cdot\mathbf{s}_2|}{\|\mathbf{s}_1\|\|\mathbf{s}_2\|}=\frac{1}{\sqrt{2}},$$

所以 $\varphi=\dfrac{\pi}{4}$。

```
#程序文件 pex8_7.py
import sympy as sp
s1=sp.Matrix([1,-4,1]); s2=sp.Matrix([2,-2,-1])
cosa=s1.dot(s2)/s1.norm()/s2.norm()
a=sp.acos(cosa)                 #求夹角
```

例 8.8 求直线 $\begin{cases} x+y-z-1=0, \\ x-y+z+1=0 \end{cases}$ 在平面 $x+y+z=0$ 上的投影直线的方程。

解 过直线 $\begin{cases} x+y-z-1=0, \\ x-y+z+1=0 \end{cases}$ 的平面束的方程为

$$(x+y-z-1)+t(x-y+z+1)=0,$$

即

$$(1+t)x+(1-t)y+(-1+t)z+(-1+t)=0, \tag{8.15}$$

其中 t 为待定常数。这平面与平面 $x+y+z=0$ 垂直的条件为

$$(1+t)\cdot 1+(1-t)\cdot 1+(-1+t)\cdot 1=0,$$

解之，得 $t=-1$，代入式（8.15），得投影平面的方程为

$$2y-2z-2=0,$$

即
$$y-z-1=0.$$
所以投影直线的方程为
$$\begin{cases} y-z-1=0, \\ x+y+z=0. \end{cases}$$

```
#程序文件 pex8_8.py
import sympy as sp
x,y,z,t=sp.var("x,y,z,t")
n=sp.Matrix([1,1,-1])+t*sp.Matrix([1,-1,1])    #平面束的法线向量
eq1=sp.Matrix([1,1,1]).dot(n)
t0=sp.solve(eq1)[0]                            #求 t 的值
eq2=x+y-z-1+t0*(x-y+z+1)                       #求投影平面方程
```

8.4 曲面及其方程

1．旋转曲面

以一条平面曲线绕其平面上的一条直线旋转一周所成的曲面叫作旋转曲面，旋转曲线和定直线依次叫作旋转曲面的母线和轴。

2．柱面

一般地，直线 L 沿定曲线 C 平行移动形成的轨迹叫作柱面，定曲线 C 叫作柱面的准线，动直线 L 叫作柱面的母线。

3．二次曲面

我们把三元二次方程 $F(x,y,z)=0$ 所表示的曲面称为二次曲面，把平面称为一次曲面。

例 8.9 绘制双曲抛物面 $\dfrac{x^2}{2}-\dfrac{y^2}{4}=z$。

绘制的图形如图 8.1 所示。

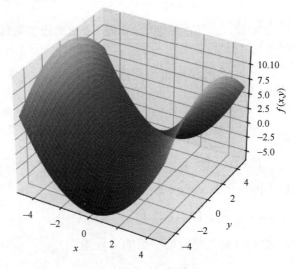

图 8.1 双曲抛物面图形

```
#程序文件 pex8_9.py
import numpy as np
import pylab as plt
import sympy as sp
from sympy.plotting import plot3d
x0=np.linspace(-5,5,100)
[X,Y]=np.meshgrid(x0,x0); Z=X**2/2-Y**2/4
plt.rc("text",usetex=True)
ax=plt.axes(projection="3d")
ax.plot_surface(X,Y,Z)
ax.set_xlabel("$x$"); ax.set_ylabel("$y$")
ax.set_zlabel("$z$")

x,y=sp.var("x,y")
plot3d(x**2/2-y**2/4,(x,-5,5),(y,-5,5)) #符号函数绘图
```

例 8.10 画出下列各曲面所围立体的图形：
$$z=0, z=3, x-y=0, x-\sqrt{3}y=0, x^2+y^2=1 \text{（在第一卦限内）}.$$

Python 没有三维空间隐函数的绘图命令，这里使用显函数绘图命令，绘制的图形如图 8.2 所示。

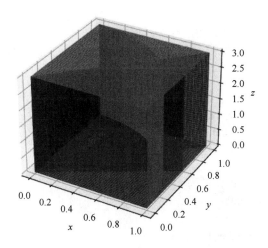

图 8.2 多曲面所围立体的图形

```
#程序文件 pex8_10.py
import pylab as plt
import numpy as np
x=np.linspace(0,1,100)
X0,Y0=np.meshgrid(x,x)
z=np.linspace(0,3,200)
X1,Z0=np.meshgrid(x,z)
ax=plt.axes(projection="3d")
Z1=np.zeros(X0.shape)
```

```
Z2=3*np.ones(X0.shape)
Y1=np.sqrt(1-X1**2)
plt.rc("text",usetex=True)
ax.plot_surface(X0,Y0,Z1)            #绘制 z=0 平面
ax.plot_surface(X0,Y0,Z2)            #绘制 z=3 平面
ax.plot_surface(X1,X1,Z0)            #绘制 x-y=0 平面
ax.plot_surface(X1,X1/np.sqrt(3),Z0) #绘制 x-sqrt(3)y=0 平面
ax.plot_surface(X1,Y1,Z0)            #绘制柱面
ax.set_xlabel("$x$"); ax.set_ylabel("$y$")
ax.set_zlabel("$z$"); plt.show()
```

例 8.11 一球面过原点及 $A(4,0,0)$、$B(1,3,0)$ 和 $C(0,0,-4)$ 三点，求球面的方程及球心的坐标和半径。

解 设所求球面的方程为 $(x-a)^2+(y-b)^2+(x-c)^2=r^2$，将已知点的坐标代入方程，得方程组

$$\begin{cases} a^2+b^2+c^2=r^2, \\ (a-4)^2+b^2+c^2=r^2, \\ (a-1)^2+(b-3)^2+c^2=r^2, \\ a^2+b^2+(4+c)^2=r^2. \end{cases}$$

解之，得

$$a=2, b=1, c=-2, r=3.$$

因此所求球面方程为 $(x-2)^2+(y-1)^2+(z+2)^2=9$，其中球心坐标为 $(2,1,-2)$，半径为 3。

```
#程序文件 pex8_11.py
import sympy as sp
a,b,c,x,y,z=sp.var("a,b,c,x,y,z")
r=sp.var("r",positive=True)
f=(x-a)**2+(y-b)**2+(z-c)**2-r**2
eq1=f.subs({x:0,y:0,z:0})
eq2=f.subs({x:4,y:0,z:0})
eq3=f.subs({x:1,y:3,z:0})
eq4=f.subs({x:0,y:0,z:-4})
s=sp.solve([eq1,eq2,eq3,eq4])[0]
```

8.5 空间曲线及其方程

1. 空间曲线的一般方程

空间曲线可以看作两个曲面的交线。设

$$F(x,y,z)=0 \quad 和 \quad G(x,y,z)=0$$

是两个曲面的方程，则方程组

$$\begin{cases} F(x,y,z)=0, \\ G(x,y,z)=0. \end{cases} \tag{8.16}$$

就是这两个曲面的交线 C 的方程, 方程组 (8.16) 也称为空间曲线 C 的一般方程。

2. 空间曲线的参数方程

空间曲线的参数方程为

$$\begin{cases} x = x(t), \\ y = y(t), \\ z = z(t). \end{cases} \tag{8.17}$$

3. 空间曲线在坐标面上的投影

空间曲线 C 的一般方程 (8.16) 消去变量 z 后 (如果可能) 得到方程

$$H(x, y) = 0. \tag{8.18}$$

方程 (8.18) 表示一个母线平行于 z 轴的柱面, 称为曲线 C 关于 xOy 面的投影柱面, 投影柱面与 xOy 面的交线称为空间曲线 C 在 xOy 面上的投影曲线, 或简称投影。空间曲线 C 在 xOy 面的投影曲线方程为

$$\begin{cases} H(x, y) = 0, \\ z = 0. \end{cases} \tag{8.19}$$

例 8.12 已知两球面的方程为

$$x^2 + y^2 + z^2 = 1, \tag{8.20}$$

和

$$x^2 + (y-1)^2 + (z-1)^2 = 1, \tag{8.21}$$

求它们的交线 C 在 xOy 面上的投影方程。

解 先求包含交线 C 而母线平行于 z 轴的柱面方程。式 (8.20) 减式 (8.21) 并化简, 得

$$y + z = 1.$$

再以 $z = 1 - y$ 代入式 (8.20) 即得所求的柱面方程为

$$x^2 + 2y^2 - 2y = 0.$$

于是两球面的交线在 xOy 面上的投影方程是

$$\begin{cases} x^2 + 2y^2 - 2y = 0, \\ z = 0. \end{cases}$$

```
#程序文件 pex8_12.py
import sympy as sp
x,y,z=sp.var("x,y,z")
eq1=x**2+y**2+z**2-1
eq2=x**2+(y-1)**2+(z-1)**2-1
eq3=eq1-eq2; eq3=sp.simplify(eq3)
sz=sp.solve(eq3,z)[0]    #求 z 的表达式
eq4=eq1.subs(z,sz)
eq4=sp.simplify(eq4)
```

8.6 创意平板折叠桌

例 8.13（取自 2014 年全国大学生数学建模竞赛 B 题） 由尺寸为 120cm×50cm×3cm 的长方形平板加工成可折叠的桌子，桌面呈圆形。桌腿由两组木条组成，每组各用一根钢筋将木条连接，钢筋两端分别固定在桌腿各组最外侧的两根木条的中心位置，并且沿木条有空槽以保证滑动的自由度，如图 8.3 所示。桌腿随着铰链的活动可以平摊成一张平板，每根木条宽 2.5cm，折叠后桌子的高度为 53cm。试建立模型描述此折叠桌的动态变化过程和桌脚边缘线。

图 8.3 折叠桌图片

解 虽然折叠桌设计是离散型的，但仍可以用连续型的方法进行建模。显然，圆形桌面在长方形木板的中心位置。基于圆形桌面下侧所在的平面建立直角坐标系 xOy，其中桌面圆心为原点 O，与长方形平板的长、宽平行的方向分别为 x 轴、y 轴，如图 8.4 所示，其中 y 轴右侧的两个黑点表示最外侧桌腿上钢筋所在的位置。桌面对应的圆的方程为 $x^2 + y^2 = r^2$，其中 r 为桌面的半径。记长方形的长为 $2l$、宽为 $2r$。过原点 O 且垂直于 xOy 平面、方向朝上的方向为 z 轴正向，建立空间坐标系 $Oxyz$。设桌面底侧距离地面的高度为 h，最外侧桌腿与桌面的夹角为 α，图 8.5 给出了二者之间的关系，即 $\sin \alpha = h/l$。为简便起见，以下仅考虑桌面右侧的桌腿。

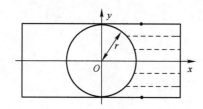 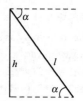

图 8.4 桌面所在平面的直角坐标系　　图 8.5 桌面高度与桌腿示意图

最外侧两个桌腿关于 xOz 平面对称，y 轴正向一侧的最外侧桌腿的线段方程为

$$\begin{cases} z = -x\tan\alpha, \\ y = r, \\ 0 \leqslant x \leqslant l\cos\alpha. \end{cases}$$

此桌腿的中点 P_1 的坐标为 $\frac{1}{2}(l\cos\alpha, 2r, -l\sin\alpha)$，对应的另一条最外侧桌腿的中点 P_2 坐标为 $\frac{1}{2}(l\cos\alpha, -2r, -l\sin\alpha)$，因此钢筋所在的线段 P_1P_2 方程为

$$\begin{cases} x = \frac{1}{2}l\cos\alpha, \\ -r \leqslant y \leqslant r, \\ z = -\frac{1}{2}l\sin\alpha. \end{cases}$$

在桌面右侧边缘（半圆）上任选一点 Q_1，其坐标可表示为

$$\begin{cases} x = r\cos\theta, \\ y = r\sin\theta, \\ z = 0, \end{cases}$$

其中，$-\pi/2 \leqslant \theta \leqslant \pi/2$。

过 Q_1 的桌腿与钢筋的交点 Q_2 的坐标为

$$\begin{cases} x = \frac{1}{2}l\cos\alpha, \\ y = r\sin\theta, \\ z = -\frac{1}{2}l\sin\alpha. \end{cases}$$

向量 $\overrightarrow{Q_1Q_2} = \left(\frac{1}{2}l\cos\alpha - r\cos\theta, 0, -\frac{1}{2}l\sin\alpha\right)$，其长度为

$$\left|\overrightarrow{Q_1Q_2}\right| = \sqrt{\left(\frac{1}{2}l\cos\alpha - r\cos\theta\right)^2 + \left(-\frac{1}{2}l\sin\alpha\right)^2}.$$

Q_1 点到 y 轴的距离为 $r\cos\theta$，Q_2 对应的桌腿长度为 $l - r\cos\theta$，它所在的线段方程为

$$\begin{cases} x = r\cos\theta + \dfrac{l - r\cos\theta}{\left|\overrightarrow{Q_1Q_2}\right|}\left(\dfrac{1}{2}l\cos\alpha - r\cos\theta\right)t, \\ y = r\sin\theta, \\ z = \dfrac{l - r\cos\theta}{\left|\overrightarrow{Q_1Q_2}\right|}\left(-\dfrac{1}{2}l\sin\alpha\right)t, \end{cases}$$

其中，$t \in [0,1]$，$t = 0$ 对应 Q_1 点，$t = 1$ 对应桌腿的底端。

由已知数据知 $l = 0.6$，$r = 0.25$，$h = 0.5$。假设折叠桌的每侧均有 N 条桌腿，在仿真中需要计算每条桌腿两端的空间坐标。在桌子折叠过程中，桌面高度 h 的变化范围为 0～50cm。对于不同的 h，可以绘制不同的桌腿，从而动态地演示桌子的折叠过程。

输出的图形如图 8.6 所示。

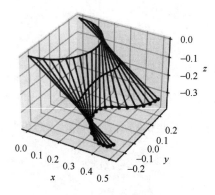

图 8.6 桌腿示意图

```
#程序文件 pex8_13.py
import numpy as np
import pylab as plt
L=0.6; r=0.25; h=0.5
a=np.arccos(h/L); N=21                                    #N 条桌腿
t=np.linspace(-np.pi/2,np.pi/2,N)                         #右侧边缘对应角度的离散化
Q1=np.vstack([r*np.cos(t),r*np.sin(t),np.zeros(N)]).T     #Q1 点坐标
D=np.vstack([L*np.cos(a)/2-r*np.cos(t),np.zeros(N),
             -L*np.sin(a)/2*np.ones(N)]).T                #向量 Q1Q2
d=np.sqrt(np.sum(D**2,axis=1))                            #求 D 的逐行 2 范数
#下面计算桌腿底端坐标
Qe=np.vstack([r*np.cos(t)+(L-r*np.cos(t))/d*D[:,0],
              r*np.sin(t),(L-r*np.cos(t))/d*D[:,2]]).T
Q2=(Q1+Qe)/2                                              #钢筋端点坐标

plt.rc("text",usetex=True)
ax=plt.axes(projection="3d")
ax.plot3D(Q1[:,0],Q1[:,1],Q1[:,2],"k")
for i in range(N):
    ax.plot3D([Q1[i,0],Qe[i,0]],[Q1[i,1],Qe[i,1]],
              [Q1[i,2],Qe[i,2]],"r-")                     #绘制第 i 条桌腿
ax.plot3D(Qe[:,0],Qe[:,1],Qe[:,2],".-b")                  #绘制桌腿底端 N 个点的连线
ax.plot3D(Q2[:,0],Q2[:,1],Q2[:,2],"-k")                   #绘制钢筋对应的连线
ax.set_xlabel("$x$"); ax.set_ylabel("$y$")
ax.set_zlabel("$z$"); plt.show()
```

习 题 8

8.1 求过 $(1,1,-1)$、$(-2,-2,2)$ 和 $(1,-1,2)$ 三点的平面方程。

8.2 求直线 $\begin{cases} 5x-3y+3z-9=0 \\ 3x-2y+z-1=0 \end{cases}$ 与直线 $\begin{cases} 2x+2y-z+23=0 \\ 3x+8y+z-18=0 \end{cases}$ 的夹角的余弦。

8.3 求过点 $(3,1,-2)$ 且通过直线 $\dfrac{x-4}{5}=\dfrac{y+3}{2}=\dfrac{z}{1}$ 的平面方程。

8.4 求点 $P(3,-1,2)$ 到直线 $\begin{cases} x+y-z+1=0, \\ 2x-y+z-4=0 \end{cases}$ 的距离。

8.5 画出下列各方程所表示的曲面。

(1) $\dfrac{x^2}{9}+\dfrac{z^2}{4}=1$； (2) $z=2-x^2$。

8.6 画出下列各曲面所围立体的图形。

$x=0$，$y=0$，$z=0$，$x^2+y^2=4$，$y^2+z^2=4$（在第一卦限内）.

8.7 设一平面垂直于平面 $z=0$，并通过从点 $(1,-1,1)$ 到直线

$$\begin{cases} y-z+1=0, \\ x=0. \end{cases}$$

的垂线，求此平面的方程。

8.8 求过点 $(-1,0,4)$，且平行于平面 $3x-4y+z-10=0$，又与直线

$$\dfrac{x+1}{1}=\dfrac{y-3}{1}=\dfrac{z}{2}$$

相交的直线的方程。

第 9 章　多元函数微分法及其应用

本章介绍多元函数的微分法及其应用,并介绍 Python 在多元函数微分法的应用。

9.1　偏导数及多元复合函数的导数

9.1.1　偏导数

Python 中有所谓的 lambda()函数(也称为匿名函数),对应地,SymPy 中有 Lambda()函数。Lambda()函数需要两个参数,即函数独立变量的符号参数和函数的表达式。

1. 偏导数的计算

例 9.1　求 $z = x^2 + 3xy + y^2$ 在点 $(1,2)$ 处的偏导数。

解　求得

$$\left.\frac{\partial z}{\partial x}\right|_{(1,2)} = 8, \quad \left.\frac{\partial z}{\partial y}\right|_{(1,2)} = 7.$$

```
#程序文件 pex9_1.py
import sympy as sp
x,y=sp.var("x,y")
z=x**2+3*x*y+y**2              #符号表达式
zx=sp.Lambda((x,y),z.diff(x))  #符号匿名函数
zy=sp.Lambda((x,y),z.diff(y))  #符号匿名函数
s1=zx(1,2); s2=zy(1,2)         #计算函数值
```

2. 多元函数的梯度和 Hessian 矩阵的计算

多元函数 $f(x_1, x_2, \cdots, x_n)$ 的梯度 $\mathrm{grad}f = \left[\dfrac{\partial f}{\partial x_1}, \dfrac{\partial f}{\partial x_2}, \cdots, \dfrac{\partial f}{\partial x_n}\right]^{\mathrm{T}}$,$f(x_1, x_2, \cdots, x_n)$ 的 Hessian 阵

$$\boldsymbol{H}(f) = \left(\frac{\partial^2 f}{\partial x_i \partial x_j}\right)_{n \times n} = \begin{bmatrix} \dfrac{\partial^2 f}{\partial x_1^2} & \dfrac{\partial^2 f}{\partial x_1 \partial x_2} & \cdots & \dfrac{\partial^2 f}{\partial x_1 \partial x_n} \\ \dfrac{\partial^2 f}{\partial x_2 \partial x_1} & \dfrac{\partial^2 f}{\partial x_2^2} & \cdots & \dfrac{\partial^2 f}{\partial x_2 \partial x_n} \\ \vdots & \vdots & & \vdots \\ \dfrac{\partial^2 f}{\partial x_n \partial x_1} & \dfrac{\partial^2 f}{\partial x_n \partial x_2} & \cdots & \dfrac{\partial^2 f}{\partial x_n^2} \end{bmatrix}.$$

SymPy 库中没有直接求多元函数梯度的函数,必须借助于 diff()函数求梯度。SymPy

库中求 Hessian 矩阵的函数为 hessian()。

例 9.2 求函数 $f(x,y)=-(\sin x+\sin y)^2$ 的梯度向量，并画出梯度向量的向量场。

解 求得梯度向量 $\mathbf{grad}f=[-2(\sin x+\sin y)\cos x,-2(\sin x+\sin y)\cos y]^{\mathrm{T}}$，画出的梯度向量的向量场如图 9.1 所示。

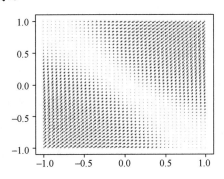

图 9.1 梯度向量的向量场

```
#程序文件 pex9_2_1.py
import sympy as sp
import numpy as np
import pylab as plt
x,y=sp.var("x,y")
f=-(sp.sin(x)+sp.sin(y))**2
grad=[sp.diff(f,var) for var in [x,y]]          #计算梯度向量
fxy=sp.lambdify((x,y),grad)                      #转换为匿名函数
x0=np.linspace(-1,1,40);
y0=np.linspace(-1,1,40);
X,Y=np.meshgrid(x0,y0)                           #生成网格数据
dXY=fxy(X,Y)                                     #计算梯度向量的值
plt.quiver(X,Y,dXY[0],dXY[1],color="b")          #画梯度向量的向量场
plt.show()
```

3. Jacobian 矩阵的计算

向量函数 $\boldsymbol{f}=[f_1(x_1,x_2,\cdots,x_n),f_2(x_1,x_2,\cdots,x_n),\cdots,f_n(x_1,x_2,\cdots,x_n)]^{\mathrm{T}}$ 的 Jacobian 矩阵为

$$\boldsymbol{J}=\left(\frac{\partial f_i}{\partial x_j}\right)_{n\times n}=\begin{bmatrix}\dfrac{\partial f_1}{\partial x_1}&\dfrac{\partial f_1}{\partial x_2}&\cdots&\dfrac{\partial f_1}{\partial x_n}\\\dfrac{\partial f_2}{\partial x_1}&\dfrac{\partial f_2}{\partial x_2}&\cdots&\dfrac{\partial f_2}{\partial x_n}\\\vdots&\vdots&\ddots&\vdots\\\dfrac{\partial f_n}{\partial x_1}&\dfrac{\partial f_n}{\partial x_2}&\cdots&\dfrac{\partial f_n}{\partial x_n}\end{bmatrix}.$$

SymPy 库中计算 Jacobian 矩阵只能使用 jacobian() 方法。

例 9.3 求二元函数 $f(x,y)=e^x\sin y+x\sin y$ 的梯度向量的 Jacobian 矩阵，即求 $f(x,y)$ 的 Hessian 矩阵。

解 求得 Hessian 矩阵

$$H = \begin{bmatrix} e^x \sin y & \cos y + e^x \cos y \\ \cos y + e^x \cos y & -e^x \sin y - x \sin y \end{bmatrix}.$$

```
#程序文件 pex9_3.py
import sympy as sp
x,y=sp.var("x,y")
f=sp.Matrix([sp.exp(x)*sp.sin(y)+x*sp.sin(y)])    #必须使用矩阵格式
df=f.jacobian([x,y])                               #求梯度向量
d21=df.jacobian([x,y])                             #求 Hessian 矩阵
d22=sp.hessian(f,[x,y])                            #另法直接求 Hessian 矩阵
```

例 9.4 已知球面坐标到直角坐标的变换公式为 $x = r\sin\theta\cos\phi$，$y = r\sin\theta\sin\phi$，$z = r\cos\theta$，试求向量函数 $[x,y,z]$ 对自变量向量 $[r,\theta,\phi]$ 的 Jacobian 矩阵 J 和行列式 $|J|$。

解 求得 Jacobian 矩阵

$$J = \begin{bmatrix} \sin\theta\cos\phi & r\cos\theta\cos\phi & -r\sin\theta\sin\phi \\ \sin\theta\sin\phi & r\cos\theta\sin\phi & r\sin\theta\cos\phi \\ \cos\theta & -r\sin\theta & 0 \end{bmatrix}, \quad |J| = r^2\sin\theta.$$

```
#程序文件 pex9_4.py
import sympy as sp
r,theta,phi=sp.var("r,theta,phi")
F=sp.Matrix([r*sp.sin(theta)*sp.cos(phi),
    r*sp.sin(theta)*sp.sin(phi),r*sp.cos(theta)])
J=F.jacobian([r,theta,phi]); D=J.det()
D=sp.simplify(D)
```

4．多元函数的拉普拉斯算子

多元函数 $f(x_1, x_2, \cdots, x_n)$ 的拉普拉斯表达式为

$$\Delta f(x_1, x_2, \cdots, x_n) = \left(\frac{\partial^2}{\partial x_1^2} + \frac{\partial^2}{\partial x_2^2} + \cdots + \frac{\partial^2}{\partial x_n^2} \right) f(x_1, x_2, \cdots, x_n). \tag{9.1}$$

SymPy 库中没有计算 Laplace 表达式的函数，可以使用 diff()函数或方法计算拉普拉斯表达式。

例 9.5 证明函数 $u = \dfrac{1}{r}$ 满足方程

$$\frac{\partial^2 u}{\partial x^2} + \frac{\partial^2 u}{\partial y^2} + \frac{\partial^2 u}{\partial z^2} = 0, \tag{9.2}$$

其中，$r = \sqrt{x^2 + y^2 + z^2}$。

```
#程序文件 pex9_5.py
import sympy as sp
x,y,z=sp.var("x,y,z")
u=1/sp.sqrt(x**2+y**2+z**2)
```

```
Lu1=u.diff(x,2)+u.diff(y,2)+u.diff(z,2)
Lu2=sp.simplify(Lu1)
```

式（9.2）称为拉普拉斯方程，它是数学物理方程中一种很重要的方程。

9.1.2 多元复合函数的导数

例 9.6 设 $z=u\ln v$，而 $u=\dfrac{x}{y}$，$v=3x-2y$，求 $\dfrac{\partial^2 z}{\partial x \partial y}$。

解 求得

$$\frac{\partial^2 z}{\partial x \partial y} = \frac{6x}{y(3x-2y)^2} - \frac{\ln(3x-2y)}{y^2} - \frac{9x^2}{y^2(3x-2y)^2} + \frac{4}{(3x-2y)^2}.$$

```
#程序文件 pex9_6.py
import sympy as sp
x,y=sp.var("x,y")
u=x/y; v=3*x-2*y
z=u*sp.log(v); d1=z.diff(x,y)
d2=sp.simplify(d1)
```

例 9.7 设 $z=\mathrm{e}^u \sin v$，而 $u=xy$，$v=x+y$，求 $\dfrac{\partial z}{\partial x}$ 和 $\dfrac{\partial z}{\partial y}$。

解 求得

$$\frac{\partial z}{\partial x} = \mathrm{e}^{xy}[y\sin(x+y)+\cos(x+y)],$$

$$\frac{\partial z}{\partial y} = \mathrm{e}^{xy}[x\sin(x+y)+\cos(x+y)].$$

```
#程序文件 pex9_7.py
import sympy as sp
x,y=sp.var("x,y")
u=x*y; v=x+y
z=sp.exp(u)*sp.sin(v)
dx1=z.diff(x); dx2=sp.collect(dx1,sp.exp(x*y))
dy1=z.diff(y); dy2=sp.collect(dy1,sp.exp(x*y))
```

定义 9.1 如果 $\boldsymbol{F}(x_1,x_2,\cdots,x_n)$ 为向量场，且 $\boldsymbol{F}(x_1,x_2,\cdots,x_n)=\mathrm{grad}f(x_1,x_2,\cdots,x_n)$，则标量函数 $f(x_1,x_2,\cdots,x_n)$ 称为 $\boldsymbol{F}(x_1,x_2,\cdots,x_n)$ 的势函数。

SymPy 库中没有直接求势函数的函数，可以利用积分函数 integrate() 求势函数。

例 9.8（续例 9.7） 已知向量场

$$\boldsymbol{F}(x,y)=[\mathrm{e}^{xy}[y\sin(x+y)+\cos(x+y)],\quad \mathrm{e}^{xy}[x\sin(x+y)+\cos(x+y)]]^{\mathrm{T}},$$

求其势函数。

解 求得的势函数 $f(x,y)=\mathrm{e}^{xy}\sin(x+y)+C$（$C$ 为任意常数）。

```
#程序文件 pex9_8.py
import sympy as sp
```

```
x,y=sp.var("x,y")
F=sp.Matrix([sp.exp(x*y)*(y*sp.sin(x+y)+sp.cos(x+y)),
             sp.exp(x*y)*(x*sp.sin(x+y)+sp.cos(x+y))])
phi1=sp.integrate(F[0], x)
phi2=sp.integrate(F[1], y)
```

9.2 隐函数的求导

1. 一个方程的情形

对于隐函数 $f(x,y,z)=0$，如果求出了 $\dfrac{\partial z}{\partial x}=F_1(x,y,z)$，则很容易地推导出其二阶偏导数的计算

$$\frac{\partial^2 z}{\partial x^2}=F_2(x,y,z)=\frac{\partial F_1(x,y,z)}{\partial x}+\frac{\partial F_1(x,y,z)}{\partial z}F_1(x,y,z).$$

更高阶的偏导数可以由下式递推求出：

$$\frac{\partial^n z}{\partial x^n}=F_n(x,y,z)=\frac{\partial F_{n-1}(x,y,z)}{\partial x}+\frac{\partial F_{n-1}(x,y,z)}{\partial z}F_1(x,y,z).$$

例 9.9 设 $x^2+y^2+z^2-4z=0$，求 $\dfrac{\partial^2 z}{\partial x^2}$。

解 设 $F(x,y,z)=x^2+y^2+z^2-4z$，则 $F_x=2x$，$F_z=2z-4$，当 $z\neq 2$ 时，有

$$\frac{\partial z}{\partial x}=\frac{x}{2-z}.$$

再一次对 x 求偏导数，得

$$\frac{\partial^2 z}{\partial x^2}=\frac{1}{2-z}+\frac{x^2}{(2-z)^3}.$$

```
#程序文件 pex9_9.py
import sympy as sp
x,y,z=sp.var("x,y,z")
F=x**2+y**2+z**2-4*z
Fx=F.diff(x); Fz=F.diff(z)
zx=-Fx/Fz; zx=sp.simplify(zx)
zxx=zx.diff(x)+zx.diff(z)*zx
```

2. 方程组的情形

考虑方程组

$$\begin{cases} F(x,y,u,v)=0, \\ G(x,y,u,v)=0. \end{cases} \tag{9.3}$$

确定的隐函数 $u=u(x,y)$，$v=v(x,y)$。在式（9.3）中的每个方程两边分别对 x 求导，应用复合函数求导法则得

$$\begin{cases} F_x+F_u\dfrac{\partial u}{\partial x}+F_v\dfrac{\partial v}{\partial x}=0, \\ G_x+G_u\dfrac{\partial u}{\partial x}+G_v\dfrac{\partial v}{\partial x}=0. \end{cases}$$

这是关于 $\dfrac{\partial u}{\partial x}$ 和 $\dfrac{\partial v}{\partial x}$ 的线性方程组，当系数行列式

$$D = \begin{vmatrix} F_u & F_v \\ G_u & G_v \end{vmatrix} \neq 0,$$

可以解出

$$\frac{\partial u}{\partial x} = -\frac{1}{D}\begin{vmatrix} F_x & F_v \\ G_x & G_v \end{vmatrix}, \quad \frac{\partial v}{\partial x} = -\frac{1}{D}\begin{vmatrix} F_u & F_x \\ G_u & G_x \end{vmatrix}.$$

同理，可得

$$\frac{\partial u}{\partial y} = -\frac{1}{D}\begin{vmatrix} F_y & F_v \\ G_y & G_v \end{vmatrix}, \quad \frac{\partial v}{\partial y} = -\frac{1}{D}\begin{vmatrix} F_u & F_y \\ G_u & G_y \end{vmatrix}.$$

例 9.10 设 $xu - yv = 0$，$yu + xv = 1$，求 $\dfrac{\partial u}{\partial x}$，$\dfrac{\partial v}{\partial x}$。

解 直接代入公式求得

$$\frac{\partial u}{\partial x} = -\frac{xu + yv}{x^2 + y^2}, \quad \frac{\partial v}{\partial x} = \frac{yu - xv}{x^2 + y^2}.$$

```
#程序文件 pex9_10.py
import sympy as sp
x,y,u,v=sp.var("x,y,u,v")
F=x*u-y*v; G=y*u+x*v-1
H=sp.Matrix([F,G])
ux=-H.jacobian([x,v]).det()/H.jacobian([u,v]).det()
vx=-H.jacobian([u,x]).det()/H.jacobian([u,v]).det()
```

例 9.11（续例 9.10） 设 $xu - yv = 0$，$yu + xv = 1$，求 $\dfrac{\partial u}{\partial y}$，$\dfrac{\partial v}{\partial y}$。

解 用求解线性方程组的方法求 $\dfrac{\partial u}{\partial y}$，$\dfrac{\partial v}{\partial y}$。

对所给方程的两边对 y 求导并移项，得

$$\begin{cases} x\dfrac{\partial u}{\partial y} - y\dfrac{\partial v}{\partial y} = v, \\ y\dfrac{\partial u}{\partial y} + x\dfrac{\partial v}{\partial y} = -u. \end{cases}$$

在 $D = \begin{vmatrix} x & -y \\ -y & x \end{vmatrix} = x^2 + y^2 \neq 0$ 的条件下，解得

$$\frac{\partial u}{\partial y} = \frac{xv - yu}{x^2 + y^2}, \quad \frac{\partial v}{\partial y} = -\frac{xu + yv}{x^2 + y^2}.$$

```
#程序文件 pex9_11.py
import sympy as sp
x,y=sp.var("x,y"); u,v=sp.var("u,v",cls=sp.Function)
F=x*u(x,y)-y*v(x,y); G=y*u(x,y)+x*v(x,y)-1
eq1=F.diff(y); eq2=G.diff(y)
```

```
s=sp.solve([eq1,eq2],[u(x,y).diff(y),v(x,y).diff(y)])
s1=s[u(x,y).diff(y)]; s2=s[v(x,y).diff(y)]
```

9.3 多元函数微分学的几何应用

1．空间曲线的切线与法平面

例 9.12 求曲线 $x^2+y^2+z^2=6$， $x+y+z=0$ 在点 $(1,-2,1)$ 处的切线及法平面方程。

解 先求切线的方向向量。记 $F(x,y,z)=x^2+y^2+z^2-6$， $G(x,y,z)=x+y+z$。利用切线的方向向量

$$T=\left[\begin{vmatrix}F_y & F_z \\ G_y & G_z\end{vmatrix},\begin{vmatrix}F_z & F_x \\ G_z & G_x\end{vmatrix},\begin{vmatrix}F_x & F_y \\ G_x & G_y\end{vmatrix}\right],$$

计算得到 $(1,-2,1)$ 处的切线方向向量 $T_0=[1,0,-1]$，故所求切线方程为

$$\frac{x-1}{1}=\frac{y+2}{0}=\frac{z-1}{-1}.$$

法平面方程为

$$(x-1)+0\cdot(y+2)-(z-1)=0,$$

即 $x-z=0$。

```
#程序文件 pex9_12.py
import sympy as sp
x,y,z=sp.var("x,y,z")
F=x**2+y**2+z**2-6; G=x+y+z
H=sp.Matrix([F,G])
M1=H.jacobian([y,z]).det()
M2=H.jacobian([z,x]).det()
M3=H.jacobian([x,y]).det()
T=sp.Matrix([M1,M2,M3]).subs({x:1,y:-2,z:1})      #切线方向向量
eq=(sp.Matrix([x,y,z])-sp.Matrix([1,-2,1])).dot(T)  #法平面方程
```

2．曲面的切平面与法线

例 9.13 求球面 $x^2+y^2+z^2=14$ 在点 $(1,2,3)$ 处的切平面及法线方程。

解 $F(x,y,z)=x^2+y^2+z^2-14$， $\boldsymbol{n}=[F_x,F_y,F_z]=[2x,2y,2z]$， $\boldsymbol{n}|_{(1,2,3)}=[2,4,6]$。所以在点 $(1,2,3)$ 处，此球面的切平面方程为

$$2(x-1)+4(x-2)+6(z-3)=0,$$

即

$$x+2y+3z-14=0.$$

法线方程为

$$\frac{x-1}{1}=\frac{y-2}{2}=\frac{z-3}{3},$$

即
$$\frac{x}{1}=\frac{y}{2}=\frac{z}{3}.$$

```
#程序文件 pex9_13.py
import sympy as sp
x,y,z=sp.var("x,y,z")
F=x**2+y**2+z**2-14
n=sp.Matrix([F]).jacobian([x,y,z])
n0=n.subs({x:1,y:2,z:3})          #求法线向量
#下面求切平面方程
eq=(sp.Matrix([x,y,z])-sp.Matrix([1,2,3])).dot(n0)
```

3．方向导数

例 9.14 求 $f(x,y,z)=xy+yz+zx$ 在点 $(1,1,2)$ 沿方向 $\boldsymbol{l}$ 的方向导数，其中 $\boldsymbol{l}$ 的方向角分别为 $60°$、$45°$、$60°$。

解 与 $\boldsymbol{l}$ 同向的单位向量
$$\boldsymbol{e}_l=[\cos 60°,\cos 45°,\cos 60°]=\left[\frac{1}{2},\frac{\sqrt{2}}{2},\frac{1}{2}\right].$$

计算得
$$f_x(1,1,2)=3,\quad f_y(1,1,2)=3,\quad f_z(1,1,2)=2.$$

因而所求的方向导数
$$\left.\frac{\partial f}{\partial \boldsymbol{l}}\right|_{(1,1,2)}=3\cdot\frac{1}{2}+3\cdot\frac{\sqrt{2}}{2}+2\cdot\frac{1}{2}=\frac{1}{2}(5+3\sqrt{2}).$$

```
#程序文件 pex9_14.py
import sympy as sp
import numpy as np
x,y,z=sp.var("x,y,z")
F=x*y+y*z+z*x
n=sp.Matrix([F]).jacobian([x,y,z])
n0=n.subs({x:1,y:1,z:2})          #计算梯度向量
a=np.array([60,45,60])*sp.pi/180  #计算角度的弧度数
eL=[sp.cos(b) for b in a]
s=n0.dot(eL)                       #计算方向导数
```

9.4 多元函数的极值及其求法

1．多元函数的极值及最大值与最小值

例 9.15 求函数 $f(x,y)=x^3-y^3+3x^2+3y^2-9x$ 的极值。

解 先解方程组

$$\begin{cases} f_x(x,y) = 3x^2 + 6x - 9 = 0, \\ f_y(x,y) = -3y^2 + 6y = 0, \end{cases}$$

求得驻点为 $(1,0)$、$(1,2)$、$(-3,0)$、$(-3,2)$。

再求出 $f(x,y)$ 的 Hessian 矩阵：

$$H = \begin{bmatrix} 6+6x & 0 \\ 0 & 6-6y \end{bmatrix}.$$

当在驻点处 H 为正定矩阵时，则驻点为极小点；当在驻点处 H 为负定矩阵时，则驻点为极大点；当 H 的特征值一正一负时，驻点是非极值点；否则为退化情形，即 H 为半正定或半负定矩阵，此时需要仔细甄别。

可以判定出 $(1,0)$ 为极小点，对应的极小值 $f(1,0) = -5$；$(-3,2)$ 为极大点，对应的极大值 $f(-3,2) = 31$；驻点 $(1,2)$ 和 $(-3,0)$ 都为非极值点。

```
#程序文件 pex9_15.py
import sympy as sp
x,y=sp.symbols("x,y")
F=x**3-y**3+3*x**2+3*y**2-9*x
gradF=[F.diff(var) for var in [x,y]]
sol=sp.solve(gradF)                    #求驻点
H=sp.hessian(F,[x,y])                  #计算二阶导数阵
for s in sol:
    Hs=H.subs(s); Fs=F.subs(s)
    eigv=Hs.eigenvals()                #计算二阶导数阵的特征值
    if Hs.is_positive_definite:
        print(f"驻点{s}是极小点！")
        print(f"对应的极小值为{Fs}.")
    elif Hs.is_negative_definite:
        print(f"驻点{s}是极大点！")
        print(f"对应的极大值为{Fs}")
    elif all(list(eigv)):
        print(f"驻点{s}非极值点！")
    else:
        print(f"驻点{s}需人工判断是否为极值点！")
```

例 9.16 有一宽为 24cm 的长方形铁板，把它两边折起来做成一断面为等腰梯形的水槽。问怎样折才能才能使断面的面积最大？

解 设折起来的边长为 x cm，倾角为 α（图 9.2），则梯形断面的下底长为 $(24-2x)$ cm，上底长为 $(24-2x+2x\cos\alpha)$ cm，高为 $(x\sin\alpha)$ cm，所以断面面积

$$A = \frac{1}{2}(24-2x+24-2x+2x\cos\alpha) \cdot x\sin\alpha,$$

即

$$A = 24x\sin\alpha - 2x^2\sin\alpha + x^2\sin\alpha\cos\alpha, \quad 0 < x < 12, 0 < \alpha \leqslant \frac{\pi}{2}.$$

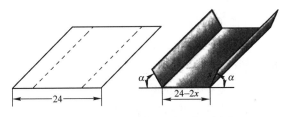

图 9.2 长方形铁板和断面示意图

令

$$\begin{cases} \dfrac{\partial A}{\partial x} = 0, \\ \dfrac{\partial A}{\partial \alpha} = 0, \end{cases}$$

化简，得

$$\begin{cases} x\cos\alpha - 2x + 12 = 0, \\ 2x\cos^2\alpha + 24\cos\alpha - x - 2x\cos\alpha = 0. \end{cases}$$

解这个方程组，得

$$\alpha = \dfrac{\pi}{3} = 60°, \quad x = 8.$$

根据题意可知断面面积的最大值一定存在，并且在 $D = \left\{(x,\alpha) \mid 0 < x < 12, 0 < \alpha \leqslant \dfrac{\pi}{2}\right\}$ 上取得。通过计算得知 $\alpha = \dfrac{\pi}{2}$ 时的函数值比 $\alpha = 60°$，$x = 8$ 时的函数值小。又函数在 D 内只有一个驻点，因此可以断定，当 $x = 8$，$\alpha = 60°$ 时，断面的面积最大，且最大面积为 $48\sqrt{3}$。

```
#程序文件 pex9_16.py
import sympy as sp
x,a=sp.var("x,a",pos=True)
A=(24-2*x+24-2*x+2*x*sp.cos(a))*x*sp.sin(a)/2
gradA=[A.diff(var) for var in [x,a]]
sol=sp.solve(gradA)            #求驻点
#下面筛选符合条件的驻点
ss=[s for s in sol if s[a]>0 and s[a]<=sp.pi/2 and s[x]>0 and s[x]<12]
Av=A.subs(ss[0])               #计算符合条件的驻点处函数值
Ae=A.subs(a,sp.pi/2)           #计算 a=pi/2 时的面积函数
s2=sp.solve(Ae.diff(x))[0]     #求 a=pi/2 时的驻点
Av2=Ae.subs(x,s2)
```

2. 条件极值

例 9.17 设某电视机厂生产一台电视机的成本为 C，每台电视机的销售价格为 p，销售量为 x。假设该厂的生产处于平衡状态，即电视机的生产量等于销售量。根据市场预测，销售量 x 与销售价格 p 之间有下面的关系：

$$x = Me^{-ap}, \quad M > 0, a > 0, \tag{9.4}$$

其中 M 为市场最大需求量，a 是价格系数。同时，生产部门根据对生产环节的分析，对

每台电视机的生产成本 C 有如下测算：
$$C = C_0 - k\ln x, \quad k > 0, x > 1, \tag{9.5}$$
其中 C_0 是生产一台电视机的成本，k 是规模系数。

根据上述条件，应如何确定电视机的售价 p，才能使该厂获得最大利润？

解 设厂家获得的利润为 u，每台电视机售价为 p，每台生产成本为 C，销售量为 x，则
$$u = (p - C)x = (p - C_0 + k\ln x)x.$$

于是问题转化为求利润函数 $u = (p - C_0 + k\ln x)x$ 在附加条件（9.4）下的极值问题。作拉格朗日函数
$$\begin{aligned} L(x,p) &= (p - C_0 + k\ln x)x + \mu(x - Me^{-ap}) \\ &= [p - C_0 + k(\ln M - ap)]x + \mu(x - Me^{-ap}). \end{aligned}$$

令
$$\begin{cases} L_x = \mu - C_0 + p + k(\ln M - ap) = 0, \\ L_p = Ma\mu e^{-ap} - x(-1 + ak) = 0. \end{cases}$$

由 $L_x = 0$，解出
$$p = \frac{\mu - C_0 + k\ln M}{-1 + ak}. \tag{9.6}$$

由 $L_p = 0$ 和式（9.4），解出 $\mu = \dfrac{-1 + ak}{a}$，代入式（9.6），得
$$p = \frac{k\ln M - C_0 - \dfrac{1}{a} + k}{ak - 1}. \tag{9.7}$$

因为由问题本身可知最优价格必定存在，所以这个 p 就是电视机的最优价格。只要确定了规模系数 k、价格系数 a，电视机的最优价格问题就解决了。

注 9.1 这里使用拉格朗日乘数法可以求得 p 的精确解，如果消去附加条件，直接求解单变量函数的极值问题，则只能求数值解。

```
#程序文件 pex9_17.py
import sympy as sp
p,x,a,k,C0,mu=sp.var("p,x,a,k,C0,mu")
M=sp.var("M",pos=True)
L=(p-C0+k*(sp.log(M)-a*p))*x+mu*(x-M*sp.exp(-a*p))
Lx=L.diff(x); pexr=sp.solve(Lx,p)[0]      #求 p 的表达式
Lp=L.diff(p); Lm=L.diff(mu)
s=sp.solve([Lp,Lm],[mu,x])                #求 mu 的表达式
ssp=pexr.subs(s)                          #求 p 的最优值
```

9.5 最小二乘法

许多工程问题，常常需要根据两个变量的几组观测值，来找出这两个变量间的函数关系的近似表达式。通常把这样得到的函数的近似表达式称为经验公式。下面介绍通过

最小二乘法建立经验公式的方法。

9.5.1 最小二乘拟合

已知一组二维数据，即平面上的 n 个点 $(x_i, y_i)(i=1,2,\cdots,n)$，要寻求一个函数（曲线）$y=f(x)$，使 $f(x)$ 在某种准则下与所有数据点最为接近，即曲线拟合得最好。记

$$\delta_i = f(x_i) - y_i, \quad i=1,2,\cdots,n,$$

则称 δ_i 为拟合函数 $f(x)$ 在 x_i 点处的偏差（或残差）。为使 $f(x)$ 在整体上尽可能与给定数据最为接近，可以采用"偏差的平方和最小"作为判定准则，即通过使

$$J = \sum_{i=1}^{n}(f(x_i) - y_i)^2 \tag{9.8}$$

达到最小值。这一原则称为最小二乘原则，根据最小二乘原则确定拟合函数 $f(x)$ 的方法称为最小二乘法。

一般来讲，拟合函数应是自变量 x 和待定参数 $a_1, a_2, \cdots, a_m$ 的函数，即

$$f(x) = f(x, a_1, a_2, \cdots, a_m). \tag{9.9}$$

因此，按照 $f(x)$ 关于参数 $a_1, a_2, \cdots, a_m$ 的线性与否，最小二乘法也分为线性最小二乘法和非线性最小二乘法两类。

1. 线性最小二乘法

给定一个线性无关的函数系 $\{\varphi_k(x) | k=1,2,\cdots,m\}$，如果拟合函数以其线性组合的形式

$$f(x) = \sum_{k=1}^{m} a_k \varphi_k(x) \tag{9.10}$$

出现，例如

$$f(x) = a_m x^{m-1} + a_{m-1} x^{m-2} + \cdots + a_2 x + a_1,$$

或者

$$f(x) = \sum_{k=1}^{m} a_k \cos(kx),$$

则 $f(x) = f(x, a_1, a_2, \cdots, a_m)$ 就是关于参数 $a_1, a_2, \cdots, a_m$ 的线性函数。

将式（9.10）代入式（9.8），则目标函数 $J = J(a_1, a_2, \cdots, a_m)$ 是关于参数 $a_1, a_2, \cdots, a_m$ 的多元函数。由

$$\frac{\partial J}{\partial a_k} = 0, \quad k=1,2,\cdots,m,$$

亦即

$$\sum_{i=1}^{n}[(f(x_i) - y_i)\varphi_k(x_i)] = 0, \quad k=1,2,\cdots,m.$$

可得

$$\sum_{j=1}^{m}\left[\sum_{i=1}^{n}\varphi_j(x_i)\varphi_k(x_i)\right]a_j = \sum_{i=1}^{n}y_i\varphi_k(x_i), \quad k=1,2,\cdots,m. \tag{9.11}$$

于是式（9.11）形成了一个关于 $a_1,a_2,\cdots,a_m$ 的线性方程组，称为正规方程组。记

$$\boldsymbol{R}=\begin{bmatrix}\varphi_1(x_1) & \varphi_2(x_1) & \cdots & \varphi_m(x_1)\\ \varphi_1(x_2) & \varphi_2(x_2) & \cdots & \varphi_m(x_2)\\ \vdots & \vdots & & \vdots\\ \varphi_1(x_n) & \varphi_2(x_n) & \cdots & \varphi_m(x_n)\end{bmatrix}, \quad \boldsymbol{A}=\begin{bmatrix}a_1\\a_2\\\vdots\\a_m\end{bmatrix}, \quad \boldsymbol{Y}=\begin{bmatrix}y_1\\y_2\\\vdots\\y_n\end{bmatrix},$$

则正规方程组（9.11）可表示为

$$\boldsymbol{R}^{\mathrm{T}}\boldsymbol{R}\boldsymbol{A}=\boldsymbol{R}^{\mathrm{T}}\boldsymbol{Y}. \tag{9.12}$$

由线性代数知识可知，当矩阵 $\boldsymbol{R}$ 是列满秩时，$\boldsymbol{R}^{\mathrm{T}}\boldsymbol{R}$ 是可逆的。于是正规方程组（9.12）有唯一解，即

$$\boldsymbol{A}=(\boldsymbol{R}^{\mathrm{T}}\boldsymbol{R})^{-1}\boldsymbol{R}^{\mathrm{T}}\boldsymbol{Y} \tag{9.13}$$

为所求的拟合函数的系数，就可得到最小二乘拟合函数 $f(x)$。

2. 非线性最小二乘拟合

对于给定的线性无关函数系 $\{\varphi_k(x)|k=1,2,\cdots,m\}$，如果拟合函数不能以其线性组合的形式出现，例如

$$f(x)=\frac{x}{a_1x+a_2} \text{ 或者 } f(x)=a_1+a_2\mathrm{e}^{-a_3x}+a_4\mathrm{e}^{-a_5x},$$

则 $f(x)=f(x,a_1,a_2,\cdots,a_m)$ 就是关于参数 $a_1,a_2,\cdots,a_m$ 的非线性函数。

将 $f(x)$ 代入式（9.8）中，则形成一个非线性函数的极小化问题。为得到最小二乘拟合函数 $f(x)$ 的具体表达式，可用非线性优化方法求解出参数 $a_1,a_2,\cdots,a_m$。

3. 拟合函数的选择

数据拟合时，首要也是最关键的一步就是选取恰当的拟合函数。如果能够根据问题的背景通过机理分析得到变量之间的函数关系，那么只需估计相应的参数即可。但很多情况下，问题的机理并不清楚。此时，一个较为自然的方法是先作出数据的散点图，从直观上判断应选用什么样的拟合函数。

一般来讲，如果数据分布接近直线，则宜选用线性函数 $f(x)=a_1x+a_2$ 拟合；如果数据分布接近抛物线，则宜选用二次多项式 $f(x)=a_1x^2+a_2x+a_3$ 拟合；如果数据分布特点是开始上升较快随后逐渐变缓，则宜选用双曲线型函数或指数型函数，即用

$$f(x)=\frac{x}{a_1x+a_2} \text{ 或 } f(x)=a_1\mathrm{e}^{-\frac{a_2}{x}}$$

拟合。如果数据分布特点是开始下降较快随后逐渐变缓，则宜选用

$$f(x)=\frac{1}{a_1x+a_2}, \quad f(x)=\frac{1}{a_1x^2+a_2} \text{ 或 } f(x)=a_1\mathrm{e}^{-a_2x}$$

等函数拟合。

常被选用的拟合函数有对数函数 $y=a_1+a_2\ln x$，S 形曲线函数 $y=\dfrac{1}{a+b\mathrm{e}^{-x}}$ 等。

9.5.2 线性最小二乘法的 Python 实现

1. 解线性方程组拟合参数

要拟合式（9.10）中的参数 $a_1, a_2, \cdots, a_m$，把观测值代入式（9.10），在上面的记号下，得到线性方程组

$$RA = Y,$$

Python 中拟合参数向量 A 使用 numpy.linalg 模块中的 pinv() 函数，调用格式为 A=pinv(R)@Y。

例 9.18 为了测量刀具的磨损速度，我们做这样的实验：经过一定时间（如 1h），测量一次刀具的厚度，得到一组实验数据 $(t_i, y_i)(i=1,2,\cdots,8)$ 如表 9.1 所示。试根据实验数据建立 y 与 t 之间的经验公式 $y = f(t)$。

表 9.1 实验观测数据

t_i	0	1	2	3	4	5	6	7
y_i	27.0	26.8	26.5	26.3	26.1	25.7	25.3	24.8

解 画出试验观测数据的散点图如图 9.3 所示，从图中可以看出 y 与 t 大致成线性关系，因此建立线性经验函数 $y = at + b$，其中 a 和 b 是待定常数。

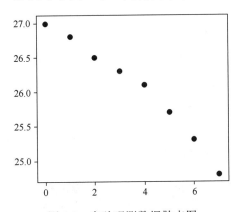

图 9.3 实验观测数据散点图

拟合参数 a, b 的准则是最小二乘准则，即求 a, b，使得

$$\delta(a,b) = \sum_{i=1}^{8}(at_i + b - y_i)^2$$

达到最小值，由极值的必要条件，得

$$\begin{cases} \dfrac{\partial \delta}{\partial a} = 2\sum_{i=1}^{8}(at_i + b - y_i)t_i = 0, \\ \dfrac{\partial \delta}{\partial b} = 2\sum_{i=1}^{8}(at_i + b - y_i) = 0, \end{cases}$$

化简，得到正规方程组

$$\begin{cases} a\sum_{i=1}^{8}t_i^2 + b\sum_{i=1}^{8}t_i = \sum_{i=1}^{8}y_it_i, \\ a\sum_{i=1}^{8}t_i + 8b = \sum_{i=1}^{8}y_i. \end{cases}$$

解之，得 a,b 的估计值分别为

$$\hat{a} = \frac{\sum_{i=1}^{8}(t_i-\bar{t})(y_i-\bar{y})}{\sum_{i=1}^{8}(t_i-\bar{t})^2},$$

$$\hat{b} = \bar{y} - \hat{a}\bar{t},$$

其中 $\bar{t} = \frac{1}{8}\sum_{i=1}^{8}t_i$，$\bar{y} = \frac{1}{8}\sum_{i=1}^{8}y_1$ 分别为 t_i 的均值和 y_i 的均值。

利用给定的观测值和 Python 软件，求得 a,b 的估计值为 $\hat{a} = -0.3036$，$\hat{b} = 27.1250$。

```
#程序文件 pex9_18.py
import numpy as np
import pylab as plt
d=np.loadtxt("data9_18.txt")
t=d[0,:]; y=d[1,:]
plt.scatter(t,y)
tb=t.mean(); yb=y.mean()
a1=sum((t-tb)*(y-yb))/sum((t-tb)**2)
b1=yb-a1*tb
print(f"拟合的多项式系数为 a={a1},b={b1}")   #输出第一种方法的解
A=np.vstack([t,np.ones_like(t)]).T
p1=np.linalg.pinv(A) @ y
print("拟合的多项式系数：",p1)              #输出第二种方法的解
p2=np.polyfit(t,y,1)                        #拟合一次多项式
print("拟合的一次多项式为：",p2)            #输出第三种方法的解
plt.show()
```

2. 多项式拟合

Python 多项式拟合的函数为 numpy.polyfit()，调用格式为

  p=numpy.polyfit(x,y,n) #拟合 n 次多项式，返回值 p 是多项式对应的系数，排列次序为从高次幂系数到低次幂系数

计算多项式 p 在 x 处的函数值命令为

  y=numpy.polyval(p,x)

例 9.19 在研究某单分子化学反应速度时，得到数据 $(t_i, y_i)(i=1,2,\cdots,8)$ 如表 9.2 所

示。其中 t 表示从实验开始算起的时间，y 表示时刻 t 反应物的量。试根据上述数据定出经验公式 $y = f(t)$。

表 9.2 反应物的观测值数据

t_i	3	6	9	12	15	18	21	24
y_i	57.6	41.9	31.0	22.7	16.6	12.2	8.9	6.5

解 由化学反应速度的理论知道，$y = f(t)$ 应是指数函数

$$y = ke^{mt}, \tag{9.14}$$

其中，k 和 m 均是待定常数。

对式（9.14）两边取对数，得 $\ln y = mt + \ln k$，记 $\ln k = b$，则有 $\ln y = mt + b$。对这批数据，我们先验证这个结论，把表 9.2 中各对数据 (t_i, y_i) $(i = 1, 2, \cdots, 8)$ 做变换后得到数据 $(t_i, \ln y_i)$，数据 $(t_i, \ln y_i)$ 的散点图如图 9.4（b）所示，从散点图可以看出 $\ln y$ 与 t 呈线性关系，即 y 与 t 是指数函数关系。

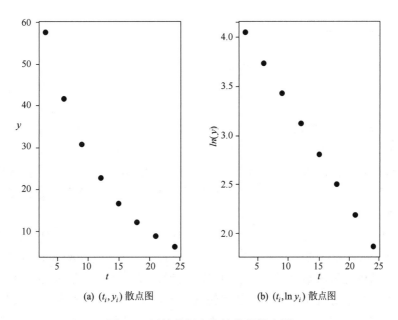

(a) (t_i, y_i) 散点图   (b) $(t_i, \ln y_i)$ 散点图

图 9.4 原始数据和变换数据散点图

我们使用线性最小二乘法拟合参数 m、b，即求 m、b 的估计值使得

$$\sum_{i=1}^{8}(mt_i + b_i - \ln y_i)^2$$

达到最小值。

利用 Python 软件，求得 m、b 的估计值分别为

$$\hat{m} = -0.1037, \hat{b} = 4.3640,$$

从而 k 的估计值为 $\hat{k} = 78.5700$，即所求的经验公式为 $y = 78.5700 e^{-0.1037t}$。

```
#程序文件 pex9_19.py
import numpy as np
import pylab as plt
d=np.loadtxt("data9_19.txt")
t=d[0,:]; y=d[1,:]
plt.rc("text",usetex=True)
plt.subplot(121); plt.scatter(t,y)
plt.xlabel("$t$"); plt.ylabel("$y$",rotation=0)
plt.subplot(122); plt.scatter(t,np.log(y))
plt.xlabel("$t$"); plt.ylabel("$\ln(y)$")
plt.tight_layout(); plt.show()
p=np.polyfit(t,np.log(y),1)              #拟合一次多项式
p[1]=np.exp(p[1])
print("拟合的系数 m,k 为：",p)
```

9.6 抢渡长江

9.6.1 问题描述

2003 年全国大学生数学建模竞赛 D 题。

"渡江"是武汉城市的一张名片。1934 年 9 月 9 日，武汉警备旅官兵与体育界人士联手，在武汉第一次举办横渡长江游泳竞赛活动，起点为武昌汉阳门码头，终点设在汉口三北码头，全程约 5000m。有 44 人参加横渡，40 人达到终点，张学良将军特意向冠军获得者赠送了一块银盾，上书"力挽狂澜"。

2001 年，"武汉抢渡长江挑战赛"重现江城，2002 年正式命名为"武汉国际抢渡长江挑战赛"，于每年的 5 月 1 日进行。由于水情、水性的不可预测性，这种竞赛更富有挑战性和观赏性。

2002 年 5 月 1 日，抢渡的起点设在武昌汉阳门码头，终点设在汉阳南岸嘴，江面宽约 1160m。据报载，当日的平均水温 16.8℃，江水的平均流速为 1.89m/s。参赛的国内外选手共 186 人（其中专业人员将近一半），仅 34 人到达终点，第一名的成绩为 14min8s。除了气象条件外，大部分选手由于路线选择错误，被滚滚的江水冲到下游，未能到达终点。

假设在竞渡区域两岸为平行直线，它们之间的垂直距离为 1160m，从武昌汉阳门的正对岸到汉阳南岸嘴的距离为 1000m，见示意图 9.5。

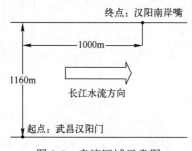

图 9.5 竞渡区域示意图

请你们通过数学建模分析上述情况,并回答以下问题:

(1)假定在竞渡过程中游泳者的速度大小和方向不变,且竞渡区域每点的流速均为1.89m/s。试说明2002年第一名是沿着怎样的路线前进的,求他游泳速度的大小和方向。如何根据游泳者自己的速度选择游泳方向?试为一个速度能保持在1.5m/s的人选择游泳方向,并估计他的成绩。

(2)在(1)的假设下,如果游泳者始终以和岸边垂直的方向游,他(她)们能否到达终点?根据你们的数学模型,说明为什么1934年和2002年能游到终点的人数的百分比有如此大的差别;给出能够成功到达终点的选手的条件。

(3)若流速沿离岸边距离的分布为(设从武昌汉阳门垂直向上为 y 轴正向):

$$v(y) = \begin{cases} 1.47\text{m/s}, & 0\text{m} \leqslant y \leqslant 200\text{m}, \\ 2.11\text{m/s}, & 200\text{m} < y < 960\text{m}, \\ 1.47\text{m/s}, & 960\text{m} \leqslant y \leqslant 1160\text{m}. \end{cases}$$

游泳者的速度(1.5m/s)仍全程保持不变,试为他选择游泳方向和路线,估计他的成绩。

(4)若流速沿离岸边距离为连续分布,例如

$$v(y) = \begin{cases} \dfrac{2.28}{200}y, & 0 \leqslant y \leqslant 200, \\ 2.28, & 200 < y < 960, \\ \dfrac{2.28}{200}(1160-y), & 960 \leqslant y \leqslant 1160. \end{cases}$$

或你们认为合适的连续分布,如何处理这个问题。

(5)用普通人能懂的语言,给有意参加竞渡的游泳爱好者写一份竞渡策略的短文。

(6)你们的模型还可能有什么其他的应用?

9.6.2 基本假设

(1)不考虑风向、风速、水温等其他因素对游泳者的影响。
(2)游泳者的游泳速度大小保持定值。
(3)江岸是直线,两岸之间宽度为定值。
(4)水流的速度方向始终与江岸一致,无弯曲、漩涡等现象。
(5)将游泳者在长江水流中的运动看成质点在平面上的二维运动。

9.6.3 模型的建立与求解

1. 问题(1)

建立如图 9.6 所示平面直角坐标系,渡江起点为坐标原点,x 轴与江岸重合,正方向与水流方向一致,终点 A 的坐标为 (L, H)。

用 u 表示游泳者的速度,v 表示水流速度。假设竞渡是在平面区域进行,又设参赛者可看成质点沿游泳路线 $(x(t), y(t))$ 以速度 $U(t) = (u\cos\theta(t), u\sin\theta(t))$ 前进。要求参赛

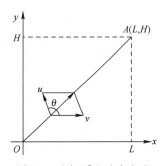

图 9.6 坐标系和速度合成

者在流速给定（v 为常数或为 y 的函数）的情况下控制 $\theta(t)$，能找到适当的路线，以最短的时间 T 从起点游到终点。这是一个最优控制问题，即求满足下面的约束条件：

$$\begin{cases} \dfrac{dx}{dt} = u\cos\theta(t) + v, & x(0) = 0, \quad x(T) = L, \\ \dfrac{dy}{dt} = u\sin\theta(t), & y(0) = 0, \quad y(T) = H. \end{cases}$$

设游泳者的速度大小和方向均不随时间变化，即 u, θ 都为常数，这里 θ 为游泳者和 x 轴正向间的夹角，当水流速度 v 也是常数时，游泳者的路线 $(x(t), y(t))$ 满足

$$\begin{cases} \dfrac{dx}{dt} = u\cos\theta + v, & x(0) = 0, \quad x(T) = L, \\ \dfrac{dy}{dt} = u\sin\theta, & y(0) = 0, \quad y(T) = H. \end{cases} \tag{9.15}$$

T 是到达终点的时刻。

如果式（9.15）有解，则

$$\begin{cases} x(t) = (u\cos\theta + v)t, & L = (u\cos\theta + v)T, \\ y(t) = (u\sin\theta)t, & H = (u\sin\theta)T. \end{cases}$$

即游泳者的路径一定是连接起点、终点的直线，且

$$T = \frac{L}{u\cos\theta + v} = \frac{H}{u\sin\theta} = \frac{H}{u\sqrt{1-\cos^2\theta}}. \tag{9.16}$$

由式（9.16），化简得

$$(L^2 + H^2)u^2\cos^2\theta + 2H^2uv\cos\theta + (H^2v^2 - L^2u^2) = 0, \tag{9.17}$$

解得

$$\cos\theta = \frac{-H^2v \pm L\sqrt{(H^2 + L^2)u^2 - H^2v^2}}{(H^2 + L^2)u}. \tag{9.18}$$

$\cos\theta$ 有实根的条件为

$$\Delta = (H^2 + L^2)u^2 - H^2v^2 \geqslant 0,$$

即

$$u \geqslant v\frac{H}{\sqrt{H^2 + L^2}}. \tag{9.19}$$

即只有在 u 满足式（9.19）时才有可能游到终点。式（9.18）中，$\cos\theta$ 可能有两个值或一个值，当 L、H、u、v 为给定的常数时，为了使式（9.16）中的 T 值达到最小，$\cos\theta$ 要取最大的值，即

$$\cos\theta = \frac{-H^2v + L\sqrt{(H^2 + L^2)u^2 - H^2v^2}}{(H^2 + L^2)u}. \tag{9.20}$$

把式（9.20）代入式（9.16），得到达终点的时间

$$T = \frac{H^2 + L^2}{Lv + \sqrt{L^2u^2 + H^2(u^2 - v^2)}}. \tag{9.21}$$

（1）将 $T=14\text{min}8\text{s}=848\text{s}$，$H=1160\text{m}$，$L=1000\text{m}$，$v=1.89\text{m/s}$ 代入式（9.21），可以计算出 $u=1.5416\text{m/s}$，再由式（9.20）计算出 $\theta=117.4558°$。即第一名游泳者的速度大小为 $u=1.5416\text{m/s}$，方向角 $\theta=117.4558°$。

（2）将 $H=1160\text{m}$，$L=1000\text{m}$，$v=1.89\text{m/s}$，$u=1.5\text{m/s}$ 代入式（9.20），计算得到角度 $\theta=121.8548°$，由式（9.21）计算得到 $T=910.4595\text{s}$。

（3）灵敏度分析。对于一个游泳速度 $u=1.5\text{m/s}$ 的游泳者，如果 $\theta=123°$，则 $L=989.4\text{m}$，在终点的上方，可以游到终点；如果 $\theta=121°$，则 $L=1008.2\text{m}$，已经到下游了，但是在未到终点前如果能看到终点目标还是可以设法游到终点的。这说明游泳的方向对能否到达终点还是相当敏感的。因此应当尽量使 $\theta>122°$。

```
#程序文件 panli9_1.py
import sympy as sp
T,L,H,u,v,theta=sp.var("T,L,H,u,v,theta",pos=True)
Te=(H**2+L**2)/(L*v+sp.sqrt(L**2*u**2+H**2*(u**2-v**2)))
su1=sp.solve(Te-T,u)                                      #计算 u 的符号解
su2=su1[1].subs({T:848,H:1160,L:1000,v:1.89}).n()         #计算 u 的值
Theta=sp.acos((-H**2*v+L*sp.sqrt((H**2+L**2)*u**2-H**2*v**2))/((H**2+L**2)*u))
theta1=sp.deg(Theta.subs({H:1160,L:1000,v:1.89,u:su2})).n()   #计算第一个角度
print(f"u={su2}"); print(f"角度 theata1={theta1}")
theta2=sp.deg(Theta.subs({H:1160,L:1000,v:1.89,u:1.5})).n()   #计算第二个角度
T2=Te.subs({H:1160,L:1000,v:1.89,u:1.5})                      #计算时间
print(f"角度 theata2={theta2}"); print(f"时间 T2={T2}")
a1=sp.rad(123)                                                #角度单位转换为弧度
L3=sp.solve(L/(1.5*sp.cos(a1)+1.89)-1160/(1.5*sp.sin(a1)))[0]
a2=sp.rad(121)
L4=sp.solve(L/(1.5*sp.cos(a2)+1.89)-1160/(1.5*sp.sin(a2)))[0]
print(f"L={L3}"); print(f"L={L4}")
```

2．问题（2）

游泳者始终以和岸边垂直的方向（y 轴正向）游，即 $\theta=90°$。由式（9.16）得

$$T=\frac{L}{v}, \quad u=\frac{H}{T},$$

计算得到 $T=529.1\text{s}$，$u=2.19\text{m/s}$。游泳者的速度不可能这么快，因此永远游不到终点，会被冲到终点的下游。

注 9.2 男子 1500m 自由泳的世界纪录为 14min41s66，其平均速度为 1.7m/s。

式（9.19）给出能够成功到达终点的选手的速度。1934 年竞渡的全程为 5000m，垂直距离 $H=1160\text{m}$，则 $L=4863.6\text{m}$，仍设 $v=1.89\text{m/s}$，则游泳者的速度只要满足 $u\geqslant0.4385\text{m/s}$，就可以选到合适的角度游到终点，即使游 5000m，很多人也可以做到。

对于 2002 年的数据，$H=1160\text{m}$，$L=1000\text{m}$，$v=1.89\text{m/s}$，需要 $u\geqslant1.4315\text{m/s}$。

1934 年和 2002 年能游到终点的人数的百分比有如此大的差别的主要原因在于，1934 年竞渡的路线长于 2002 年的竞渡路线，其 L 大得多，对游泳者的速度要求低，很多选手能够达到。2002 年的 L 只有 1000m，虽然路程短，但对选手的速度要求高，有些选手的

速度达不到该最低要求，还有些选手的游泳路径选择不当，速度的方向没有把握住，被水流冲过终点，而一旦冲过头，游泳速度还没有水流大，因而无力游回，只能眼看冲过终点而无可奈何。此外，2002 年的气象条件较为不利，风大浪急，水流速度大，这些不利条件降低了选手的成功率。

3．问题（3）

由于流速沿岸边分三段分布，且题目中假设人的速度大小不变，我们可以假设在每一段人的速度为一个不同的方向，它们的方向与岸的夹角分别为 θ_1、θ_2、θ_3，人游过三段的时间分别为 t_1、t_2、t_3，总时间为 $T = t_1 + t_2 + t_3$。

H 分为三段 $H = H_1 + H_2 + H_3$，$H_1 = H_3 = 200$，$H_2 = 760$，第一段和第三段的水流速度相等，$v_1 = v_3 = 1.47 \text{m/s}$，第二段的水流速度 $v_2 = 2.11 \text{m/s}$。游泳者的速度仍为 $u = 1.5 \text{m/s}$。

建立如下数学规划模型：

$$\min \quad T = t_1 + t_2 + t_3$$

$$\text{s.t.} \begin{cases} ut_i \sin \theta_i = H_i, & i = 1,2,3, \\ (u\cos \theta_i + v_i)t_i = L_i, & i = 1,2,3, \\ \sum_{i=1}^{3} L_i = 1000, \\ \dfrac{\pi}{2} \leqslant \theta_i \leqslant \pi, & i = 1,2,3. \end{cases}$$

利用 Python 软件求得 $\theta_1 = \theta_3 = 126.0561°$，$\theta_2 = 118.0627°$，$T$ 的最小值为 904.0228s。

```
#程序文件 panli9_2.py
import numpy as np
from scipy.optimize import minimize
u=1.5; v=np.array([1.47,2.11,1.47])
H=np.array([200,760,200])
#6 个变量中的前 3 个为 t1、t2、t3，后 3 个为角度
obj=lambda t: sum(t[:3])
cons=[{"type":"eq","fun":lambda t:u*t[:3]*np.sin(t[3:])-H},
      {"type":"eq","fun":lambda t:sum((u*np.cos(t[3:])+v)*t[:3])-1000}]
bd=[(0,None)]*3+[(np.pi/2,np.pi)]*3
res=minimize(obj,np.ones(6),constraints=cons, bounds=bd,
             method="SLSQP",options={"maxiter": 100})
print(f"目标函数的最优值{res.fun}"); print(f"时间 t 分别为{res.x[:3]}")
theta=np.rad2deg(res.x[3:]); print(f"角度 theta 分别为{theta}")
```

4．水流速度连续变化模型

当水流随着其与岸边的垂直距离 y 连续变化，记为 $v(y)$，如题中假设

$$v(y) = \begin{cases} \dfrac{2.28}{200}y, & 0 \leqslant y \leqslant 200, \\ 2.28, & 200 < y < 960, \\ \dfrac{2.28}{200}(1160 - y), & 960 \leqslant y \leqslant 1160. \end{cases}$$

对于$v(y)$为连续变化的情形,将江宽$[0,H]$分成n等份,分点为$0=y_0<y_1<\cdots<y_n=H$,记步长$d=H/n$。当n比较大时,区域$[y_{i-1},y_i]$上的流速可视为常数,记为v_i。在每个小区间$[y_{i-1},y_i](i=1,2,\cdots,n)$,即小区间$[(i-1)d,id]$上的流速取为该小区间中点的流速,因而取$v_i=v\left(id-\frac{1}{2}d\right)$,这里

$$v_i=\begin{cases}\dfrac{2.28}{200}\left(id-\dfrac{1}{2}d\right),&1\leqslant i\leqslant\dfrac{200}{d},\\2.28,&\dfrac{200}{d}+1\leqslant i\leqslant\dfrac{960}{d},\\\dfrac{2.28}{200}\left(1160-id+\dfrac{1}{2}d\right),&\dfrac{960}{d}+1\leqslant i\leqslant\dfrac{1160}{d}.\end{cases}$$

在每个小区间上游泳角度分别为θ_i($i=1,2,\cdots,n$)。类似于问题(3),可以建立如下的数学规划模型:

$$\min\sum_{i=1}^{1160/d}t_i$$

$$\text{s.t.}\begin{cases}ut_i\sin\theta_i=d,&1\leqslant i\leqslant 1160/d,\\\sum_{i=1}^{1160/d}t_i(u\cos\theta_i+v_i)=1000,\\\dfrac{\pi}{2}\leqslant\theta_i\leqslant\pi,&1\leqslant i\leqslant 1160/d.\end{cases}$$

取步长$d=5$m时,把江宽$H=1160$m分成$n=232$等份。利用 Python 软件求得全程最少时间$T=881.7263$s。

```
#程序文件 panli9_3.py
import numpy as np
from scipy.optimize import minimize
d=5; H=1160; n=int(H/d); u=1.5; v=np.zeros(n)
v[:int(200/d)]=2.28/200*(np.arange(int(200/d))*d+d/2)
v[int(200/d):int(960/d)]=2.28
v[int(960/d):]=2.28/200*(H-np.arange(int(960/d),n)*d-d/2)

#2*n 个变量中的前 n 个为时间,后 n 个为角度
obj=lambda t: sum(t[:n])
cons=[{"type":"eq","fun":lambda t:u*t[:n]*np.sin(t[n:])-d},
      {"type":"eq","fun":lambda t:sum((u*np.cos(t[n:])+v)*t[:n])-1000}]
bd=[(0,None)]*n+[(np.pi/2,np.pi)]*n
res=minimize(obj,np.ones(2*n),constraints=cons, bounds=bd,
             method="SLSQP",options={"maxiter": 100})
print(f"目标函数的最优值{res.fun}");print(f"时间 t 为{res.x[:n]}")
theta=np.degrees(res.x[n:]);
print(f"角度 theta 为{theta}")
```

9.6.4 竞渡策略短文

从古到今，策略无论是在人们的日常生活中还是在经济生活中都占据着举足轻重的地位。好的策略是成功的开始。俗话说："知己知彼，百战不殆。"一个好的策略来源于对环境的充分了解，对一名渡江选手来说也不例外。因此，要实现成功渡江，选手首先必须要做的事是：知己，即了解自身的游泳速度；知彼，即明确当天比赛时水流的速度和比赛路线。面对不同的水流速度和比赛路线，并受自身游泳速度大小的限制，选手应及时调整游泳的方向。

一个选手要获得最好的成绩就是要在最短时间内恰好到达终点。首先，选手的游泳速度与水流速度的比值要大于等于游泳区域的宽度与游泳距离的比值时才能游到终点，否则会被水流冲走，无法游到终点。其次，必须适当选择游泳方向，否则选手将会被水流冲到终点的下游。

9.6.5 模型的推广

我们建立模型的方法和思想对其他类似的问题也很适用，本章所建立的模型不但能指导竞渡者在竞渡比赛中如何以最短的时间游到终点，对其他一些水上的竞赛也具有参考意义，如皮划艇比赛和飞机降落的分析等问题，此外还能对一些远洋航行的船只的路线规划问题给予指导，使船只能在最短的时间内到达目的地。

习 题 9

9.1 设 $z = x\ln(xy)$，求 $\dfrac{\partial^3 z}{\partial x^2 \partial y}$，$\dfrac{\partial^3 z}{\partial x \partial y^2}$ 及 $\left.\dfrac{\partial^3 z}{\partial x \partial y^2}\right|_{(1,1)}$。

9.2 求函数 $z = \mathrm{e}^{xy}$ 当 $x = 1$，$y = 1$，$\Delta x = 0.15$，$\Delta y = 0.1$ 时的全微分。

9.3 设 $z = \arctan \dfrac{x}{y}$，而 $x = u+v$，$y = u-v$，验证

$$\frac{\partial z}{\partial u} + \frac{\partial z}{\partial v} = \frac{u-v}{u^2+v^2}.$$

9.4 设 $\mathrm{e}^z - xyz = 0$，求 $\dfrac{\partial^2 z}{\partial x^2}$。

9.5 求曲线 $\begin{cases} x^2+y^2+z^2-3x=0, \\ 2x-3y+5z-4=0 \end{cases}$ 在点 $(1,1,1)$ 处的切线及法平面方程。

9.6 求椭球面 $x^2+2y^2+z^2=1$ 上平行于平面 $x-y+2z=0$ 的切平面方程。

9.7 求函数 $u = xyz$ 在点 $(5,1,2)$ 处沿从点 $(5,1,2)$ 到点 $(9,4,14)$ 的方向的方向导数。

9.8 求函数 $f(x,y) = (6x-x^2)(4y-y^2)$ 的极值。

9.9 抛物面 $z = x^2+y^2$ 被平面 $x+y+z=1$ 截成一椭圆，求这椭圆上的点到原点的距离的最大值与最小值。

9.10 求函数 $f(x,y) = \mathrm{e}^x \ln(1+y)$ 在点 $(0,0)$ 的三阶泰勒公式。

9.11 某种合金的含铅量百分比为 $p(\%)$，其熔解温度为 $\theta(℃)$，由实验测得 p 与 θ 的数据如表 9.3 所示，试用最小二乘法建立 θ 与 p 之间的经验公式 $\theta = ap + b$。

表 9.3 θ 与 p 的观测数据

p	36.9	46.7	63.7	77.8	84.0	87.5
θ	181	197	235	270	283	292

9.12 设有一小山，取它的底面所在的平面为 xOy 坐标面，其底部所占的闭区域 $D = \{(x,y) | x^2 + y^2 - xy \leqslant 75\}$，小山的高度函数为 $h = f(x,y) = 75 - x^2 - y^2 + xy$。

（1）设 $M(x_0, y_0) \in D$，问 $f(x,y)$ 在该点沿平面上什么方向的方向导数最大？若记此方向导数的最大值为 $g(x_0, y_0)$，试写出 $g(x_0, y_0)$ 的表达式。

（2）现欲利用此小山开展攀岩活动，为此需要在山脚找一上山坡度最大的点作为攀岩的起点，也就是说，要在 D 的边界线 $x^2 + y^2 - xy = 75$ 上找出（1）中的 $g(x,y)$ 达到最大值的点。试确定攀岩起点的位置。

第10章 重积分

本章首先介绍重积分的符号解和数值解，然后介绍重积分的应用，最后给出一个应用案例。

10.1 重积分的符号解和数值解

10.1.1 重积分的符号解

求多重积分的符号解，首先需要把多重积分化成累次积分，然后依次进行一重积分，同样使用 SymPy 库中的一重积分函数 integrate()。

1. 二重积分

例 10.1 计算 $\iint\limits_{D} xy\,\mathrm{d}\sigma$，其中 D 是由抛物线 $y^2 = x$ 及 $y = x-2$ 所围成的闭区域。

解 解方程组

$$\begin{cases} y^2 = x, \\ y = x-2, \end{cases}$$

求得抛物线与直线的交点为 $(1,-1)$，$(4,2)$。

画出的积分区域如图 10.1 所示，因而有

$$\iint\limits_{D} xy\,\mathrm{d}\sigma = \int_{-1}^{2}\left[\int_{y^2}^{y+2} xy\,\mathrm{d}x\right]\mathrm{d}y = \frac{45}{8}.$$

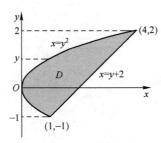

图 10.1 积分区域示意图

```
#程序文件 pex10_1.py
import sympy as sp
x,y=sp.var("x,y")
s=sp.solve([y**2-x,y-x+2])
I1=sp.integrate(x*y,(x,y**2,y+2))       #内层积分
```

```
I2=sp.integrate(I1,(y,-1,2))          #外层积分
print("积分值：\n",I2)
```

例 10.2 试求解二重积分 $I = \int_{-1}^{1} \mathrm{d}y \int_{-\sqrt{1-y^2}}^{\sqrt{1-y^2}} \mathrm{e}^{-x} \sin(x+y) \mathrm{d}x$ 。

解 无法求得 I 的精确符号解，使用 n()方法，求得的数值解为 $I = -0.7194$。

```
#程序文件 pex10_2.py
import sympy as sp
x,y=sp.var("x,y")
f=sp.exp(-x)*sp.sin(x+y)
I1=sp.integrate(f,(x,-sp.sqrt(1-y**2),sp.sqrt(1-y**2)))
I2=sp.integrate(I1,(y,-1,1))          #外层积分
print("积分值：\n",I2.n())
```

例 10.3 计算由柱面 $x^2 + 4y^2 = 4$ 与两平面 $z = 8 + x - 2y$，$z = 0$ 所围成的立体圆形的体积。

解 立体的图形如图 10.2 所示，其体积

$$V = \iint\limits_{x^2+4y^2 \leqslant 4} (8+x-2y)\mathrm{d}x\mathrm{d}y = \int_{-2}^{2} \mathrm{d}x \int_{-\sqrt{1-\frac{x^2}{4}}}^{\sqrt{1-\frac{x^2}{4}}} (8+x-2y)\mathrm{d}y = 16\pi.$$

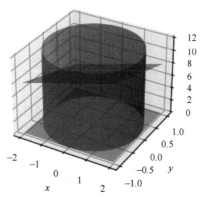

图 10.2 立体图形

```
#程序文件 pex10_3.py
import numpy as np
import pylab as plt
import sympy as sp
plt.rc("text",usetex=True)
ax = plt.axes(projection="3d")
theta = np.linspace(0, 2*np.pi, 100)      #角度取值数据
z = np.linspace(0, 12, 100)                #z 的取值数据
Theta, Z = np.meshgrid(theta, z)           #生成网格数据
X=2*np.cos(Theta); Y=np.sin(Theta)         #柱面参数方程
ax.plot_surface(X, Y, Z, alpha=0.5)        #绘制柱面
```

```
x1=np.linspace(-2,2,50); y1=np.linspace(-1,1,50);
X1,Y1=np.meshgrid(x1,y1)
Z1=np.zeros(X1.shape); Z2=8+X1-2*Y1
ax.plot_surface(X1, Y1, Z1, alpha=0.5)
ax.plot_surface(X1, Y1, Z2, alpha=0.5)
ax.set_xlabel("$x$"); ax.set_ylabel("$y$")
ax.set_zlabel("$z$");
x,y=sp.var("x,y")
I1=sp.integrate(8+x-2*y,
    (y,-sp.sqrt(1-x**2/4),sp.sqrt(1-x**2/4)))    #内层积分
I2=sp.integrate(I1,(x,-2,2))                      #外层积分
print("积分值为: \n",I2); plt.show()
```

2. 三重积分

三重积分计算方法一般有两种：一种是"穿针法"，将积分化为"先一后二"的三次积分；另一种是"切片法"，将积分化为"先二后一"的三次积分：

$$\iiint\limits_{V} f(x,y,z)\mathrm{d}x\mathrm{d}y\mathrm{d}z = \iint\limits_{D_{xy}}\mathrm{d}x\mathrm{d}y\int_{z_1(x,y)}^{z_2(x,y)} f(x,y,z)\mathrm{d}z = \int_a^b \mathrm{d}x \int_{y_1(x)}^{y_2(x)} \mathrm{d}y \int_{z_1(x,y)}^{z_2(x,y)} f(x,y,z)\mathrm{d}z, \quad (10.1)$$

$$\iiint\limits_{V} f(x,y,z)\mathrm{d}x\mathrm{d}y\mathrm{d}z = \int_a^b \mathrm{d}z \iint\limits_{D_z} f(x,y,z)\mathrm{d}x\mathrm{d}y = \int_a^b \mathrm{d}z \int_{x_1(z)}^{x_2(z)} \mathrm{d}x \int_{y_1(x,z)}^{y_2(x,z)} f(x,y,z)\mathrm{d}y, \quad (10.2)$$

再用程序求解。

例 10.4 计算三重积分 $\iiint\limits_{\Omega} z^2 \mathrm{d}x\mathrm{d}y\mathrm{d}z$，其中 Ω 是由椭球面 $\dfrac{x^2}{a^2}+\dfrac{y^2}{b^2}+\dfrac{z^2}{c^2}=1$ 所围成的空间闭区域。

解 空间闭区域 Ω 可表示为

$$\left\{(x,y,z)\left|\dfrac{x^2}{a^2}+\dfrac{y^2}{b^2}\leqslant 1-\dfrac{z^2}{c^2},-c\leqslant z\leqslant c\right.\right\},$$

如图 10.3 所示，因而有

$$\iiint\limits_{\Omega} z^2 \mathrm{d}x\mathrm{d}y\mathrm{d}z = \int_{-c}^{c} z^2 \mathrm{d}z \iint\limits_{D_z} \mathrm{d}x\mathrm{d}y = \pi ab \int_{-c}^{c}\left(1-\dfrac{z^2}{c_2}\right)z^2 \mathrm{d}z = \dfrac{4}{15}\pi abc^3.$$

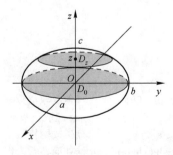

图 10.3 闭区域示意图

```
#程序文件 pex10_4.py
import sympy as sp
a,b,c,z=sp.var("a,b,c,z")
f=sp.pi*a*b*(1-z**2/c**2)*z**2
I=sp.integrate(f,(z,-c,c)); print("I=",I)
```

例 10.5 计算 $\iiint\limits_{\Omega}(x^2+y^2+z)\mathrm{d}x\mathrm{d}y\mathrm{d}z$，其中 Ω 由曲面 $z=\sqrt{2-x^2-y^2}$ 与 $z=\sqrt{x^2+y^2}$ 围成。

解 曲面 $z=\sqrt{2-x^2-y^2}$ 与 $z=\sqrt{x^2+y^2}$ 的交线在 xOy 平面上的投影为

$$\begin{cases}\sqrt{2-x^2-y^2}=\sqrt{x^2+y^2},\\ z=0,\end{cases}$$

即

$$\begin{cases}x^2+y^2=1,\\ z=0.\end{cases}$$

积分区域如图 10.4 所示。

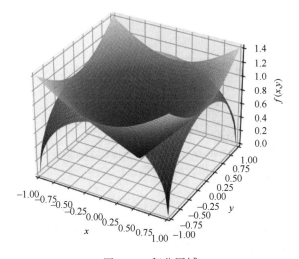

图 10.4 积分区域

采用柱坐标计算，令

$$\begin{cases}x=r\cos\theta,\\ y=r\sin\theta,\\ z=z,\end{cases}$$

柱坐标下的积分区域为

$$\begin{cases}r\leqslant z\leqslant\sqrt{2-r^2},\\ 0\leqslant r\leqslant 1,\\ 0\leqslant\theta\leqslant 2\pi.\end{cases}$$

计算得

$$\iiint_{\Omega}(x^2+y^2+z)\mathrm{d}x\mathrm{d}y\mathrm{d}z = \iint_{x^2+y^2\leqslant 1}\mathrm{d}x\mathrm{d}y\int_{\sqrt{x^2+y^2}}^{\sqrt{2-x^2-y^2}}(x^2+y^2+z)\mathrm{d}z$$

$$=\int_0^{2\pi}\mathrm{d}\theta\int_0^1\mathrm{d}r\int_r^{\sqrt{2-r^2}}(r^2+z)r\mathrm{d}z=\pi\left(\frac{16\sqrt{2}}{15}-\frac{5}{6}\right).$$

```
#程序文件 pex10_5.py
import sympy as sp
from sympy.plotting import plot3d
import pylab as plt
x,y,z,theta=sp.var("x,y,z,theta")
r=sp.var("r",pos=True)
z1=sp.sqrt(2-x**2-y**2); z2=sp.sqrt(x**2+y**2)
plt.rc("text",usetex=True)
fig1=plot3d(z2,(x,-1,1),(y,-1,1),show=False,alpha=0.5)
fig2=plot3d(z1,(x,-1,1),(y,-1,1),show=False,alpha=0.5)
fig2.append(fig1[0]); fig2.show(); f=(r**2+z)*r
I1=sp.integrate(f,(z,r,sp.sqrt(2-r**2)))
I2=sp.integrate(I1,(r,0,1))*2*sp.pi
print("积分值为：\n",I2)
```

10.1.2 重积分的数值解

scipy.integrate 模块中求二重积分和三重积分数值解的函数分别为 dblquad()和 tplquad()。dblquad()的调用格式为

  dblquad(func, a, b, gfun, hfun, args=()) #在平面区域 a≤x≤b 和 gfun(x)≤y≤hfun(x)上求函数 func(x,y)的数值积分。可以通过 args 传递一些参数

tplquad 的调用格式为

  tplquad(func, a, b, gfun, hfun, qfun, rfun) #在区域 a≤x≤b、gfun(x)≤y≤hfun(x)和 qfun(x,y)≤z≤rfun(x,y)上求函数 func(x,y,z)的数值积分。

1．二重积分

例 10.6 计算二重积分 $I=\int_0^{\pi}\mathrm{d}y\int_{\pi}^{2\pi}xy^2\cos(xy)\mathrm{d}x$。

解 求得 $I=-4.2929$，积分精度为 4.3394×10^{-11}。

```
#程序文件 pex10_6.py
from scipy.integrate import dblquad
import numpy as np
f=lambda x,y: x*y**2*np.cos(x*y)
I=dblquad(f,0,np.pi,np.pi,2*np.pi)
print("积分值：\n",I)
```

例 10.7（续例 10.2） 试求解二重积分 $I = \int_{-1}^{1} dy \int_{-\sqrt{1-y^2}}^{\sqrt{1-y^2}} e^{-x} \sin(x+y) dx$。

解 求得 $I = -0.7194$，积分精度为 2.9847×10^{-9}。

```
#程序文件 pex10_7.py
import numpy as np
from scipy.integrate import dblquad
f1=lambda x,y: np.exp(-x)*np.sin(x+y)
bx=lambda y: np.sqrt(1-y**2);    #积分上限匿名函数
ax=lambda y: -bx(y)              #积分下限匿名函数
I=dblquad(f1,-1,1,ax,bx)
print("积分的数值解和精度分别为\n",I)
```

2. 三重积分

例 10.8 计算三重积分 $I = \int_{\pi}^{2\pi} dz \int_0^{\pi} dy \int_0^1 (y\sin x + x\cos y + e^{-z^2}) dx$。

解 求得数值积分值 $I = 7.1268$，数值积分的精度为 9.2297×10^{-14}。

```
#程序文件 pex10_8.py
import numpy as np
from scipy.integrate import tplquad
import sympy as sp
f1=lambda x,y,z: y*np.sin(x)+x*np.cos(y)+np.exp(-z**2)
I1=tplquad(f1,np.pi,2*np.pi,0,np.pi,0,1)
x,y,z=sp.var("x,y,z")
f2=y*sp.sin(x)+x*sp.cos(y)+sp.exp(-z**2)
I21=sp.integrate(f2,(x,0,1))
I22=sp.integrate(I21,(y,0,sp.pi))
I23=sp.integrate(I22,(z,sp.pi,2*sp.pi))
print("数值积分值和精度分别为：\n",I1)
print("符号积分的浮点数值为：",I23.n())
```

例 10.9 求 $I = \iiint_{\Omega} \sqrt{x^2+y^2+z^2} \, dxdydz$ 的数值解，其中 Ω 是由球面 $x^2+y^2+z^2 = z$ 所围成的闭区域。

解 球面 $x^2+y^2+z^2 = z$ 等价于 $x^2+y^2+\left(z-\dfrac{1}{2}\right)^2 = \left(\dfrac{1}{2}\right)^2$，即是以 $\left(0,0,\dfrac{1}{2}\right)$ 为球心、$\dfrac{1}{2}$ 为半径的球面，因而有

$$I = \int_0^1 dz \iint_{x^2+y^2 \leqslant z-z^2} \sqrt{x^2+y^2+z^2} \, dxdy = \int_0^1 dz \int_{-\sqrt{z-z^2}}^{\sqrt{z-z^2}} dx \int_{-\sqrt{z-z^2-x^2}}^{\sqrt{z-z^2-x^2}} \sqrt{x^2+y^2+z^2} \, dy = 0.3142.$$

本题也可以利用球面坐标做变换，求得符号解。令

$$\begin{cases} x = r\sin\varphi\cos\theta, \\ y = r\sin\varphi\sin\theta, \\ z = r\cos\varphi, \end{cases}$$

积分区域为

$$\begin{cases} 0 \leqslant r \leqslant \cos\varphi, \\ 0 \leqslant \varphi \leqslant \dfrac{\pi}{2}, \\ 0 \leqslant \theta \leqslant 2\pi. \end{cases}$$

积分

$$I = \int_0^{2\pi} \mathrm{d}\theta \int_0^{\frac{\pi}{2}} \mathrm{d}\varphi \int_0^{\cos\varphi} r^3 \sin\varphi \mathrm{d}r = \frac{\pi}{10}.$$

```
#程序文件 pex10_9.py
import numpy as np
from scipy.integrate import nquad
import sympy as sp
f1=lambda y,x,z: np.sqrt(x**2+y**2+z**2)
yb=lambda x,z: [-np.sqrt(z-z**2-x**2),np.sqrt(z-z**2-x**2)]
xb=lambda z: [-np.sqrt(z-z**2),np.sqrt(z-z**2)]
zb=[0,1]; I1=nquad(f1,[yb,xb,zb])
print("数值积分值和精度分别为：\n",I1)

r,theta,phi=sp.var("r,theta,phi")
I21=sp.integrate(r**3*sp.sin(phi),(r,0,sp.cos(phi)))
I22=2*sp.pi*sp.integrate(I21,(phi,0,sp.pi/2))
print("符号积分值为：",I22)
```

注 10.1 （1）该题求三重积分时，使用函数 tplquad() 无法求出数值解，只能使用函数 nquad() 求解。

（2）计算三重数值积分时，用匿名函数定义积分限，一定要注意函数自变量的书写顺序，千万不要搞错顺序，否则会得到错误的结果。

10.2 重积分的应用

曲顶柱体的体积、平面薄片的质量可用二重积分计算，空间物体的质量可用三重积分计算。本节讨论重积分在几何、物理上的一些其他应用。

1. 曲面的面积

例 10.10 已知地球半径为 $R = 6400\mathrm{km}$，重力加速度 $g = 9.8\mathrm{m/s}^2$，现有一颗地球同步轨道卫星在位于地球赤道平面的轨道上运行，卫星运行的角速度 ω 与地球自转的角速度相同。求卫星距地面的高度 h 和该卫星的覆盖面积。

解 首先进行受力分析，并结合牛顿第二定律确定卫星的高度；当卫星距离地面高度已知时，其覆盖面积可用球冠面积来确定。

记地球的质量为 M，通信卫星的质量为 m，万有引力常数为 G，通信卫星运行的角速度为 ω。卫星所受的万有引力为 $G\dfrac{Mm}{(R+h)^2}$，卫星所受离心力为 $m\omega^2(R+h)$。根据

牛顿第二定律，得
$$G\frac{Mm}{(R+h)^2}=m\omega^2(R+h),\quad(10.3)$$
若把卫星放在地球表面，则卫星所受的万有引力就是卫星所受的重力，即有
$$G\frac{Mm}{R^2}=mg,\quad(10.4)$$
消去式（10.3）和式（10.4）中的万有引力常数 G，得
$$(R+h)^3=g\frac{R^2}{\omega^2}.\quad(10.5)$$
将 $g=9.8\text{m/s}^2$，$R=6400\text{km}$，$\omega=\dfrac{2\pi}{T}=\dfrac{2\pi}{24\times3600}$，代入式（10.5），得
$$h=3.5940\times10^7(\text{m}),$$
即卫星距地面的高度为 35940km。

取地心为坐标原点，地心与卫星中心的连线为 z 轴建立三维右手空间坐标系，其 zOx 平面图如图 10.5 所示。

卫星的覆盖面积为
$$S=\iint_{\Sigma}\text{d}S,$$
其中 Σ 为球面 $x^2+y^2+z^2=R^2$ 的上半部被圆锥角 α 所限定的部分曲面。所以卫星的覆盖面积为

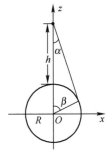

图 10.5 zOx 平面图

$$S=\iint_{D}\sqrt{1+z_x^2+z_y^2}\text{d}x\text{d}y,$$
其中 $z=\sqrt{R^2-x^2-y^2}$，积分区域 D 为 xOy 平面上的区域 $x^2+y^2\leqslant R^2\sin^2\beta$，这里 $\cos\beta=\sin\alpha=\dfrac{R}{R+h}$，利用极坐标得
$$S=\int_0^{2\pi}\text{d}\theta\int_0^{R\sin\beta}\frac{R}{\sqrt{R^2-r^2}}r\text{d}r=2\pi R^2(1-\cos\beta)=2\pi R^2\cdot\frac{h}{R+h}.$$

代入 $R=6400000$，$h=3.594\times10^7$，计算得 $S=2.1846\times10^{14}\,\text{m}^2$，即 $S=2.1846\times10^8\,\text{km}^2$。

地球表面的总面积为 $5.1472\times10^{14}\,\text{m}^2$，一颗通信卫星覆盖地球表面的比率为 42.44%，即一颗通信卫星覆盖了地球表面的 $\dfrac{1}{3}$ 以上的面积，故使用 3 颗相隔 $\dfrac{2\pi}{3}$ 的通信卫星就可以覆盖整个地球表面。

```
#程序文件 pex10_10.py
import numpy as np
import sympy as sp
g=9.8; R0=6400000; omiga=2*np.pi/(24*3600)
h0=(g*R0**2/omiga**2)**(1/3)-R0
print("卫星距地面的高度为",h0)
x,y,r,theta=sp.var("x,y,r,theta")
h,R,beta=sp.var("h,R,beta",positive=True)
```

```
z=sp.sqrt(R**2-x**2-y**2)
ds=sp.sqrt(1+z.diff(x)**2+z.diff(y)**2)
ds=sp.simplify(ds)
f=ds.subs({x:r*sp.cos(theta),y:r*sp.sin(theta)})*r
f=sp.simplify(f)
s1=2*sp.pi*sp.integrate(f,(r,0,R*sp.sin(beta)))
s2=sp.simplify(s1); s3=s2.subs(sp.cos(beta),R/(R+h))
s4=sp.simplify(s3)
s5=s4.subs({R:R0,h:h0}).n()
TS=4*np.pi*R0**2          #计算地球的表面积
rate=s5/TS                #计算同步卫星覆盖的比率
print("覆盖的比率为",rate)
```

2．质心

设在 xOy 平面上有 n 个质点，它们分别位于点 (x_i, y_i) $(i=1,2,\cdots,n)$ 处，质量分别为 $m_i (i=1,2,\cdots,n)$。由力学知道，该质点系的质心的坐标为

$$\bar{x} = \frac{M_y}{M} = \frac{\sum_{i=1}^{n} m_i x_i}{\sum_{i=1}^{n} m_i}, \quad \bar{y} = \frac{M_x}{M} = \frac{\sum_{i=1}^{n} m_i y_i}{\sum_{i=1}^{n} m_i},$$

其中 $M = \sum_{i=1}^{n} m_i$ 为该质点系的总质量，M_y 和 M_x 分别为该质点系对 y 轴和 x 轴的静矩，且

$$M_y = \sum_{i=1}^{n} m_i x_i, \quad M_x = \sum_{i=1}^{n} m_i y_i.$$

设有一薄片，占有 xOy 面上的闭区域 D，在点 (x,y) 处的面密度为 $\mu(x,y)$，假定 $\mu(x,y)$ 在 D 上连续。则该薄片的质心的坐标为

$$\bar{x} = \frac{M_y}{M} = \frac{\iint_D x\mu(x,y)\,\mathrm{d}\sigma}{\iint_D \mu(x,y)\,\mathrm{d}\sigma}, \quad \bar{y} = \frac{M_x}{M} = \frac{\iint_D y\mu(x,y)\,\mathrm{d}\sigma}{\iint_D \mu(x,y)\,\mathrm{d}\sigma}.$$

例 10.11 利用三重积分计算下列曲面所围立体的质心（设密度 $\rho=1$）：

$$z = \sqrt{A^2 - x^2 - y^2}, \quad z = \sqrt{a^2 - x^2 - y^2} \quad (A > a > 0), \quad z = 0.$$

解 立体 Ω 由两个同心的上半球面和 xOy 面所围成，关于 z 轴对称，又由于它是均质的，故其质心位于 z 轴上，即有 $\bar{x} = \bar{y} = 0$。立体的体积为

$$V = \frac{2}{3}\pi(A^3 - a^3).$$

$$\bar{z} = \frac{1}{V}\iiint_\Omega z\,\mathrm{d}v = \frac{1}{V}\int_0^{2\pi}\mathrm{d}\theta\int_0^{\frac{\pi}{2}}\mathrm{d}\varphi\int_a^A r\cos\varphi \cdot r^2\sin\varphi\,\mathrm{d}r = \frac{3(A^4 - a^4)}{8(A^3 - a^3)}.$$

```
#程序文件 pex10_11.py
import sympy as sp
r,phi,a,A=sp.var("r,phi,a,A")
V=2*sp.pi*(A**3-a**3)/3
s1=sp.integrate(r**3*sp.cos(phi)*sp.sin(phi),(r,a,A))
s2=sp.integrate(s1,(phi,0,sp.pi/2))
zb=2*sp.pi*s2/V; zb=sp.simplify(zb)
print("质心的 z 坐标为\n",zb)
```

3．转动惯量

设在 xOy 平面上有 n 个质点，它们分别位于点 (x_i,y_i) $(i=1,2,\cdots,n)$ 处，质量分别为 $m_i(i=1,2,\cdots,n)$。由力学知识可知，该质点系对于 x 轴和 y 轴的转动惯量依次为

$$I_x=\sum_{i=1}^{n}y_i^2 m_i,\quad I_y=\sum_{i=1}^{n}x_i^2 m_i.$$

设有一薄片，占有 xOy 面上的闭区域 D，在点 (x,y) 处的面密度为 $\mu(x,y)$，假定 $\mu(x,y)$ 在 D 上连续，则该薄片对于 x 轴和 y 轴的转动惯量依次为

$$I_x=\iint_D y^2\mu(x,y)\mathrm{d}\sigma,\quad I_y=\iint_D x^2\mu(x,y)\mathrm{d}\sigma.$$

例 10.12 求密度为 ρ 的均匀球对于过球心的一条轴 l 的转动惯量。

解 取球心为坐标原点，z 轴与 l 轴重合，又设球的半径为 a，则球所占空间闭区域

$$\Omega=\{(x,y,z)\,|\,x^2+y^2+z^2\leqslant a^2\}.$$

所求转动惯量即球对于 z 轴的转动惯量为

$$I_z=\iiint_\Omega(x^2+y^2)\rho\mathrm{d}v=\int_0^{2\pi}\mathrm{d}\theta\int_0^\pi\mathrm{d}\varphi\int_0^a r^2\sin^2\varphi\rho r^2\sin\varphi\mathrm{d}r=\frac{8\pi a^5\rho}{15}.$$

```
#程序文件 pex10_12.py
import sympy as sp
x,y,a,r,theta,phi,rho=sp.var("x,y,a,r,theta,phi,rho")
f=x**2+y**2
f=f.subs({x:r*sp.sin(phi)*sp.cos(theta),
          y:r*sp.sin(phi)*sp.sin(theta)})
g=sp.simplify(f*rho*r**2*sp.sin(phi))
I1=sp.integrate(g,(r,0,a))
I2=sp.integrate(I1,(phi,0,sp.pi))
Iz=I2*2*sp.pi; print("关于 z 轴的转动惯量为",Iz)
```

4．其他应用

例 10.13（照明问题） 有一个简易展台，展台表面中心点 O 正上方高度为 $h=3\mathrm{m}$ 处设置有一个灯 P。展台后面设有一个长为 $a=5\mathrm{m}$，高为 $b=3\mathrm{m}$ 的长方形背景墙，背景墙的底边位于展台表面所在的水平面上。展台表面中心点 O 到背景墙的距离为 $c=2\mathrm{m}$。我们希望知道展台中心的亮度是多少，假定只考虑灯光直射亮度及背景墙的反射亮度。

假设灯（简化为点光源）的照明强度为 $I_0=900\mathrm{lm}$（光照度单位—流明），背景墙的

反射率为 $\rho=0.4$. 由光度学理论知道，点光源照射到平面上一点的亮度为

$$E = \frac{I_0}{R^2}\cos\theta,$$

式中，E 为受光点的亮度；I_0 为发光点的亮度；R 为发光点到受光点的距离；θ 为发光点到受光点的连线与受光平面的法线之间的夹角。

解 以展台中心 O 为坐标原点，建立如图 10.6 所示的坐标系，根据题设，展台中心的亮度可表达为

O 点的实际亮度 $E=$ 光源直接照射的亮度 E_1+ 背景墙的反射光亮度 E_2.

由于受光点（展台中心 O）与发光点（灯）的连线与展台的法向重合，所以 $\theta=0°$，这样，灯对展台中心 O 的直接照射亮度为 $E_1=I_0/h^2$.

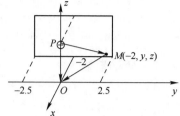

图 10.6　展台背景墙、灯示意图

下面考虑背景墙对 O 点的反射亮度 E_2，设 $M(-c,y,z)$ 为在墙面上任意一点，线段 PM 与背景墙法线的夹角为 θ_1，则 M 点受灯直接照射的亮度为

$$\phi(y,z) = \frac{I_0}{|PM|^2}\cos\theta_1 = \frac{I_0}{(-c)^2+y^2+(z-h)^2} \cdot \frac{c}{\sqrt{(-c)^2+y^2+(z-h)^2}}.$$

整理得

$$\phi(y,z) = \frac{I_0 c}{(c^2+y^2+(z-h)^2)^{\frac{3}{2}}}.$$

设在点 M 处取一个面积元素 ds，其面积为 $ds=dydz$，则该面积微元的亮度为 $\phi(y,z)dydz$。面积微元 ds 反射给 O 点的亮度为

$$dE = \frac{\rho\phi(y,z)dydz}{(-c)^2+y^2+z^2} \cdot \frac{z}{\sqrt{(-c)^2+y^2+z^2}} = \frac{\rho z\phi(y,z)dydz}{(c^2+y^2+z^2)^{\frac{3}{2}}}.$$

于是，背景墙对 O 点的反射亮度可用以背景墙的长方形区域为积分区域的二重积分表示为

$$E_2 = \iint_D \frac{\rho z\phi(y,z)}{(c^2+y^2+z^2)^{\frac{3}{2}}} dydz,$$

其中 $D=\{(y,z)|-\frac{a}{2}\leq y\leq \frac{a}{2}, 0\leq z\leq b\}$.

综上所述，展台中心 O 点的亮度为

$$E = E_1 + E_2 = \frac{I_0}{h^2} + \iint_D \frac{\rho z\phi(y,z)}{(c^2+y^2+z^2)^{\frac{3}{2}}} dydz.$$

利用 Python 软件，求得展台中心 O 点的亮度为 131.5540lm。

```
#程序文件 pex10_13.py
from scipy.integrate import dblquad
import numpy as np
I0=900; rho=0.4; h=3; a=5; b=3; c=2
E1=I0/h**2
f=lambda y,z: rho*z*I0*c/np.sqrt(c**2+y**2+(z-h)**2)**(3/2)\
```

```
/(c**2+y**2+z**2)**(3/2)
E2=dblquad(f,-a/2,a/2,0,b)[0]; E=E1+E2
print("亮度值为",E)
```

例 10.14 某景区计划堆积一座人工高地，其表面形状可近似地用曲面

$$z = 10e^{-\frac{x^2}{10^4} - \frac{2y^2}{10^4}} + 6e^{-\frac{(x-160)^2}{10^4} - \frac{(y+85)^2}{2 \times 10^4}}$$

表示（其中 $-200 \leqslant x \leqslant 300$，$-300 \leqslant y \leqslant 100$，单位为 m），在高地表面上的点 $(24,-2.5,10.1)$ 处设置有人工喷泉口，让泉水自由地从高地上流下，直到水流到达水平高度为 0.3m 的地面上某处。为了防止水流冲刷地表，施工时需要在水流路线上采取一定措施。为此，请帮助施工人员绘制出人工高地的等高线图、经过喷泉口的梯度线图及水流路线图，并求该水流路线的近似长度。

解 分析：由梯度的理论及水流的特征，水流路线应该是沿着负梯度方向从高向低流。绘制水流路线图时，首先在等值线图中绘制梯度线图，然后在高地的曲面图上画出梯度线的相应空间曲线。

画梯度线的方法：首先定义高地曲面的符号函数表达式，利用 jacobian() 函数求得曲面函数的梯度表达式；然后把梯度向量函数代入当前点的坐标值，得到当前点的梯度向量；最后从泉水出口点起求梯度，水流方向为梯度的反方向，以一定的长度取梯度的负向量（本题的程序中用 step 表示步长，step=1m），计算该向量的终点坐标，即水流下一步到达的点的 x、y 坐标，并计算出该点的高度 h。如此反复，直到该点的高度 h 低于 0.3。取到梯度线上的这些点的 x,y 坐标后，利用 plot() 函数画图。

画水流路线图的方法是：首先画出曲面图，然后利用得到的水流路线上离散点的坐标 (x,y,z)，最后使用函数 plot3D() 绘制水流路线图。

由于取的离散点充分密，因此在计算水流路线长度时，两个相邻离散点间的长度用该两点间的线段近似。利用 Python 软件求得水流路线的长度为 248.2113m，梯度线图及水流路线图如图 10.7 所示。

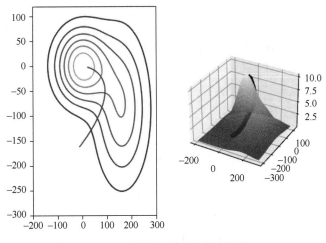

图 10.7 梯度线图及水流路线图

```
#程序文件 pex10_14.py
import pylab as plt
import sympy as sp
import numpy as np
x,y=sp.var("x,y")
z=10*sp.exp(-x**2/10**4-2*y**2/10**4)+\
  6*sp.exp(-(x-160)**2/10**4-(y+85)**2/2/10**4)
dz=sp.Matrix([z]).jacobian([x,y])      #求梯度向量
df=sp.lambdify([x,y],dz)                #将符号函数转换为匿名函数
fz=sp.lambdify([x,y],z)                 #将符号函数转换为匿名函数
X0=np.linspace(-200,300,100)
Y0=np.linspace(-300,120,100)
X,Y=np.meshgrid(X0,Y0)
Z=fz(X,Y); plt.subplot(121)             #第一个子图
plt.contour(X,Y,Z)                      #画等高线图
xi=24; yi=-2.5; zi=10.1; step=1
Xi=[24]; Yi=[-2.5]; Zi=[10.1]
while zi>0.3:
    d1=df(xi,yi)[0]
    d2=-step*d1/np.linalg.norm(d1)
    xi=xi+d2[0]; yi=yi+d2[1]; zi=fz(xi,yi)
    Xi.append(xi); Yi.append(yi)
    Zi.append(zi)
plt.plot(Xi,Yi)                         #画投影平面上的水流路线
L=sum(np.sqrt(np.diff(Xi)**2+np.diff(Yi)**2+np.diff(Zi)**2))
ax=plt.subplot(122,projection="3d")     #第二个子图
ax.plot_surface(X,Y,Z,cmap="summer")
ax.plot3D(Xi,Yi,Zi,"k*--")
print("水流路线长度为：",L); plt.show()
```

10.3 储油罐的容积计算

例 10.15（取自于 2010 年全国大学生数学建模竞赛 A 题） 现有一种典型的储油罐，其主体为圆柱体，两端为球冠体，油位计用来测量罐内油位高度，储油罐的尺寸和形状如图 10.8 所示。由于地基变形等原因，储油罐罐体会产生变位，即存在纵向倾斜和横向偏转。当纵向倾斜角度 $\alpha = 2°$，横向偏转角度 $\beta = 4°$，油位计显示高度 $h = 2\mathrm{m}$ 时，计算储油罐内油的容积。

解 储油罐内油的容积可用三重积分计算。但由于油罐两侧为球冠且罐体发生变位，故直接推导容积的计算公式是比较烦琐的。

下面考虑罐内油容积的数值计算方法。记圆柱体的半径为 r，长度为 L，球冠的半径为 R，则由题意知 $r = 1.5\mathrm{m}$，$L = 8\mathrm{m}$。球冠半径 R 满足 $(R-1)^2 + r^2 = R^2$，即 $R = (1+r^2)/2 = 1.625\mathrm{m}$。由于存在横向偏转，所以需要先计算油位计处实际的油面高度 H。过油位计作垂直于圆柱面的截面，如图 10.9 所示。当油位计显示高度 $h \geqslant r$ 时，

$H=r+(h-r)\cos\beta$;当 $h<r$ 时,$H=r-(r-h)\cos\beta$。总之,$H=r-(r-h)\cos\beta$。

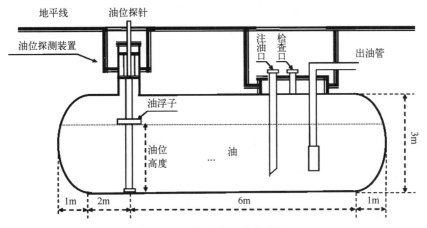

图 10.8 储油罐正面示意图

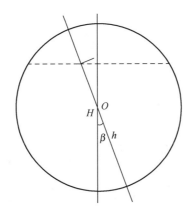

图 10.9 油位计截面示意图

当储油罐发生变位时,建立空间直角坐标系 $Oxyz$,如图 10.10 所示,其中圆柱体的中心线在 z 轴上,O 在圆柱体中心线的中点,y 轴在水平面上且与 z 轴垂直,x 轴垂直于 yOz 平面且正向朝上。

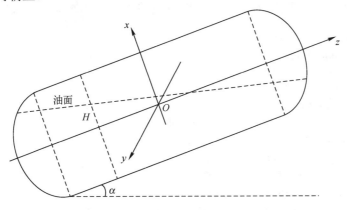

图 10.10 变位时储油罐油面示意图

左、右球冠对应的球心坐标分别记为$(0,0,-s)$和$(0,0,s)$，此处$s=L/2-(R-1)=3.375\,\mathrm{m}$。圆柱面的方程为$x^2+y^2=r^2$，左球冠所在的球面方程为$x^2+y^2+(z+s)^2=R^2$，右球冠所在的球面方程为$x^2+y^2+(z-s)^2=R^2$。油浮的坐标为$(H-r,0,-(L/2-2))$，故油面所在平面的方程为

$$x-(H-r)=-\left(z+\frac{L}{2}-2\right)\tan\alpha,$$

即

$$x=(h-r)\cos\beta-\left(z+\frac{L}{2}-2\right)\tan\alpha.$$

所以，油位计高度为h的储油区域为

$$D=\left\{(x,y,z)\left|\begin{array}{l}x^2+y^2\leqslant r^2,\ x\leqslant(h-r)\cos\beta-\left(z+\dfrac{L}{2}-2\right)\tan\alpha,\\-s-\sqrt{R^2-x^2-y^2}\leqslant z\leqslant s+\sqrt{R^2-x^2-y^2}\end{array}\right.\right\},$$

储油罐内油的容积

$$V=\iiint_D \mathrm{d}x\mathrm{d}y\mathrm{d}z,$$

其中被积函数为常数1。

求V的解析表达式很困难，故可以采用数值积分方法求解。整个储油罐存在于一个长方体内，则有

$$D\subset\tilde{D}=\left\{(x,y,z)\left||x|\leqslant r,|y|\leqslant r,|z|\leqslant \frac{L}{2}+1\right.\right\},$$

$$V=\iiint_{\tilde{D}}\chi_D(x,y,z)\mathrm{d}x\mathrm{d}y\mathrm{d}z,$$

其中，

$$\chi_D(x,y,z)=\begin{cases}1,&(x,y,z)\in D,\\0,&(x,y,z)\notin D.\end{cases}$$

利用Python软件，使用蒙特卡罗方法，在随机数的种子取2的条件下，求得$V=44.2271$。

```
#程序文件 pex10_15.py
import numpy as np
a0=2; b0=4          #两个角度
a=np.radians(a0)    #度转换为弧度
b=np.radians(b0)
r=1.5; L=8          #圆柱体的半径和长度
R=1.625; s=3.375    #球冠半径和右球冠球心z坐标
h=2                 #油位计显示的高度
f=lambda x,y,z: (x**2+y**2<=r**2)*\
    (x<=(h-r)*np.cos(b)-(z+L/2-2)*np.tan(a))*\
    (z>=-s-np.sqrt(R**2-x**2-y**2))*\
    (z<=s+np.sqrt(R**2-x**2-y**2))
```

```
n=10**7; np.random.seed(2)
x=np.random.uniform(-r,r,n)
y=np.random.uniform(-r,r,n)
z=np.random.uniform(-(L/2+1),L/2+1,n)
V=3*3*10*sum(f(x,y,z))/n; print("体积=",V)
```

习 题 10

10.1 画出积分区域，并计算二重积分
$$\iint_D e^{x+y} d\sigma,$$
其中 $D = \{(x,y) \mid |x|+|y| \leqslant 1\}$.

10.2 画出曲面 $z = x^2 + 2y^2$ 及 $z = 6 - 2x^2 - y^2$ 所围成的立体图形，并求立体图形的体积。

10.3 选用适当的坐标计算
$$\iint_D \sqrt{\frac{1-x^2-y^2}{1+x^2+y^2}},$$
其中 D 是由圆周 $x^2 + y^2 = 1$ 及坐标轴所围成的在第一象限内的闭区域。

10.4 计算 $\iiint_\Omega z\sqrt{x^2+y^2+z^2+1} dxdydz$ 的符号解和数值解，其中 Ω 为柱面 $x^2+y^2=4$ 与 $z=0$、$z=6$ 两平面所围成的空间区域。

10.5 选用适当的坐标计算三重积分
$$\iiint_\Omega \sqrt{x^2+y^2+z^2} dv,$$
其中 Ω 是由球面 $x^2 + y^2 + z^2 = z$ 所围成的闭区域。

10.6 一均匀物体（密度 ρ 为常量）占有的闭区域 Ω 由曲面 $z = x^2 + y^2$ 和平面 $z = 0$，$|x| = a$，$|y| = a$ 所围成。（1）求物体的体积；（2）求物体的质心；（3）求物体关于 z 轴的转动惯量。

10.7 求由抛物线 $y = x^2$ 及直线 $y = 1$ 所围成的均匀薄片（面密度为常数 μ）对于直线 $y = -1$ 的转动惯量。

第 11 章 曲线积分与曲面积分

本章介绍向量场的散度和旋度、曲线积分与曲面积分的 Python 计算，最后给出一个应用案例。

11.1 向量场的散度和旋度

在第 9 章中，我们介绍了 SymPy 库中求（向量）函数的 Jacobian 矩阵的 jacobian() 方法。下面介绍 SymPy 库中求向量场的散度函数 divergence()。

定义 11.1 对于一般的向量场

$$A(x,y,z) = P(x,y,z)\boldsymbol{i} + Q(x,y,z)\boldsymbol{j} + R(x,y,z)\boldsymbol{k},$$

$\frac{\partial P}{\partial x} + \frac{\partial Q}{\partial y} + \frac{\partial R}{\partial z}$ 叫作向量场 A 的散度，记作 div A，即

$$\operatorname{div} A = \frac{\partial P}{\partial x} + \frac{\partial Q}{\partial y} + \frac{\partial R}{\partial z}. \tag{11.1}$$

利用向量微分算子 $\nabla = \frac{\partial}{\partial x}\boldsymbol{i} + \frac{\partial}{\partial y}\boldsymbol{j} + \frac{\partial}{\partial z}\boldsymbol{k}$，$A$ 的散度 div A 也可表达为 $\nabla \cdot A$，即

$$\operatorname{div} A = \nabla \cdot A.$$

定义 11.2 设有一向量场

$$A(x,y,z) = P(x,y,z)\boldsymbol{i} + Q(x,y,z)\boldsymbol{j} + R(x,y,z)\boldsymbol{k},$$

其中函数 P、Q 与 R 均具有一阶连续偏导数，则向量

$$\left(\frac{\partial R}{\partial y} - \frac{\partial Q}{\partial z}\right)\boldsymbol{i} + \left(\frac{\partial P}{\partial z} - \frac{\partial R}{\partial x}\right)\boldsymbol{j} + \left(\frac{\partial Q}{\partial x} - \frac{\partial P}{\partial y}\right)\boldsymbol{k}$$

称为向量场 A 的旋度，记作 rot A，即

$$\operatorname{rot} A = \left(\frac{\partial R}{\partial y} - \frac{\partial Q}{\partial z}\right)\boldsymbol{i} + \left(\frac{\partial P}{\partial z} - \frac{\partial R}{\partial x}\right)\boldsymbol{j} + \left(\frac{\partial Q}{\partial x} - \frac{\partial P}{\partial y}\right)\boldsymbol{k}. \tag{11.2}$$

利用向量微分算子 ∇，向量场 A 的旋度 rot A 可表示为 $\nabla \times A$，即

$$\operatorname{rot} A = \nabla \times A = \begin{vmatrix} \boldsymbol{i} & \boldsymbol{j} & \boldsymbol{k} \\ \frac{\partial}{\partial x} & \frac{\partial}{\partial y} & \frac{\partial}{\partial z} \\ P & Q & R \end{vmatrix}.$$

向量场 A 的角速度定义为

$$\omega = \frac{1}{2}(\nabla \times A) \cdot A^\circ, \tag{11.3}$$

其中 A° 表示向量 A 上的单位向量。

例 11.1 已知向量场 $A = (x^2 - y)\boldsymbol{i} + 4z\boldsymbol{j} + x^2\boldsymbol{k}$，求 A 的散度 $\mathrm{div}\,A$ 和旋度 $\mathrm{rot}\,A$。

解 求得 $\mathrm{div}\,A = 2x$， $\mathrm{rot}\,A = -4\boldsymbol{i} - 2x\boldsymbol{j} + \boldsymbol{k}$。

```
#程序文件 pex11_1.py
#程序文件 pex11_1.py
import sympy as sp
x,y,z=sp.var("x,y,z")
A=sp.Matrix([x**2-y,4*z,x**2])          #定义向量场
B=A.jacobian([x,y,z])
divA=sum(B.diagonal())                   #计算散度
curlA=sp.Matrix([A[2].diff(y)-A[1].diff(z),   #计算旋度
                A[0].diff(z) - A[2].diff(x),
                A[1].diff(x) - A[0].diff(y)])
```

例 11.2 试证明 $\mathrm{rot}(\nabla u(x,y,z)) = \boldsymbol{0}$。

证明 $\nabla u(x,y,z) = \dfrac{\partial u}{\partial x}\boldsymbol{i} + \dfrac{\partial u}{\partial y}\boldsymbol{j} + \dfrac{\partial u}{\partial z}\boldsymbol{k}$， $\mathrm{rot}(\nabla u(x,y,z)) = 0\boldsymbol{i} + 0\boldsymbol{j} + 0\boldsymbol{k}$。

```
#程序文件 pex11_2_1.py
import sympy as sp
x,y,z=sp.var("x,y,z")                    #定义符号变量
u=sp.Function("u")(x,y,z)                #定义符号函数
g=sp.Matrix([u]).jacobian([x,y,z])       #计算梯度
s=sp.Matrix([g[2].diff(y)-g[1].diff(z),  #计算旋度
             g[0].diff(z)-g[2].diff(x),
             g[1].diff(x)-g[0].diff(y)])
```

11.2 曲 线 积 分

1. 对弧长的曲线积分

例 11.3 计算曲线积分 $\int_{\varGamma}(x^2 + y^2 + z^2)\mathrm{d}s$，其中 $\varGamma$ 为螺旋线 $x = a\cos t$、 $y = a\sin t$、 $z = kt$ 上相应于 t 从 0 到 2π 的一段弧。

解 $\int_{\varGamma}(x^2 + y^2 + z^2)\mathrm{d}s = \int_0^{2\pi}\left[(a\cos t)^2 + (a\sin t)^2 + (kt)^2\right]\sqrt{(-a\sin t)^2 + (a\cos t)^2 + k^2}\,\mathrm{d}t$
$$= \frac{2}{3}\pi\sqrt{a^2 + k^2}(3a^2 + 4\pi^2 k^2).$$

```
#程序文件 pex11_3.py
import sympy as sp
a,k,t=sp.var("a,k,t",real=True)
v=sp.Matrix([a*sp.cos(t),a*sp.sin(t),k*t])
f1=v.norm()**2*v.diff(t).norm()
f2=sp.simplify(f1)
s=sp.integrate(f2,(t,0,2*sp.pi))
print("积分值=",s)
```

2. 对坐标的曲线积分

例 11.4 试求曲线积分 $\oint_L \dfrac{(x+y)\mathrm{d}x - (x-y)\mathrm{d}y}{x^2 + y^2}$，其中 L 为正向圆周 $x^2 + y^2 = a^2$ ($a > 0$)。

解 L 的参数方程为 $x = a\cos t$，$y = a\sin t$，$0 \leqslant t \leqslant 2\pi$。于是

$$\text{原式} = \dfrac{1}{a^2}\int_0^{2\pi}[a(\cos t + \sin t)(-a\sin t) - a(\cos t - \sin t)a\cos t]\mathrm{d}t = -2\pi.$$

```
#程序文件 pex11_4.py
import sympy as sp
t=sp.var("t"); a=sp.var("a",pos=True)
x=a*sp.cos(t); y=a*sp.sin(t)
f1=((x+y)*x.diff(t)-(x-y)*y.diff(t))/(x**2+y**2)
f2=sp.simplify(f1); s=sp.integrate(f2,(t,0,2*sp.pi))
print("积分值=",s)
```

11.3 格林公式及其应用

1. 格林公式

定理 11.1 设闭区域 D 由分段光滑的曲线 L 围成，若函数 $P(x,y)$ 及 $Q(x,y)$ 在 D 上具有一阶连续偏导数，则有

$$\iint_D \left(\dfrac{\partial Q}{\partial x} - \dfrac{\partial P}{\partial y}\right)\mathrm{d}x\mathrm{d}y = \oint_L P\mathrm{d}x + Q\mathrm{d}y, \tag{11.4}$$

其中 L 是 D 的取正向的边界曲线。式（11.4）称为格林公式。

例 11.5 计算 $\oint_L x^2 y\mathrm{d}x - xy^2 \mathrm{d}y$，其中 L 为正向圆周 $x^2 + y^2 = a^2$。

解 令 $P = x^2 y$，$Q = -xy^2$，则

$$\dfrac{\partial Q}{\partial x} - \dfrac{\partial P}{\partial y} = -y^2 - x^2,$$

因此，由式（11.4）有

$$\oint_L x^2 y\mathrm{d}x - xy^2\mathrm{d}y = -\iint_D(x^2 + y^2)\mathrm{d}x\mathrm{d}y = -\dfrac{\pi}{2}a^4.$$

```
#程序文件 pex11_5.py
import sympy as sp
x,y,r,t=sp.var("x,y,r,t"); a=sp.var("a",pos=True)
P=x**2*y; Q=-x*y**2; f=Q.diff(x)-P.diff(y)
g=f.subs({x:r*sp.cos(t),y:r*sp.sin(t)})*r
h=sp.simplify(g); s1=sp.integrate(h,(r,0,a))
s2=sp.integrate(s1,(t,0,2*sp.pi))
print("积分值=",s2)
```

2. 二元函数的全微分求积

定理 11.2 设区域 G 是一个单连通域，若函数 $P(x,y)$ 与 $Q(x,y)$ 在 G 内具有一阶连续偏导数，则 $P(x,y)\mathrm{d}x+Q(x,y)\mathrm{d}y$ 在 G 内为某一函数 $u(x,y)$ 的全微分的充要条件是

$$\frac{\partial P}{\partial y}=\frac{\partial Q}{\partial x} \tag{11.5}$$

在 G 内恒成立。

例 11.6 求解方程

$$(5x^4+3xy^2-y^3)\mathrm{d}x+(3x^2y-3xy^2+y^2)\mathrm{d}y=0.$$

解 设 $P(x,y)=5x^4+3xy^2-y^3$，$Q(x,y)=3x^2y-3xy^2+y^2$，则

$$\frac{\partial P}{\partial y}=6xy-3y^2=\frac{\partial Q}{\partial x},$$

因此，所给方程是全微分方程。方程的解可由向量场 $[P(x,y),Q(x,y)]$ 的势函数得到，利用 Python 求得势函数

$$u(x,y)=x^5+\frac{3}{2}x^2y^2-xy^3+\frac{1}{3}y^3,$$

所以，方程的通解为 $x^5+\frac{3}{2}x^2y^2-xy^3+\frac{1}{3}y^3=C$。

```
#程序文件 pex11_6.py
import sympy as sp
x,y=sp.var("x,y"); P=5*x**4+3*x*y**2-y**3
Q=3*x**2*y-3*x*y**2+y**2; f=P.diff(y)-Q.diff(x)
#以下先沿 y 轴积分，再沿水平线积分，求势函数
s=sp.integrate(Q.subs(x,0),y)+sp.integrate(P,x)
print("势函数为：",s)
```

11.4 曲面积分

1. 对面积的曲面积分

定理 11.3 曲面 Σ 由 $z=f(x,y)$ 给出，则

$$\iint_{\Sigma}\phi(x,y,z)\mathrm{d}S=\iint_{D_{xy}}\phi(x,y,f(x,y))\sqrt{1+f_x^2+f_y^2}\mathrm{d}x\mathrm{d}y,$$

其中，D_{xy} 为 Σ 在 xOy 面上的投影区域。

定理 11.4 若曲面由参数方程

$$x=x(u,v), y=y(u,v), z=z(u,v) \tag{11.6}$$

给出，则曲面积分可以由下面的公式求出：

$$\iint_{\Sigma}\phi(x,y,z)\mathrm{d}S=\iint_{D_{uv}}\phi(x(u,v),y(u,v),z(u,v))\sqrt{EG-F^2}\mathrm{d}u\mathrm{d}v, \tag{11.7}$$

其中，

$$E = x_u^2 + y_u^2 + z_u^2, \quad F = x_u x_v + y_u y_v + z_u z_v, \quad G = x_v^2 + y_v^2 + z_v^2.$$

例 11.7 计算下列对面积的曲面积分

$$\iint\limits_{\Sigma}(xy + yz + zx)\mathrm{d}S,$$

其中 Σ 为锥面 $z = \sqrt{x^2 + y^2}$ 被柱面 $x^2 + y^2 = 2ax$（$a > 0$）所截得的有限部分。

解 Σ 在 xOy 面上的投影区域 D_{xy} 为圆域 $x^2 + y^2 \leqslant 2ax$。由于 Σ 关于 zOx 面对称，而函数 xy 和 yz 关于 y 均为奇函数，故

$$\iint\limits_{\Sigma} xy\mathrm{d}S = 0, \quad \iint\limits_{\Sigma} yz\mathrm{d}S = 0.$$

于是

$$\iint\limits_{\Sigma}(xy+yz+zx)\mathrm{d}S = \iint\limits_{\Sigma} zx\mathrm{d}S = \sqrt{2}\iint\limits_{D_{xy}} x\sqrt{x^2+y^2}\mathrm{d}x\mathrm{d}y = \sqrt{2}\int_{-\frac{\pi}{2}}^{\frac{\pi}{2}}\mathrm{d}\theta\int_0^{2a\cos\theta} r\cos\theta \cdot r \cdot r\mathrm{d}r = \frac{64}{15}\sqrt{2}a^4.$$

```
#程序文件 pex11_7.py
import sympy as sp
x,y,theta=sp.var("x,y,theta")
r,a=sp.var("r,a",pos=True)
z=sp.sqrt(x**2+y**2)
f=x*z*sp.sqrt(1+z.diff(x)**2+z.diff(y)**2)
g=sp.simplify(f)
h=g.subs({x:r*sp.cos(theta),y:r*sp.sin(theta)})*r
h=sp.simplify(h)
I1=sp.integrate(h,(r,0,2*a*sp.cos(theta)))
I2=2*sp.integrate(I1,(theta,0,sp.pi/2))
I3=sp.simplify(I2); print("积分值：",I3)
```

2．对坐标的曲面积分

两类曲面积分之间有如下关系：

定理 11.5 对坐标的曲面积分可以转换成对面积的曲面积分

$$\iint\limits_{\Sigma} P(x,y,z)\mathrm{d}y\mathrm{d}z + Q(x,y,z)\mathrm{d}z\mathrm{d}x + R(x,y,z)\mathrm{d}x\mathrm{d}y = \\ \iint\limits_{\Sigma}[P(x,y,z)\cos\alpha + Q(x,y,z)\cos\beta + R(x,y,z)\cos\gamma]\mathrm{d}S, \quad (11.8)$$

其中有向曲面 Σ 上侧由方程 $z = f(x,y)$ 给出，且

$$\cos\alpha = \frac{-f_x}{\sqrt{1+f_x^2+f_y^2}}, \quad \cos\beta = \frac{-f_y}{\sqrt{1+f_x^2+f_y^2}}, \quad \cos\gamma = \frac{1}{\sqrt{1+f_x^2+f_y^2}}.$$

定理 11.6 若曲面由参数方程式（11.6）给出，则

$$\cos\alpha = \frac{A}{D}, \quad \cos\beta = \frac{B}{D}, \quad \cos\gamma = \frac{C}{D}, \quad (11.9)$$

其中，$A = y_u z_v - z_u y_v$，$B = z_u x_v - x_u z_v$，$C = x_u y_v - y_u x_v$，$D = \sqrt{A^2 + B^2 + C^2}$。式（11.9）的分母和 $\sqrt{EG - F^2}$ 抵消，则有

$$\iint_{\Sigma} P(x,y,z)\mathrm{d}y\mathrm{d}z + Q(x,y,z)\mathrm{d}z\mathrm{d}x + R(x,y,z)\mathrm{d}x\mathrm{d}y$$
$$= \iint_{D_{uv}} [AP(u,v) + BQ(u,v) + CR(u,v)]\mathrm{d}u\mathrm{d}v. \tag{11.10}$$

例 11.8 计算曲面积分 $\iint_{\Sigma}(z^2 + x)\mathrm{d}y\mathrm{d}z - z\mathrm{d}x\mathrm{d}y$，其中 Σ 是旋转抛物面 $z = \dfrac{1}{2}(x^2 + y^2)$ 介于平面 $z = 0$ 及 $z = 2$ 之间的部分的下侧。

解 利用式（11.10），得

$$\iint_{\Sigma}(z^2 + x)\mathrm{d}y\mathrm{d}z = \iint_{\Sigma}(z^2 + x)\begin{vmatrix} y_x & y_y \\ z_x & z_y \end{vmatrix}\mathrm{d}x\mathrm{d}y - z\mathrm{d}x\mathrm{d}y = -\iint_{\Sigma}[(z^2 + x)x + z]\mathrm{d}x\mathrm{d}y,$$

因而有

$$\iint_{\Sigma}(z^2 + x)\mathrm{d}y\mathrm{d}z - z\mathrm{d}x\mathrm{d}y = \iint_{D_{xy}}\left\{\left[\dfrac{1}{4}(x^2 + y^2)^2 + x\right]x + \dfrac{1}{2}(x^2 + y^2)\right\}\mathrm{d}x\mathrm{d}y.$$

注意到 $\iint_{D_{xy}} \dfrac{1}{4}(x^2 + y^2)^2 x\mathrm{d}x\mathrm{d}y = 0$，于是

$$\iint_{\Sigma}(z^2 + x)\mathrm{d}y\mathrm{d}z - z\mathrm{d}x\mathrm{d}y = \int_0^{2\pi}\mathrm{d}\theta\int_0^2\left(r^2\cos^2\theta + \dfrac{1}{2}r^2\right)r\mathrm{d}r = 8\pi.$$

```
#程序文件 pex11_8.py
import sympy as sp
x,y,r,theta=sp.var("x,y,r,theta")
z=(x**2+y**2)/2
f=(z**2+x)*sp.Matrix([y,z]).jacobian([x,y]).det()-z
g=-f.subs({x:r*sp.cos(theta),y:r*sp.sin(theta)})*r
h=sp.simplify(g); I1=sp.integrate(h,(r,0,2))
I2=sp.integrate(I1,(theta,0,2*sp.pi))
print("积分值：",I2)
```

例 11.9 试求出曲面积分 $\iint_{\Sigma}(xy + z)\mathrm{d}y\mathrm{d}z$，其中 Σ 是椭球面 $\dfrac{x^2}{a^2} + \dfrac{y^2}{b^2} + \dfrac{z^2}{c^2} = 1$ 的上半部，且积分沿椭球面的上面。

解 引入参数方程

$$\begin{cases} x = a\sin u\cos v, \\ y = b\sin u\sin v, \\ z = c\cos u, \end{cases}$$

其中 $0 \leqslant u \leqslant \dfrac{\pi}{2}$，$0 \leqslant v \leqslant 2\pi$。则所求曲面积分问题可以转换为一般二重积分问题：

$$\int_0^{\pi/2} du \int_0^{2\pi} (ab\sin^2 u \sin v \cos v + c\cos u) \cdot \begin{vmatrix} y_u & y_v \\ z_u & z_v \end{vmatrix} dv = 0.$$

```
#程序文件 pex11_9.py
import sympy as sp
u,v=sp.var("u,v"); a,b,c=sp.var("a,b,c",pos=True)
x=a*sp.sin(u)*sp.cos(v); y=b*sp.sin(u)*sp.sin(v)
z=c*sp.cos(u); J=sp.Matrix([y,z]).jacobian([u,v])
f=(x*y+z)*J.det(); s1=sp.integrate(f,(v,0,2*sp.pi))
s2=sp.integrate(s1,(u,0,sp.pi/2))
print("积分值：",s2)
```

11.5　飞越北极问题

例 11.10　飞越北极问题（2000 年全国大学生数学建模竞赛 C 题）。问题描述如下：

2000 年 6 月，扬子晚报发布消息"中美航线下月可飞越北极，北京至底特律可节省 4 小时"，摘要如下：

7 月 1 日起，加拿大和俄罗斯将允许民航班机飞越北极，此改变可大幅度缩短北美与亚洲间的飞行时间，旅客可直接从休斯顿、丹佛及明尼阿波利斯直飞北京等地。加拿大空中交通管制局估计，如飞越北极，底特律至北京的飞行时间可节省 4 个小时。由于不需中途降落加油，实际节省的时间不止于此。

假设飞机飞行高度约为 10km，飞行速度约为 980km/h；从北京至底特律原来的航线飞经以下 10 处：

A1（北纬 31°，东经 122°）；A2（北纬 36°，东经 140°）；
A3（北纬 53°，西经 165°）；A4（北纬 62°，西经 150°）；
A5（北纬 59°，西经 140°）；A6（北纬 55°，西经 135°）；
A7（北纬 50°，西经 130°）；A8（北纬 47°，西经 125°）；
A9（北纬 47°，西经 122°）；A10（北纬 42°，西经 87°）。

请对"北京至底特律的飞行时间可节省 4 小时"从数学上作出一个合理的解释，分两种情况讨论：

① 设地球是半径为 6371km 的球体；

② 设地球是一旋转椭球体，赤道半径为 6378km，子午线短半轴为 6357km。

解　（1）模型的假设。

① 不考虑地球的自转。

② 飞机每经相邻两地的航程，均以曲面上两点间最短距离进行计算。

③ 飞机飞行中途不需降落加油，同时忽略升降时间。

④ 开辟新航线后，飞机由北京经过北极上空直飞底特律。

（2）数据与符号的说明。

在以下计算中，北京的坐标为 A_0（北纬 40°，东经 116°），底特律的坐标为 A_{10}（北纬 43°，西经 83°）。符号说明如下：

(x_i, y_i, z_i)：球面（或椭球面）上的点 A_i 的直角坐标。

(θ_i, φ_i)：球面（或椭球面）上的点 A_i 的经度和纬度。

R：地球半径。

h：飞机飞行高度。

a, b：旋转椭球体的长半轴与短半轴。

（3）模型的建立与求解。

第一种情况，地球是一个半径为 R 的均匀球体时的情形。先建立直角坐标系，以地心为坐标原点 O，以赤道平面为 xOy 平面，以 0°经线（即本初子午线）圈所在的平面为 xOz 平面。于是可以写出球面的参数方程如下：

$$\begin{cases} x = R\cos\varphi\cos\theta, \\ y = R\cos\varphi\sin\theta, \\ z = R\sin\varphi, \end{cases} -\pi \leqslant \theta \leqslant \pi, -\frac{\pi}{2} \leqslant \varphi \leqslant \frac{\pi}{2}. \quad (11.11)$$

其中 θ 为经度，东经为正，西经为负；φ 为纬度，北纬为正，南纬为负。球面上任意两点（不是一条直径的两个端点）之间的最短距离就是过这两点的大圆（即经过球心的圆）的劣弧长，根据这一方法可以确定任意两点之间的最短飞行航线，过 A、B 两点的大圆的劣弧长即为两点之间的最短距离，A、B 两点的坐标分别为

$$A((R+h)\cos\theta_1\cos\varphi_1, (R+h)\sin\theta_1\cos\varphi_1, (R+h)\sin\varphi_1),$$
$$B((R+h)\cos\theta_2\cos\varphi_2, (R+h)\sin\theta_2\cos\varphi_2, (R+h)\sin\varphi_2).$$

从 A 到 B 的飞行路程为

$$l_{AB} = (R+h)\arccos\frac{\overrightarrow{OA}\cdot\overrightarrow{OB}}{|\overrightarrow{OA}||\overrightarrow{OB}|}. \quad (11.12)$$

令 $\overrightarrow{oa}$ 和 $\overrightarrow{ob}$ 的坐标分别为

$$(\cos\theta_1\cos\varphi_1, \sin\theta_1\cos\varphi_1, \sin\varphi_1),$$
$$(\cos\theta_2\cos\varphi_2, \sin\theta_2\cos\varphi_2, \sin\varphi_2).$$

则 $|\overrightarrow{oa}|=1$，$|\overrightarrow{ob}|=1$，于是有

$$\frac{\overrightarrow{OA}\cdot\overrightarrow{OB}}{|\overrightarrow{OA}||\overrightarrow{OB}|} = \overrightarrow{oa}\cdot\overrightarrow{ob},$$

从而得到

$$l_{AB} = (R+h)\arccos\left(\overrightarrow{oa}\cdot\overrightarrow{ob}\right).$$

从 A 到 B 的飞行时间 $t_{AB} = \dfrac{l_{AB}}{980}$，球面上各点 A_i 所形成的向量 $\overrightarrow{OA_i}$ 可表示为

$$\overrightarrow{OA_i} = (R+h)(\cos\theta_i\cos\varphi_i, \sin\theta_i\cos\varphi_i, \sin\varphi_i), \quad i = 0, 1, \cdots, 11.$$

利用 Python 软件，求得的计算结果如下（单位：km）：

北京与 A1 之间的距离是 1139.7223；

A1 与 A2 之间的距离是 1758.7886；

A2 与 A3 之间的距离是 4624.4077；

A3 与 A4 之间的距离是 1339.0829；

A4 与 A5 之间的距离是 641.1639；

A5 与 A6 之间的距离是 538.5959；

A6 与 A7 之间的距离是 651.5371；

A7 与 A8 之间的距离是 497.5686；

A8 与 A9 之间的距离是 227.8474；

A9 与 A10 之间的距离是 2810.8587；

A10 与底特律之间的距离是 346.7662；

北京原到达底特律的距离是 14576.3394km，原路线飞行总时间 14.8738h；北京直达底特律的距离是 10606.9448km，飞机从北京直达底特律的时间 10.8234h。节省的飞行时间 $\Delta t = 4.0504$ h。

```
#程序文件 pex11_10_1.py
import numpy as np
from numpy import cos, sin, arccos
x=[116,122,140,-165,-150,-140,-135,-130,-125,-122,-87,-83]
x=np.array(x)*np.pi/180
y=[40,31,36,53,62,59,55,50,47,47,42,43]
y=np.array(y)*np.pi/180
R=6371; h=10; oa=[]
for i in range(len(x)):
    oa.append([cos(x[i])*cos(y[i]),sin(x[i])*cos(y[i]),sin(y[i])])
oa=np.array(oa); L=[];
for i in range(len(x)-1):
    L.append((R+h)*arccos(oa[i]@oa[i+1]))
L=np.array(L); TL1=sum(L); T1=TL1/980      #原来花费时间
TL2=(R+h)*arccos(oa[0]@oa[11])              #直飞北京的路径长度
T2=TL2/980                                   #直达时间
dt=T1-T2                                     #节省的时间
p=(R+h)*oa                                   #所有点的直角坐标
data=np.append(p,T1)
np.savetxt("data11_10.txt",data,fmt="%.4f") #数据保存到文本文件
```

第二种情况，假设地球是一个旋转椭球体，赤道半径 6378km，子午线短半轴为 6357km，建立与上面类似的直角坐标系。A、B 是地球上空距地面 10km 的任意两点，直角坐标分别为 $A(x_1,y_1,z_1)$ 和 $B(x_2,y_2,z_2)$，则过 A、B 和地心 O 三点的平面与地球表面相交的椭圆曲线方程为

$$\begin{cases} \begin{vmatrix} x & y & z \\ x_1 & y_1 & z_1 \\ x_2 & y_2 & z_2 \end{vmatrix} = 0, \\ \dfrac{x^2+y^2}{(6378+10)^2} + \dfrac{z^2}{(6357+10)^2} = 1. \end{cases} \quad (11.13)$$

由此方程组可以求得椭圆曲线参数方程

$$\begin{cases} x = x(t), \\ y = y(t), \quad t_1 \leqslant t \leqslant t_2, \\ z = z(t), \end{cases} \tag{11.14}$$

则 A、B 两点之间的弧长为

$$l_{AB} = \int_{t_1}^{t_2} \sqrt{x_t'^2 + y_t'^2 + z_t'^2} \, \mathrm{d}t, \tag{11.15}$$

即 A、B 之间的曲面最短路线长度的近似值。

由式（11.13）写出式（11.14）的参数方程的表达式是很繁杂的。由式（11.13）的第一式可解出 $z = a_1 x + b_1 y$，代入式（11.13）的第二式，记得到的方程为 $ax^2 + bxy + cy^2 = 1$，配方得

$$a\left(x + \frac{b}{2a}y\right)^2 + \left(c - \frac{b^2}{4a}\right)y^2 = 1,$$

令

$$\begin{cases} x + \dfrac{b}{2a}y = \dfrac{1}{\sqrt{a}}\cos t, \\ y = \dfrac{1}{\sqrt{c - \dfrac{b^2}{4a}}}\sin t, \end{cases}$$

从而得到参数方程

$$\begin{cases} x = \dfrac{1}{\sqrt{a}}\cos t - \dfrac{b}{\sqrt{a(4ac - b^2)}}\sin t, \\ y = 2\sqrt{\dfrac{a}{4ac - b^2}}\sin t, \end{cases}$$

再代入 $z = a_1 x + b_1 y$，即可得到 z 的参数方程。

利用式（11.15），求得北京直达底特律的距离是 10595.0078km，飞机从北京直达底特律的时间为 10.8112h。节省的飞行时间 $\Delta t = 4.0626 \, \mathrm{h}$。

```
#程序文件 pex11_10_2.py
import numpy as np
import sympy as sp
from scipy.optimize import fminbound
pT=np.loadtxt("data11_10.txt")
p=pT[:36].reshape(12,3); T1=pT[-1]
x,y,z,t=sp.var("x,y,z,t")
A=p[0,:]; B=p[11,:]
eq1=sp.Matrix([[x,y,z],A,B]).det()
sz=sp.solve(eq1,z)[0]
eq2=(x**2+y**2)/6397**2+z**2/6367**2-1
```

```
eq3=eq2.subs(z,sz); eq4=sp.expand(eq3)
c=eq4.as_coefficients_dict()
cs=list(c.values())
c1=cs[1]; c2=cs[3]; c3=cs[2]          #提出 a,b,c 的系数分别为 c1,c2,c3
xt=sp.cos(t)/sp.sqrt(c1)-c2/sp.sqrt(c1*(4*c1*c3-c2**2))*sp.sin(t);
yt=2*sp.sqrt(c1/(4*c1*c3-c2**2))*sp.sin(t);
zt=sz.subs({x:xt,y:yt});
ds=sp.sqrt((xt).diff(t)**2+yt.diff(t)**2+zt.diff(t)**2)
f11=(xt-A[0])**2+(yt-A[1])**2+(zt-A[2])**2;
f12=sp.lambdify(t,f11)                #转换为匿名函数
t1=fminbound(f12,0,2*np.pi)           #求起点的参数 t 值
f21=(xt-B[0])**2+(yt-B[1])**2+(zt-B[2])**2;
f22=sp.lambdify(t,f21)                转换为匿名函数
t2=fminbound(f22,0,2*np.pi)           #求终点的参数 t 值
L=sp.integrate(ds,(t,t1,t2)).n()      #积分求距离
T=L/980; dt2=T1-T                     #计算节省的时间
print("节省的时间：",dt2)
```

习 题 11

11.1 计算对弧长的曲线积分 $\int_L y^2 \mathrm{d}s$，其中 L 为摆线的一拱 $x = a(t - \sin t)$，$y = a(1 - \cos t)$（$0 \leqslant t \leqslant 2\pi$）.

11.2 设螺旋形弹簧一圈的方程为 $x = a\cos t$，$y = a\sin t$，$z = kt$，其中 $0 \leqslant t \leqslant 2\pi$，它的线密度 $\rho(x, y, z) = x^2 + y^2 + z^2$，求：

（1）它关于 z 轴的转动惯量 I_z；

（2）它的质心.

11.3 计算 $\int_L (x+y)\mathrm{d}x + (y-x)\mathrm{d}y$，其中 L 是抛物线 $y^2 = x$ 上从点 $(1,1)$ 到点 $(4,2)$ 的一段弧.

11.4 利用曲线积分，求星形线 $x = a\cos^3 t$，$y = a\sin^3 t$ 所围成的图形的面积.

11.5 计算曲线积分 $\oint_L \dfrac{y\mathrm{d}x - x\mathrm{d}y}{2(x^2 + y^2)}$，其中 L 为圆周 $(x-1)^2 + y^2 = 2$，方向为逆时针方向.

11.6 证明下列曲线积分在整个 xOy 面内与路径无关，并计算积分值.

$$\int_{(1,2)}^{(3,4)} (6xy^2 - y^3)\mathrm{d}x + (6x^2y - 3xy^2)\mathrm{d}y.$$

11.7 计算曲面积分 $\iint_\Sigma (x^2 + y^2)\mathrm{d}S$，其中 Σ 为抛物面 $z = 2 - (x^2 + y^2)$ 在 xOy 面上方的部分.

11.8 求面密度为 μ 的均匀半球壳 $x^2+y^2+z^2=a^2$ $(z\geqslant 0)$ 对于 z 轴的转动惯量。

11.9 计算 $\oiint\limits_{\Sigma} xy\mathrm{d}y\mathrm{d}z+yz\mathrm{d}z\mathrm{d}x+xz\mathrm{d}x\mathrm{d}y$，其中 Σ 是平面 $x=0$, $y=0$, $z=0$, $x+y+z=1$ 所围成的空间区域的整个边界曲面的外侧。

11.10 求力 $\boldsymbol{F}=y\boldsymbol{i}+z\boldsymbol{j}+x\boldsymbol{k}$ 沿着有向闭曲线 Γ 所做的功，其中 Γ 为平面 $x+y+z=1$ 被三个坐标面所截成的三角形的整个边界，从 z 轴正向看去，沿顺时针方向。

第 12 章 无 穷 级 数

本章介绍 Python 的级数求和，无穷级数的收敛性判定，最后介绍用 Python 将函数展开成幂级数和三角级数。

12.1 级 数 求 和

1. 常数项级数求和

例 12.1 求下列级数的和。

(1) $\sum_{n=1}^{\infty}(-1)^{n-1}\dfrac{n}{3^{n-1}}$； (2) $\sum_{n=1}^{\infty}\dfrac{(-1)^{n-1}}{n}$； (3) $\sum_{n=1}^{\infty}\dfrac{1}{n^2}$； (4) $\sum_{n=1}^{\infty}\dfrac{1}{n^4}$.

解

(1) $\sum_{n=1}^{\infty}(-1)^{n-1}\dfrac{n}{3^{n-1}}=\dfrac{9}{16}$；

(2) $\sum_{n=1}^{\infty}\dfrac{(-1)^{n-1}}{n}=\ln 2$；

(3) $\sum_{n=1}^{\infty}\dfrac{1}{n^2}=\dfrac{\pi^2}{6}$；

(4) $\sum_{n=1}^{\infty}\dfrac{1}{n^4}=\dfrac{\pi^4}{90}$.

```
#程序文件 pex12_1.py
import sympy as sp
n=sp.var("n",pos=True)
s1=sp.summation((-1)**(n-1)*n/3**(n-1),(n,1,sp.oo))
s2=sp.summation((-1)**(n-1)/n,(n,1,sp.oo))
s3=sp.summation(1/n**2,(n,1,sp.oo))
s4=sp.summation(1/n**4,(n,1,sp.oo))
print(s1); print(s2); print(s3); print(s4)
```

2. 幂级数求和

例 12.2 求下列幂级数的和。

(1) $\sum_{n=1}^{\infty}(-1)^{n-1}\dfrac{x^n}{n}$； (2) $\sum_{n=0}^{\infty}\dfrac{(2n)!}{(n!)^2}x^{2n}$； (3) $\sum_{n=1}^{\infty}\dfrac{(x-1)^n}{2^n\cdot n}$.

解 (1) $\sum_{n=1}^{\infty}(-1)^{n-1}\dfrac{x^n}{n}=\ln(1+x),\quad -1<x\leqslant 1$；

（2）$\sum_{n=0}^{\infty} \dfrac{(2n)!}{(n!)^2} x^{2n} = \dfrac{1}{\sqrt{1-4x^2}}$，$|x| < \dfrac{1}{2}$；

（3）$\sum_{n=1}^{\infty} \dfrac{(x-1)^n}{2^n \cdot n} = -\ln\left(\dfrac{3}{2} - \dfrac{x}{2}\right)$，$-1 \leqslant x < 3$。

```
#程序文件 pex12_2.py
import sympy as sp
n=sp.var("n",pos=True); x=sp.var("x")
s1=sp.summation((-1)**(n-1)*x**n/n,(n,1,sp.oo))
s2=sp.summation(sp.factorial(2*n)/sp.factorial(n)**2*x**(2*n),(n,0,sp.oo))
s3=sp.summation((x-1)**n/2**n/n,(n,1,sp.oo))
```

3．Weierstrass 函数

德国数学家 Karl Theodor Wilhelm Weierstrass 于 1972 年构造了一个处处连续但处处不可导的函数，即

$$W(x) = \sum_{k=0}^{\infty} \lambda^{(s-2)k} \sin(\lambda^k x), \quad -\infty < x < \infty, \quad (12.1)$$

其中，$\lambda > 1$ 且 $1 < s < 2$。Weierstrass 函数是一种特殊的分形。

例 12.3 考虑函数 $W(x)$ 的有限取值区间为 $[a,b]$，且用前 200 项来逼近它。绘制出的 $W(x)$ 曲线的图形如图 12.1 所示。

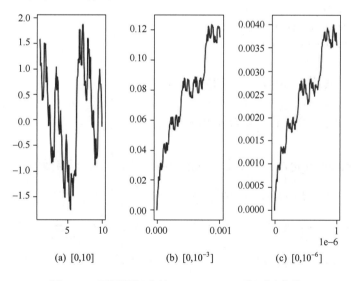

(a) [0,10]　　(b) [0,10⁻³]　　(c) [0,10⁻⁶]

图 12.1　不同区间上的 Weierstrass 函数逼近曲线

```
#程序文件 pex12_3.py
import numpy as np
import pylab as plt
def weierstrass(lam,s,a,b,n,K): #n 为点的个数,K 为求和项数
    x=np.linspace(a,b,n); y=np.zeros(n)
    for k in range(K):
```

```
            y+=lam**((s-2)*k)*np.sin(lam**k*x)
    plt.plot(x,y)

plt.subplot(131); weierstrass(2.0,1.5,1,10,100,200)
plt.subplot(132); weierstrass(2.0,1.5,0,1e-3,100,200)
plt.subplot(133); weierstrass(2.0,1.5,0,1e-6,100,200)
plt.tight_layout(); plt.show()
```

12.2 无穷级数的收敛性判定

12.2.1 根据定义判定级数的收敛性

例 12.4 根据定义判定级数 $\sum_{n=1}^{\infty}\dfrac{1}{n(n+1)}$ 的收敛性。

解 求得级数的前 n 项和 $s_n=\sum_{k=1}^{n}\dfrac{1}{k(k+1)}=1-\dfrac{1}{n+1}$，$\lim_{n\to+\infty}s_n=1$ 存在，所以级数收敛，它的和为 1。

```
#程序文件 pex12_4.py
import sympy as sp
n,k=sp.var("n,k",positive=True)
sn = sp.summation(1/(k*(k+1)),(k,1,n))
s=sp.limit(sn,n,sp.oo); print("s=",s)
```

12.2.2 正项级数的收敛性判定

定理 12.1 正项级数 $\sum_{n=1}^{\infty}a_n$ 的收敛性判定方法如下。

（1）D'Alembert 判定法：计算 $L=\lim\limits_{n\to+\infty}\dfrac{a_{n+1}}{a_n}$，若 $L<1$，则级数收敛；若 $L>1$ 则级数发散；若 $L=1$，则无法判定级数的收敛性。

（2）Raabe 判定法：如果方法（1）中 $L=1$，则计算 $R=\lim\limits_{n\to+\infty}n\left(\dfrac{a_n}{a_{n+1}}-1\right)$。若 $R>1$，则级数收敛；若 $R<1$，则级数发散；若 $R=1$，则无法判定级数的收敛性。

（3）Bertrand 判定法：如果方法（2）中 $R=1$，则计算 $R'=\lim\limits_{n\to+\infty}n\ln n\cdot\left(\dfrac{a_n}{a_{n+1}}-1-\dfrac{1}{n}\right)$。若 $R'>1$，则级数收敛；若 $R'<1$，则级数发散；若 $R'=1$，则无法判定级数的收敛性。

例 12.5 判定级数 $\sum_{n=1}^{\infty}\sqrt{n+1}\left(1-\cos\dfrac{\pi}{n}\right)$ 的收敛性。

解 计算得

$$R = \lim_{n \to +\infty} n\left(\frac{a_n}{a_{n+1}} - 1\right) = \lim_{n \to +\infty} n\left(\frac{\sqrt{n+1}\left(1-\cos\frac{\pi}{n}\right)}{\sqrt{n+2}\left(1-\cos\frac{\pi}{n+1}\right)} - 1\right) = \frac{3}{2} > 1,$$

所以级数收敛。

```
#程序文件 pex12_5.py
import sympy as sp
n=sp.var("n",positive=True)
an=sp.sqrt(n+1)*(1-sp.cos(sp.pi/n))
R=sp.limit(n*(an/an.subs(n,n+1)-1),n,sp.oo)
print("R=",R)
```

定理 12.2 设 $\sum_{n=1}^{\infty} a_n$ 为正向级数,如果 $\lim_{n \to +\infty} \sqrt[n]{a_n} = R$,那么当 $R<1$ 时级数收敛,$R>1$ (或 $\lim_{n \to +\infty} \sqrt[n]{a_n} = +\infty$)时级数发散,$R=1$ 时级数可能收敛也可能发散。

例 12.6 判断级数 $\sum_{n=1}^{\infty} \frac{2+(-1)^n}{2^n}$ 的收敛性。

解 $\lim_{n \to +\infty} \sqrt[n]{a_n} = \lim_{n \to +\infty} \frac{1}{2}\sqrt[n]{2+(-1)^n} = \frac{1}{2}$,因而所给级数收敛。

```
#程序文件 pex12_6.py
import sympy as sp
n=sp.var("n",positive=True)
an=(2+(-1)**n)/2**n; bn=an**(1/n)
cn=sp.simplify(bn);
R=sp.limit_seq(bn,n)    #计算序列的极限
print("R=",R)
```

12.2.3 交错级数的收敛性判定

对如下定义的交错级数:

$$\sum_{n=1}^{\infty} (-1)^{n-1} b_n = b_1 - b_2 + b_3 - \cdots + (-1)^{n-1} b_n + \cdots, \tag{12.2}$$

其中 $b_i \geq 0$ $(i=1,2,3,\cdots)$。

定理 12.3 交错级数的收敛性判别方法有如下。

(1)计算 $L = \lim_{n \to +\infty} \frac{b_{n+1}}{b_n}$,若 $L<1$,则级数绝对收敛;若 $L>1$,则级数发散;若 $L=1$,则不能直接判定收敛性。

(2)莱布尼茨判定法:如果 $b_{n+1} \leq b_n$,且 b_n 的极限为 0,则级数收敛。

(3)假设 $b_n > 0$,计算 $R = \lim_{n \to +\infty} n\left(\frac{b_n}{b_{n+1}} - 1\right)$。若 $R>1$,则级数绝对收敛;若 $0<R \leq 1$,则交错级数条件收敛;否则级数发散。

例 12.7 判断级数 $\sum_{n=1}^{\infty}(-1)^{n+1}\dfrac{2^{n^2}}{n!}$ 的收敛性，如果是收敛的，判断是绝对收敛还是条件收敛。

解 记 $b_n=\dfrac{2^{n^2}}{n!}$，$\lim\limits_{n\to+\infty} n\left(\dfrac{b_n}{b_{n+1}}-1\right)=-\infty$，所以级数发散。

```
#程序文件 pex12_7.py
import sympy as sp
n=sp.var("n",positive=True); bn=2**(n**2)/sp.factorial(n)
R=sp.limit_seq(n*(bn/bn.subs(n,n+1)-1)); print("R=",R)
```

12.2.4 幂级数的收敛半径

例 12.8 求幂级数 $\sum_{n=0}^{\infty}(-1)^n\dfrac{x^{2n+1}}{2n+1}$ 的收敛半径。

解 根据比值审敛法来求收敛半径。

$$\lim_{n\to+\infty}\left|\dfrac{(-1)^{n+1}\dfrac{x^{2(n+1)+1}}{2(n+1)+1}}{(-1)^n\dfrac{x^{2n+1}}{2n+1}}\right|=x^2,$$

当 $|x|<1$ 时，级数绝对收敛；当 $|x|>1$ 时，级数发散。故级数收敛半径为 1。

```
#程序文件 pex12_8.py
import sympy as sp
n=sp.var("n",positive=True); x=sp.var("x",real=True)
un=(-1)**n*x**(2*n+1)/(2*n+1)
F=sp.Abs(un.subs(n,n+1)/un); F=sp.simplify(F)
s=sp.limit(F,n,sp.oo); print("s=",s)
```

例 12.9 求级数 $\sum_{n=1}^{\infty}\left[\dfrac{1\times 3\times 5\times\cdots\times(2n-1)}{2\times 4\times 6\times\cdots\times(2n)}\right]^2\left(\dfrac{x-1}{2}\right)^n$ 的收敛半径。

解 计算得

$$\lim_{n\to+\infty}\left|\dfrac{\left[\dfrac{1\times 3\times 5\times\cdots\times(2n+1)}{2\times 4\times 6\times\cdots\times(2n+2)}\right]^2\left(\dfrac{x-1}{2}\right)^{n+1}}{\left[\dfrac{1\times 3\times 5\times\cdots\times(2n-1)}{2\times 4\times 6\times\cdots\times(2n)}\right]^2\left(\dfrac{x-1}{2}\right)^n}\right|=\dfrac{|x-1|}{2},$$

当 $|x-1|<2$ 时，级数绝对收敛；当 $|x-1|>2$ 时，级数发散。故级数收敛半径为 2。

```
#程序文件 pex12_9.py
import sympy as sp
n,k=sp.var("n,k",integer=True); x=sp.var("x",real=True)
un=(sp.product(2*k-1,(k,1,n))/sp.product(2*k,(k,1,n)))**2*((x-1)/2)**n
vn=sp.Abs(un.subs(n,n+1)/un); vn=sp.simplify(vn)
```

L=sp.limit(vn,n,sp.oo); print("L=",L)
s=sp.summation(un,(n,1,sp.oo))   #求级数的和，可以得到收敛域

12.3 函数展开成幂级数

在第 4 章中，我们介绍了 SymPy 库中把函数展开成泰勒级数或幂级数的函数 series()。下面使用 series() 把函数展开为幂级数。

例 12.10 求下列函数展开成 x 的幂级数的前 6 项。

（1）$f_1(x)=e^x$；　（2）$f_2(x)=\sin x$；　（3）$f_3(x)=(1-x)\ln(1+x)$。

解 展开成 x 的幂级数的前 6 项分别为

（1）$\hat{f}_1(x)=1+x+\dfrac{x^2}{2}+\dfrac{x^3}{6}+\dfrac{x^4}{24}+\dfrac{x^5}{120}$；

（2）$\hat{f}_2(x)=x-\dfrac{x^3}{6}+\dfrac{x^5}{120}$；

（3）$\hat{f}_3(x)=x-\dfrac{3}{2}x^2+\dfrac{5}{6}x^3-\dfrac{7}{12}x^4+\dfrac{9}{20}x^5$。

```
#程序文件 pex12_10.py
import sympy as sp
x=sp.var("x")
s11=sp.series(sp.exp(x),x); s12=sp.series(sp.exp(x),x).removeO()
s21=sp.series(sp.sin(x),x); s22=sp.series(sp.sin(x),x).removeO()
f3=(1-x)*sp.log(1+x); s31=f3.scrics(); s32=f3.scrics().removeO()
```

例 12.11 求 $f(x)=\dfrac{\sin x}{x}$ 的六项、八项和十项幂级数展开式。

解 所求的 $f(x)$ 的展开式分别为

$$f(x)=1-\frac{x^2}{6}+\frac{x^4}{120}+O(x^6),$$

$$f(x)=1-\frac{x^2}{6}+\frac{x^4}{120}-\frac{x^6}{5040}+O(x^8),$$

$$f(x)=1-\frac{x^2}{6}+\frac{x^4}{120}-\frac{x^6}{5040}+\frac{x^8}{362880}+O(x^{10}).$$

所求的展开式与 $f(x)$ 的对比图形如图 12.2 所示。

```
#程序文件 pex12_11.py
import sympy as sp
import pylab as plt
x=sp.var("x"); f=sp.sin(x)/x
P6=f.series().removeO(); P8=f.series(x,0,8).removeO()
P10=f.series(x,0,10); plt.rc("text",usetex=True)
fig1=sp.plot(f,(x,-4,4),show=False,legend="$sin(x)/x$")
s=[6,8,10]
for i in s:
    fig2=sp.plot(f.series(x,0,i).removeO(),(x,-4,4),show=False)
```

fig1.append(fig2[0])
fig1.show(); plt.xlabel("x")
plt.ylabel("y", rotation=0)

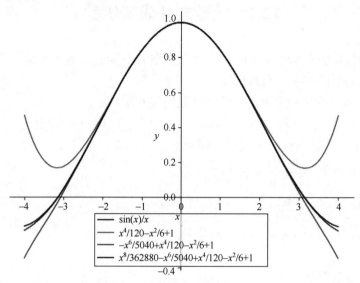

图 12.2　函数及展开式对比图形

例 12.12　求函数 $f(x,y)=(x^2+y^2)\mathrm{e}^{x^2-xy}$ 的三阶泰勒展开式。

解　SymPy 库中没有直接把二元函数展开为泰勒级数的函数。把 $f(x,y)$ 依次对 y、x 进行三、四项泰勒展开，得到的展开式分别为

三阶展开：$g_1(x,y) = x^2 + y^2 + x^2 y^2$；

四阶展开：$g_2(x,y) = x^2 + y^2 + x^2 y^2 - x^3 y - xy^3 - x^3 y^3$。

```
#程序文件 pex12_12.py
import sympy as sp
x,y=sp.var("x,y"); f=(x**2+y**2)*sp.exp(x**2-x*y)
g1=f.series(y,0,3).removeO().series(x,0,3).removeO().expand()
g2=f.series(y,0,4).removeO().series(x,0,4).removeO().expand()
```

12.4　傅里叶级数

法国数学家傅里叶（1768—1830）在求解热传导方程与振动等问题时提出了周期信号的三角函数近似方法，被后人称为傅里叶级数。

定理 12.4　设周期为 $2L$ 的周期函数 $f(x)$ 满足：

（1）在一个周期内连续或只有有限个第一类间断点；

（2）在一个周期内至多只有有限个极值点。

则它的傅里叶级数展开式为

$$f(x) = \frac{a_0}{2} + \sum_{n=1}^{\infty}\left(a_n \cos\frac{n\pi x}{L} + b_n \sin\frac{n\pi x}{L}\right)(x \in D), \qquad (12.3)$$

其中

$$\begin{cases} a_n = \dfrac{1}{L}\displaystyle\int_{-L}^{L} f(x)\cos\dfrac{n\pi x}{L}\mathrm{d}x, & n=0,1,2,\cdots, \\ b_n = \dfrac{1}{L}\displaystyle\int_{-L}^{L} f(x)\sin\dfrac{n\pi x}{L}\mathrm{d}x, & n=1,2,3,\cdots, \\ D = \left\{x\,\middle|\, f(x) = \dfrac{1}{2}\left[f(x^-)+f(x^+)\right]\right\}. \end{cases} \qquad (12.4)$$

Sympy 库中的函数 fourier_series() 可以把函数展开为傅里叶级数，其调用格式如下：

fourier_series(f, (x, a, b)).truncate(n=8)

其中 f 为给定的符号函数，x 为符号变量，a、b 分别为取值区间的左右端点，n 为项数。

例 12.13 考虑区间 $[-\pi,\pi]$ 上的符号函数

$$f(x) = \mathrm{sign}(x) = \begin{cases} 1, & x \in (0,\pi], \\ 0, & x = 0, \\ -1, & x \in [-\pi,0). \end{cases}$$

试对该函数进行傅里叶级数拟合，并观测用多少项能有较好的拟合效果。

解 画出的一、四、七、十项傅里叶级数展开式曲线如图 12.3 所示。从图中可以看出，七项傅里叶级数就能得出较好的拟合结果，再增加项数也不会有显著的改善结果。

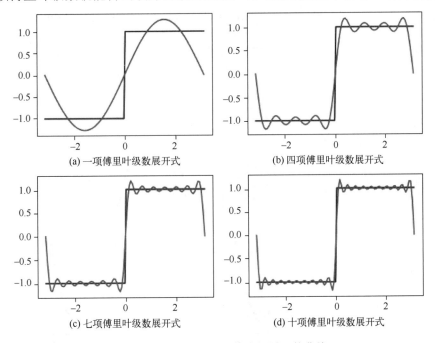

图 12.3　傅里叶级数展开式与原函数曲线

得到的 4 项傅里叶级数展开式为

$$\hat{f}_8(x) = \frac{4\sin x}{\pi} + \frac{4\sin(3x)}{3\pi} + \frac{4\sin(5x)}{5\pi} + \frac{4\sin(7x)}{7\pi}.$$

```
#程序文件 pex12_13.py
import sympy as sp
import numpy as np
import pylab as plt
x=sp.var("x"); L=[1,4,7,10]
f=sp.Piecewise((sp.sign(x),sp.Abs(x)<=sp.pi))          #定义分段函数
g=sp.fourier_series(f, (x,-sp.pi,sp.pi)).truncate(n=4) #展开成4项
for i in range(4):
    x0=np.linspace(-np.pi,np.pi,100); y0=np.sign(x0)
    gi=sp.fourier_series(f, (x, -sp.pi, sp.pi)).truncate(n=L[i])
    hi=sp.lambdify(x,gi)                                #转换为匿名函数
    yi=hi(x0); plt.rc("axes",unicode_minus=False)
    plt.subplot(2,2,i+1); plt.plot(x0,y0); plt.plot(x0,yi)
    plt.title(f"{L[i]} Terms Fourier Series")
plt.tight_layout(); plt.show()
```

例 12.14 试求函数 $f(x)=x(x-\pi)(x-2\pi), x\in[0,2\pi]$ 的二项和八项傅里叶级数展开式。

解 得到的二项和八项傅里叶级数展开式分别为

$$\hat{f}_2(x)=12\sin x+\frac{3\sin(2x)}{2},$$

$$\hat{f}_8(x)=12\sin x+\frac{3}{2}\sin(2x)+\frac{4}{9}\sin(3x)+\frac{3\sin(4x)}{16}+\frac{12\sin(5x)}{125}+\frac{\sin(6x)}{18}+\frac{12\sin(7x)}{343}+\frac{3\sin(8x)}{128}.$$

二项和八项傅里叶展开式与原函数的对比曲线如图 12.4 所示。

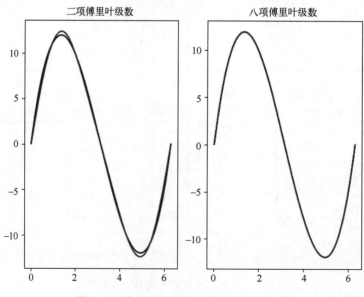

图 12.4 傅里叶级数展开式与原函数曲线

从图 12.4 中可以看出，二项傅里叶级数展开式与原函数略微有些误差，八项傅里叶级数展开式与原函数拟合效果很好。

```
#程序文件 pex12_14.py
import sympy as sp
import numpy as np
import pylab as plt
x=sp.var("x"); L=[2,8]
f=x*(x-sp.pi)*(x-2*sp.pi); G=[]
for i in range(2):
    x0=np.linspace(0,2*np.pi,100); y0=x0*(x0-np.pi)*(x0-2*np.pi)
    gi=sp.fourier_series(f, (x, 0, 2*sp.pi)).truncate(n=L[i])
    G.append(gi); hi=sp.lambdify(x,gi)        #转换为匿名函数
    yi=hi(x0); plt.subplot(1,2,i+1); plt.plot(x0,y0,"r")
    plt.plot(x0,yi); plt.title(f"{L[i]} Terms Fourier Series")
plt.tight_layout(); plt.show()
```

例 12.15 设 $f(x)$ 是周期为 2π 的周期函数，它在 $[-\pi,\pi)$ 内的表达式为 $f(x)=|x|$，将 $f(x)$ 展开成傅里叶级数。

解 所给函数在整个数轴上连续，因此傅里叶级数处处收敛于 $f(x)$。

因为 $f(x)$ 为偶函数，所以按式（12.4），有 $b_n=0(n=1,2,3,\cdots)$，而

$$a_0=\frac{2}{\pi}\int_0^\pi f(x)\mathrm{d}x=\pi,$$

$$a_n=\frac{2}{\pi}\int_0^\pi f(x)\cos nx\mathrm{d}x=\frac{2((-1)^n-1)}{n^2\pi}=\begin{cases}-\dfrac{4}{\pi n^2}, & n=1,3,5,\cdots,\\ 0, & n=2,4,6,\cdots.\end{cases}$$

从而得到 $f(x)$ 的傅里叶级数展开式为

$$f(x)=\frac{\pi}{2}-\frac{4}{\pi}\sum_{k=1}^\infty\frac{1}{(2k-1)^2}\cos(2k-1)x,\quad -\infty<x<+\infty.$$

```
#程序文件 pex12_15.py
import sympy as sp
x=sp.var("x"); f=sp.Abs(x)
n=sp.var("n",integer=True,positive=True)
g=f.fourier_series((x,-sp.pi,sp.pi)).truncate(n=6)    #展开 6 项
a0=2*sp.integrate(f,(x,0,sp.pi))/sp.pi
an=2*sp.integrate(f*sp.cos(n*x),(x,0,sp.pi))/sp.pi
an=sp.simplify(an)
```

例 12.16 将函数

$$M(x)=\begin{cases}\dfrac{px}{2}, & 0\leqslant x<\dfrac{a}{2},\\ \dfrac{p(a-x)}{2}, & \dfrac{a}{2}\leqslant x\leqslant a,\end{cases}$$

展开成正弦级数。

解 $M(x)$ 是定义在 $[0,a]$ 上的函数，要将它展开成正弦级数，必须对 $M(x)$ 进行奇延拓，奇延拓后的函数的傅里叶系数

$$b_n = \frac{2}{a}\int_0^a M(x)\sin\frac{n\pi x}{a}dx = \frac{(-1)^{\frac{n+1}{2}}ap((-1)^n-1)}{n^2\pi^2}.$$

当 $n=2k$ 为偶数时，$b_{2k}=0$；当 $n=2k-1$ 为奇数时，$b_{2k-1}=\dfrac{2ap(-1)^{k-1}}{(2k-1)^2\pi^2}$。因而得到 $M(x)$ 的正弦级数展开式为

$$M(x) = \frac{2ap}{\pi^2}\sum_{k=1}^{\infty}\frac{(-1)^{k-1}}{(2k-1)^2}\sin\frac{(2k-1)\pi x}{a}, 0 \leqslant x \leqslant a.$$

```
#程序文件 pex12_16.py
import sympy as sp
x,p=sp.var("x,p"); a=sp.var("a",positive=True)
n=sp.var("n",integer=True,positive=True)
M=sp.Piecewise((p*x/2,sp.And(x>=0,x<a/2)),
    (p*(a-x)/2,sp.And(a/2<=x,x<=a)))
bn1=2*sp.integrate(M*sp.sin(n*sp.pi*x/a),(x,0,a))/a
bn2=sp.simplify(bn1)
```

在电子技术中，经常应用傅里叶级数的复数形式。设 $f(x)$ 是周期 $2L$ 的周期函数，则 $f(x)$ 傅里叶级数的复数形式为

$$\sum_{n=-\infty}^{\infty} c_n e^{\frac{n\pi x}{L}i}, \tag{12.5}$$

其中，

$$c_n = \frac{1}{2L}\int_{-L}^{L} f(x)e^{-\frac{n\pi x}{L}i}dx, \quad n=0,\pm1,\pm2,\cdots. \tag{12.6}$$

例 12.17 在一个周期 $\left[-\dfrac{T}{2},\dfrac{T}{2}\right)$ 内矩形波的函数为

$$u(x) = \begin{cases} 0, & -\dfrac{T}{2} \leqslant x < -\dfrac{a}{2}, \\ b, & -\dfrac{a}{2} \leqslant x \leqslant \dfrac{a}{2}, \\ 0, & \dfrac{a}{2} < x < \dfrac{T}{2}. \end{cases}$$

把 $u(x)$ 展开成复数形式的傅里叶级数。

解 计算得

$$c_0 = \frac{1}{T}\int_{-T/2}^{T/2} u(x)dx = \frac{ab}{T},$$

$$c_n = \frac{1}{T}\int_{-T/2}^{T/2} u(x)e^{-\frac{2n\pi x}{T}i}dx = \frac{b\sin\left(\dfrac{n\pi a}{T}\right)}{n\pi}, \quad n=\pm1,\pm2,\pm3,\cdots,$$

因而有

$$u(x) = \frac{ab}{T} + \frac{b}{\pi}\sum_{\substack{n=-\infty \\ n\neq 0}}^{\infty}\frac{1}{n}\sin\frac{n\pi a}{T}\cdot e^{\frac{2n\pi x}{T}i}, \quad -\infty < x < +\infty; x \neq nT \pm \frac{a}{2}, n=0,\pm1,\pm2,\cdots.$$

```
#程序文件 pex12_17.py
import sympy as sp
x,b=sp.var("x,b"); n=sp.var("n",integer=True)
T,a=sp.var("T,a",positive=True)
u=sp.Piecewise((b,sp.And(x>=-a/2,x<=a/2)),
    (0,sp.And(-T/2<=x,x<-a/2)),(0,sp.And(a/2<x,x<T/2)))
c0=sp.integrate(u,(x,-a/2,a/2))/T
cn=sp.integrate(u*sp.exp(-2*n*sp.pi*x/T*sp.I),(x,-a/2,a/2))/T
scn=sp.simplify(cn)
```

习 题 12

12.1 求下列级数的和。

(1) $\sum_{n=1}^{\infty}\dfrac{n^2}{3^n}$； (2) $\sum_{n=1}^{\infty}\dfrac{1}{n^2(n+1)^2(n+2)^2}$.

12.2 求下列幂级数的和。

(1) $\sum_{n=1}^{\infty}\dfrac{x^n}{n\cdot 3^n}$； (2) $\sum_{n=1}^{\infty}(-1)^n\dfrac{x^{2n+1}}{2n+1}$； (3) $\sum_{n=1}^{\infty}(n+2)x^{n+3}$.

12.3 求下列幂级数的收敛半径。

(1) $\sum_{n=1}^{\infty}\dfrac{2^n}{n^2+1}x^n$； (2) $\sum_{n=1}^{\infty}\dfrac{2n-1}{2^n}x^{2n-2}$.

12.4 在一个图形界面，分别绘制 $f(x)=x$，$g(x)=-x$，$x\in[-\pi,\pi]$ 的一至六项傅里叶展开式的曲线。

12.5 设 $f(x)$ 是周期为 2π 的周期函数，它在 $[-\pi,\pi)$ 内的表达式为

$$f(x)=\begin{cases}-\dfrac{\pi}{2}, & -\pi\leqslant x<-\dfrac{\pi}{2},\\ x, & -\dfrac{\pi}{2}\leqslant x<\dfrac{\pi}{2},\\ \dfrac{\pi}{2}, & \dfrac{\pi}{2}\leqslant x<\pi,\end{cases}$$

将 $f(x)$ 展开成傅里叶级数。

12.6 周期函数 $f(x)$ 在一个周期内的表达式为

$$f(x)=\begin{cases}x, & -1\leqslant x<0,\\ 1, & 0\leqslant x<\dfrac{1}{2},\\ -1, & \dfrac{1}{2}\leqslant x<1,\end{cases}$$

将 $f(x)$ 展开成傅里叶级数。

12.7 设 $f(x)$ 是周期为 2 的周期函数，它在 $[-1,1)$ 内的表达式为 $f(x)=\mathrm{e}^{-x}$。试将 $f(x)$ 展开成复数形式的傅里叶级数。

参 考 文 献

[1] 司守奎，孙玺菁. Python 数学建模算法与应用[M]. 北京：国防工业出版社，2022.

[2] 孙玺菁，司守奎，刘海桥. Python 的工程数学应用[M]. 北京：国防工业出版社，2021.

[3] 福勒，索利姆，维迪尔. Python 3.0 科学计算指南[M]. 王威，译. 北京：人民邮电出版社，2018.

[4] 王国辉，李磊，冯春龙. Python 从入门到项目实践[M]. 长春：吉林大学出版社，2018.

[5] 蔡黎亚，刘正，唐志峰. 零基础学 Python：基于 PyCharm IDE[M]. 北京：清华大学出版社，2021.

[6] 陈华. 数学实验[M]. 北京：石油工业出版社，2020.

[7] 史家荣. MATLAB 程序设计及数学实验与建模[M]. 西安：西安电子科技大学出版社，2019.

[8] 同济大学数学系. 高等数学[M]. 8 版. 北京：高等教育出版社，2014.

[9] 同济大学数学系. 高等数学习题全解指南[M]. 8 版. 北京：高等教育出版社，2014.

[10] 邓建平. 微积分Ⅰ[M]. 北京：科学出版社，2019.

[11] 邓建平. 微积分Ⅱ[M]. 北京：科学出版社，2019.

[12] 蔡光兴，金裕红. 大学数学实验[M]. 北京：科学出版社，2007.

[13] 许在库，赵明. 高等数学计算机实验[M]. 北京：科学出版社，2005.

第二部分 习 题 解 答

第1章 Python程序设计基础习题解答

1.1 输入如下数值矩阵：

（1）$A_{10\times10} = \begin{bmatrix} 1 & -2 & 4 & \cdots & (-2)^9 \\ 0 & 1 & -2 & \cdots & (-2)^8 \\ 0 & 0 & 1 & \cdots & (-2)^7 \\ \vdots & \vdots & \vdots & \ddots & \vdots \\ 0 & 0 & 0 & 0 & 1 \end{bmatrix}$；（2）$B_{4\times6} = \begin{bmatrix} 1 & 2 & -3 & 0 & 0 & 0 \\ 0 & 1 & 2 & -3 & 0 & 0 \\ 0 & 0 & 1 & 2 & -3 & 0 \\ 0 & 0 & 0 & 1 & 2 & -3 \end{bmatrix}$.

```
#程序文件 pxt1_1.py
import numpy as np
A1=np.eye(10)
for i  in range(9):
    A1=A1+np.diag((-2)**(i+1)*np.ones(9-i),i+1)
A2=np.eye(4,6)            #初始化
A2.flat[1::7]=2           #用一维地址对矩阵赋值
A2.flat[2::7]=-3          #再用一维地址对矩阵赋值
```

1.2 输入如下符号矩阵：

$$A_{10\times10} = \begin{bmatrix} 1 & 0 & \cdots & 0 & 0 \\ 0 & 1 & \cdots & 0 & 0 \\ \vdots & \vdots & \ddots & \vdots & \vdots \\ 0 & 0 & \cdots & 1 & 0 \\ a_1 & a_2 & \cdots & a_9 & a_{10} \end{bmatrix}.$$

```
#程序文件 pxt1_2.py
import sympy as sp
a=sp.var("a1:11")
A=sp.eye(9,10)              #构造符号单位矩阵
A=sp.Matrix([A,a])
```

1.3 对于矩阵

$$A = \begin{bmatrix} 1 & 5 & 8 & 9 & 12 \\ 2 & 4 & 6 & 15 & 3 \\ 18 & 7 & 10 & 8 & 16 \end{bmatrix},$$

（1）求每一列的最小值，并指出该列的哪个元素取该最小值。
（2）求每一行的最大值，并指出该行的哪个元素取该最大值。
（3）求矩阵所有元素的最大值。

```
#程序文件 pxt1_3.py
import numpy as np
A=np.array([[1,5,8,9,12],[2,4,6,15,3],[18,7,10,8,16]])
# 逐列求最小值并返回最小值所在的地址
M1=np.min(A,axis=0); I1=np.argmin(A,axis=0)
# 逐行求最大值并返回最大值所在的地址
M2=np.max(A,axis=1); I2=np.argmax(A,axis=1)
# 求所有元素的最大值并返回所在的一维地址
M3=np.max(A); I3=np.argmax(A)
print("M1:", M1); print("I1:", I1)
print("M2:", M2); print("I2:", I2)
print("M3:", M3); print("I3:", I3)
```

1.4 已知 $A = \begin{bmatrix} 1 & 2 & 3 & 4 \\ \inf & \inf & \inf & \inf \\ \inf & 5 & 6 & 7 \\ 8 & 9 & \mathrm{NaN} & \mathrm{NaN} \end{bmatrix}$.

（1）求 A 中哪些位置的元素为 inf；
（2）求 A 中哪些行含有 inf；
（3）将 A 中的 NaN 替换成 -1；
（4）将 A 中元素全为 inf 的行删除；
（5）将 A 所有的 inf 和 NaN 元素删除。

```
#程序文件 pxt1_4.py
import numpy as np
A = np.array([[1, 2, 3, 4],[np.inf, np.inf, np.inf, np.inf],
              [np.inf, 5, 6, 7],[8, 9, np.nan, np.nan]])
r,c=np.where(np.isinf(A))              #查找 inf 所在的行标和列标
ind=np.any(np.isinf(A), axis=1)        #查找哪些行含有 inf 的逻辑地址
rows=np.where(ind)[0]                  #求哪些行含有 inf

B = np.copy(A)
B[np.isnan(B)]=-1                      #把 NaN 替换为-1

C=A[~np.all(np.isinf(A), axis=1)]      # 删除元素全为 inf 的行

D=A[~(np.isinf(A) | np.isnan(A))]      #删除所有的 inf 和 nan
print("r:",r); print("c:",c)
print("rows:", rows); print("B:\n", B)
print("C:\n", C); print("D:\n", D)
```

1.5 求解线性方程组

$$\begin{bmatrix} 8 & 1 & & \\ 1 & 8 & \ddots & \\ & \ddots & \ddots & 1 \\ & & 1 & 8 \end{bmatrix}_{10\times10} \begin{bmatrix} x_1 \\ x_2 \\ \vdots \\ x_{10} \end{bmatrix} = \begin{bmatrix} 1 \\ 2 \\ \vdots \\ 10 \end{bmatrix}.$$

```
#程序文件 pxt1_5.py
import numpy as np
A=8*np.eye(10)+np.diag(np.ones(9),-1)+np.diag(np.ones(9),1)
b=np.arange(1,11); x=np.linalg.inv(A) @ b
```

1.6 设计九九乘法表，输出形式如下所示：

$1\times 1 = 1$

$1\times 2 = 2 \quad 2\times 2 = 4$

$1\times 3 = 3 \quad 2\times 3 = 6 \quad 3\times 3 = 9$

$1\times 4 = 4 \quad 2\times 4 = 8 \quad 3\times 4 = 12 \quad 4\times 4 = 16$

……

$1\times 9 = 9 \quad 2\times 9 = 18 \quad 3\times 9 = 27 \quad 4\times 9 = 36 \quad 5\times 9 = 45 \quad 6\times 9 = 54 \quad \cdots \quad 9\times 9 = 81$

```
#程序文件 pxt1_6.py
for i in range(1, 10):
    for j in range(1, i + 1):
        product = i * j
        if product <= 9:
            print(f"{j}×{i}={product}    ", end="   ")   #3+2 个空格
        else:
            print(f"{j}×{i}={product}   ", end="   ")    #2+2 个空格
    print()  # 输出换行符
```

1.7 用图解的方式求解下面方程组的近似解：

$$\begin{cases} x^2 + y^2 = 3xy^2, \\ x^3 - x^2 = y^2 - y. \end{cases}$$

解 首先用 Sympy 库的符号函数的隐函数绘图命令画出两个方程对应的曲线，如图 1.1 所示，通过图形可以看出在 [−1,6]×[−5,8] 范围内，方程组有 2 组解。依次单击两条曲线的 2 个交点，就可以得到方程组的 2 组近似解。再以这 2 组近似解为初值，调用 SciPy 库的 fsolve() 或 root() 函数就可以求得方程组的 2 组数值解。实际上 $x=0$、$y=0$ 显然是方程组的解。

具体求解结果见程序运行结果，这里不再赘述。

```
#程序文件 pxt1_7.py
import sympy as sp
import pylab as plt
```

```
from scipy.optimize import fsolve, root
x,y=sp.var("x,y")
f=x**2+y**2-3*x*y**2
g=x**3-x**2-y**2+y
plt.rc("text",usetex=True); plt.rc("font",size=16)
plot1=sp.plot_implicit(f,(x,-1,6),(y,-5,8),
                       line_color="black",show=False)
plot2=sp.plot_implicit(g,(x,-1,6),(y,-5,8),show=False)
plot1.append(plot2[0]); plot1.show()
plt.xlabel(""); plt.ylabel("")
plt.text(-0.25,7,"$y$"); plt.text(5.5,0.3,"$x$")
print("请用鼠标点击曲线的交点 2 次！\n")
xy=plt.ginput(2); print(xy,"\n------"); S1=[]; S2=[]
h=lambda x: [x[0]**2+x[1]**2-3*x[0]*x[1]**2,
             x[0]**3-x[0]**2-x[1]**2+x[1]]
for i in range(2):
    s1=fsolve(h,xy[i]); S1.append(s1)
    s2=root(h,xy[i]); S2.append(s2.x)
print(S1); print("--------"); print(S2)
```

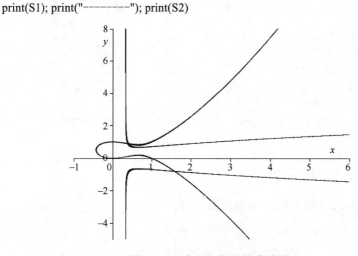

图 1.1 两个方程对应的曲线图

1.8 画出二元函数

$$z = f(x,y) = -20\exp\left(-0.2\sqrt{\frac{x^2+y^2}{2}}\right) - \exp(0.5\cos(2\pi x)) + 0.5\cos(2\pi y)$$

的图形，并求出所有极大值，其中 $x \in [-5,5]$，$y \in [-5,5]$。

解 函数 $f(x,y)$ 在其定义域内可能有多个极大值，因此基于梯度下降法等通常的优化算法难以求出所有极大值。为此可采用网格搜索算法，即先将 x 和 y 的取值区间离散化，得到网格化矩阵 $\boldsymbol{X}$ 和 $\boldsymbol{Y}$，再计算函数值矩阵 $\boldsymbol{Z} = f(\boldsymbol{X},\boldsymbol{Y})$，最后根据矩阵 $\boldsymbol{Z}$ 求解所有极大值的近似值。对于 $\boldsymbol{Z}$ 的第 i 行第 j 列元素 z_{ij}，考虑以 z_{ij} 为中心的 3×3 维子矩阵

$$\begin{bmatrix} z_{i-1,j-1} & z_{i-1,j} & z_{i-1,j+1} \\ z_{i,j-1} & z_{ij} & z_{i,j+1} \\ z_{i+1,j-1} & z_{i+1,j} & z_{i+1,j+1} \end{bmatrix},$$

若 z_{ij} 在上述三阶矩阵中取值最大,则可将它作为一个近似的极大值。

在计算过程中,不考虑矩阵 **Z** 的边界,二维网格搜索程序如下:

```
#程序文件 pxt1_8.py
import numpy as np
import pylab as plt
N=300; x=np.linspace(-5,5,N)
X,Y=np.meshgrid(x,x)                #生成网格数据
Z=-20*np.exp(-0.2*np.sqrt((X**2+Y**2)/2))\
    -np.exp(0.5*np.cos(2*np.pi*X))+0.5*np.cos(2*np.pi*Y)
S=[]
for i in range(1,N-1):
    for j in range(1,N-1):
        T=Z[i-1:i+2,j-1:j+2]
        if Z[i,j]==np.max(T):
            S.append([X[i,j],Y[i,j],Z[i,j]])
L=len(S)                            #所求极大值的个数
plt.rc("text",usetex=True)
ax=plt.axes(projection="3d")
ax.plot_surface(X,Y,Z,cmap="viridis",alpha=0.9) #alpha 设置透明度
S=np.array(S)
ax.scatter3D(S[:, 0], S[:, 1], S[:, 2], c="r", s=80, marker="o")
ax.view_init(elev=30, azim=20)      #调整视角
ax.set_xlabel("$x$"); ax.set_ylabel("$y$")
ax.set_zlabel("$f$"); plt.show()
```

输出图形如图 1.2 所示,从该图可以看出,所求的极大值均在峰值附近。

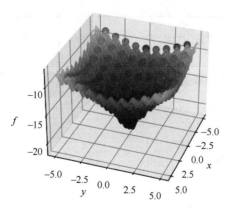

图 1.2 三维网格图与极大值分布图

在程序中,N 取 300、500、1000 时得到的极大值的个数都是 100,这说明网格划分

的精细程度对极大值的求解影响不大。

1.9 已知正弦函数 $y=\sin(wt)$，$t\in[0,2\pi]$，$w\in[0.01,10]$，试绘制当 w 变化时正弦函数曲线的动画。

```
#程序文件 pxt1_9.py
import numpy as np
import pylab as plt
from matplotlib.animation import FuncAnimation
fig, ax = plt.subplots() #创建一个新的图形和子图
line=ax.plot([], [], "r-", linewidth=2)[0]      #创建一个线对象
def init():
    ax.set_xlim(0, 2*np.pi)
    ax.set_ylim(-1, 1)
    return line,
def update(w):
    t = np.linspace(0, 2*np.pi, 1000)
    y = np.sin(w*t)
    line.set_data(t, y)                # 更新线的数据
    return line,
ani=FuncAnimation(fig, update, frames=np.arange(0.01,10.01,0.01),
                  init_func=init, blit=True)
plt.show()
```

1.10 已知 4×15 维矩阵 B 的数据如表 1.1 所示，其第一行表示 x 坐标，第二行表示 y 坐标，第三行表示 z 坐标，第四行表示类别。

表 1.1 矩阵 B 的数据

7.7	5.1	5.4	5.1	5.1	5.5	6.1	5.5	6.7	7.7	6.4	6.2	4.9	5.4	6.9
2.8	2.5	3.4	3.4	3.7	4.2	3	2.6	3	2.6	2.7	2.8	3.1	3.9	3.2
6.7	3	1.5	1.5	1.5	1.4	4.6	4.4	5.2	6.9	5.3	4.8	1.5	1.7	5.7
3	2	1	1	1	1	2	2	3	3	3	3	1	1	3

（1）绘制三维散点图。对于类别为 1、2、3 的点，圆圈大小分别为 40、30、20；不同类别的点，其颜色不同。

（2）使用 x,y 坐标绘制二维散点图，对于类别为 1、2、3 的点，对应点分别用圆圈、正方形、三角形表示，颜色分别为红色、绿色和蓝色。

绘制的图形如图 1.3 所示。

```
#程序文件 pxt1_10.py
import numpy as np
import pylab as plt
a=np.loadtxt('tdata1_10.txt')
x=a[0,:]; y=a[1,:]; z=a[2,:]; g=a[3,:]
sz=np.zeros_like(g); sz[g==1]=40
sz[g==2]=30; sz[g==3]=20
```

```
plt.rc("text",usetex=True)

ax1=plt.subplot(121,projection="3d")
ax1.scatter(x, y, z, c=g, s=sz, cmap='viridis')
ax1.set_xlabel("$x$"); ax1.set_ylabel("$y$")
ax1.set_zlabel("$z$")

colors=['r', 'g', 'b']; markers=['o', 's', '^']
ax2=plt.subplot(122)
for i, group in enumerate(np.unique(g)):
    ind=g==group
    ax2.scatter(x[ind], y[ind], c=colors[i], marker=markers[i], label=f"Group {group}")
ax2.set_xlabel('$x$'); ax2.set_ylabel('$y$',rotation=0)
ax2.legend(); plt.tight_layout(); plt.show()
```

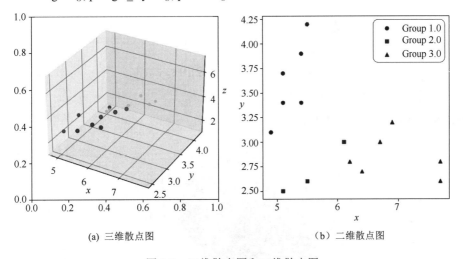

(a) 三维散点图　　　　　　　　(b) 二维散点图

图 1.3　三维散点图和二维散点图

1.11　绘制平面 $3x-4y+z-10=0$，$x \in [-5,5]$，$y \in [-5,5]$。

所画的平面图形如图 1.4 所示。

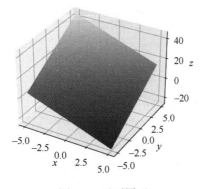

图 1.4　平面图形

```
#程序文件 pxt1_11.py
import numpy as np
import pylab as plt
x=np.linspace(-5,5,100)
X,Y=np.meshgrid(x,x)         #生成网格数据
Z=10-3*X+4*Y; plt.rc("text",usetex=True)
ax=plt.axes(projection="3d")
ax.plot_surface(X,Y,Z,cmap="autumn")
ax.set_xlabel("$x$"); ax.set_ylabel("$y$")
ax.set_zlabel("$z$"); plt.show()
```

1.12 绘制瑞士卷曲面

$$\begin{cases} x = t\cos t, \\ 0 \leqslant y \leqslant 3, \quad t \in [\pi, 9\pi/2]. \\ z = t\sin t, \end{cases}$$

解 瑞士卷曲面的参数方程为

$$\begin{cases} x = t\cos t, \\ y = y, \quad t \in [\pi, 9\pi/2], 0 \leqslant y \leqslant 3. \\ z = t\sin t, \end{cases}$$

所绘制的瑞士卷图形如图 1.5 所示。

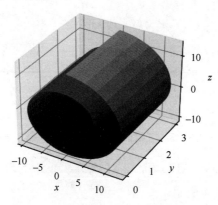

图 1.5 瑞士卷曲面图形

```
#程序文件 pxt1_12.py
import numpy as np
import pylab as plt
t=np.linspace(np.pi,9*np.pi/2,100);
y=np.linspace(0,3,30); [T,Y]=np.meshgrid(t,y)
X=T*np.cos(T); Z=T*np.sin(T);
plt.rc("text",usetex=True)
ax=plt.axes(projection="3d")
ax.plot_surface(X,Y,Z,cmap="winter")
ax.set_xlabel("$x$"); ax.set_ylabel("$y$")
```

ax.set_zlabel("z"); plt.show()

1.13 附件 1：区域高程数据.xlsx 给出了某区域 $43.65\text{km} \times 58.2\text{km}$ 的高程数据，画出该区域的三维表面图和等高线图，在 A（30，0）和 B（43，30）（单位：km）两点处各建立一个基地，在等高线图上标注出这两个点，并求该区域地表面积的近似值。

解 利用 Matplotlib 所画的三维表面图和等高线图如图 1.6 所示。

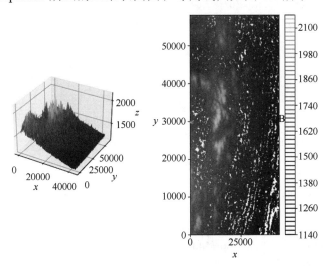

图 1.6 三维表面图和等高线图

我们使用剖分的小三角形面积和作为地表面积的近似值。利用分点 $x_i = 50i (i = 0,1,\cdots,873)$ 把 $0 \leqslant x \leqslant 50 \times 873$ 剖分成 873 个小区间，利用分点 $y_j = 50j$ $(j=0,1,\cdots,1164)$ 把 $0 \leqslant y \leqslant 50 \times 1164$ 剖分成 1164 个小区间，对应地把平面区域剖分成 873×1164 个小矩形，把三维曲面剖分成 873×1164 个小曲面进行计算，每个小曲面的面积用对应的三维空间中 4 个点所构成的两个小三角形面积的和作为近似值。

计算三角形面积时，使用向量的向量积计算。根据向量积的定义，可知三角形 ABC 的面积

$$S_{\triangle ABC} = \frac{1}{2}\|\overrightarrow{AB}\|\|\overrightarrow{AC}\|\sin\angle A = \frac{1}{2}\|\overrightarrow{AB} \times \overrightarrow{AC}\|.$$

利用 Python 求得地表面积的近似值为 $2.5752 \times 10^9 \text{ m}^2$。

```
#程序文件 pxt1_13.py
import numpy as np
import pandas as pd
from numpy.linalg import norm
import pylab as plt

a=pd.read_excel("附件1：区域高程数据.xlsx",header=None,nrows=874)
b=a.values; [m,n]=b.shape
x0=np.arange(m)*50; y0=np.arange(n)*50; s = 0
for i in np.arange(m-1):
```

```
            for j in np.arange(n-1):
                p1=np.array([x0[i],y0[j],b[i,j]])
                p2=np.array([x0[i+1],y0[j],b[i+1,j]])
                p3=np.array([x0[i+1],y0[j+1],b[i+1,j+1]])
                p4=np.array([x0[i],y0[j+1],b[i,j+1]])
                s1=norm(np.cross(p2-p1,p3-p1))/2
                s2=norm(np.cross(p3-p1,p4-p1))/2
                s = s+s1+s2;
print("区域的面积为：", s)
plt.rc("font",size=16); plt.rc("text",usetex=True)
ax=plt.subplot(121,projection="3d");
X,Y=np.meshgrid(x0,y0)
ax.plot_surface(X, Y, b.T,cmap="viridis")
ax.set_xlabel("$x$"); ax.set_ylabel("$y$"); ax.set_zlabel("$z$")
plt.subplot(122); plt.contour(x0,y0,b.T,50); plt.colorbar()
plt.plot(30000,0,"pr") #画出 A 点位置
plt.text(30500,200,"A") #标注 A 点
plt.plot(43000,30000,"pr") #画出 B 点位置
plt.text(43500,29500, "B") #标注 B 点
plt.xlabel("$x$"); plt.ylabel("$y$",rotation=0)
plt.savefig("figure1_13.png",dpi=500)
plt.tight_layout(); plt.show()
```

1.14 数据文件"B 题_附件_通话记录.xlsx"取自 2017 年第 10 届华中地区大学生数学建模邀请赛 B 题：基于通信数据的社群聚类。该文件包括某营业部近三个月的内部通信记录，内容涉及通话的起始时间、主叫、时长、被叫、漫游类型和通话地点等，共 10713 条记录，每条数据有 7 列，部分数据如表 1.2 所示。

表 1.2 某营业部近三个月的内部通信记录

序号	起始时间	主叫	时长/s	被叫	漫游类型	通话地点
1	2016/09/01 10:08:51	涂蕴知	431	孙翼茜	本地	武汉
2	2016/09/01 10:17:37	毕婕靖	351	潘立	本地	武汉
3	2016/09/01 10:18:29	张培芸	1021	梁茵	本地	武汉
4	2016/09/01 10:23:22	张培芸	983	文芝	本地	武汉
⋮	⋮	⋮	⋮	⋮	⋮	⋮
10713	2016/12/31 9:36:15	柳谓	327	张荆	本地	武汉

（1）主叫和被叫分别有多少人？主叫和被叫是否是同一组人？

（2）统计主叫和被叫之间的呼叫次数和总呼叫时间。

（3）将日期中"2016/09/01"视为第 1 天，"2016/09/02"视为第 2 天，依此类推，将所有日期按上述方法转化。

（4）已知 2016/09/01 为星期四，将日期编码为数字。编码规则为：星期日对应"0"，星期一对应"1"，……，星期六对应"6"。

（5）假设周六和周日不上班，不考虑法定节假日，周一到周五上班时间为上午 8:00～

12:00 和下午 14:00～18:00。计算任意两人在上班时间的通话次数。

解 Excel 文件中的数据共有 10713 行、7 列。其中第 1 列为序号，对于最后两列，漫游类型均为"本地"，通话地点均为"武汉"，故读取数据时不再读取这 3 列。

（1）利用 Python 软件，统计得主叫人数为 36 人，被叫人数也为 36 人，并且他们为同一组人。

（2）用 $i=1,2,\cdots,36$ 分别表示 36 个人；i 主叫、$j(j=1,2,\cdots,36)$ 被叫之间的呼叫次数记为 c_{ij}，i 主叫、j 被叫之间的通话时间记作 d_{ij}，构造数据矩阵 $\boldsymbol{C}=(c_{ij})_{36\times36}$，$\boldsymbol{D}=(d_{ij})_{36\times36}$，$\boldsymbol{C}$、$\boldsymbol{D}$ 的取值见 Excel 文件 tdata1_14.xlsx。为了直观地看 $\boldsymbol{C}$ 的取值，画出 $-\boldsymbol{C}$ 的图像，如图 1.7 所示。

（3）所有的日期转化为天数的顺序编码为 $1,2,\cdots,122$。

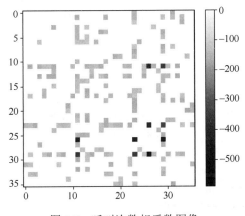

图 1.7 呼叫次数相反数图像

（4）利用 Pandas 库的 dt 方法可以把日期转化为星期几的编码，其中的 $0,1,\cdots,6$ 编码分别表示星期一、星期二、……、星期日，星期编码都加上 1 且把星期天编码处理为 0，就得到题目中要求的编码。

（5）我们把上班期间主叫和被叫之间的呼叫次数保存在矩阵 $\boldsymbol{G}=(g_{ij})_{36\times36}$ 中，具体数据存放在 Excel 文件 tdata1_14.xlsx 的表单 3 中，所有人工作期间的总呼叫次数为 4751 次。

```
#程序文件 pxt1_14.py
import pandas as pd
import numpy as np
import pylab as plt
#第一题
a = pd.read_excel("B 题_附件_通话记录.xlsx", usecols="B:E")
b1 = np.unique(a.iloc[:, 1])        #主叫姓名
b2 = np.unique(a.iloc[:, 3])        #被叫姓名
n1 = len(b1); n2 = len(b2)          #主叫人数和被叫人数
n = np.sum(np.isin(b1, b2))         #比较两个数组相等元素的个数
print(n1 == n2 == n)
#第二题
N = len(a)                          #总的记录个数
```

```python
t = a.iloc[:, 2]                        # 提取时长数据
c = np.zeros((n1, n2))                  #呼叫次数初始化矩阵
d = np.zeros((n1, n2))                  #呼叫时长初始化矩阵
for k in range(N):                      #通过循环计算呼叫次数和呼叫时长
    i=np.where(b1==a.iloc[k,1])[0][0]   #找第 k 个记录的主叫人编号
    j=np.where(b2==a.iloc[k,3])[0][0]   #找第 k 个记录的被叫人编号
    c[i, j] += 1                        #累加呼叫次数
    d[i, j] += t[k]                     #累增加呼叫时长
plt.imshow(-c, cmap="gray")             #绘制呼叫次数矩阵图像
plt.colorbar()
plt.savefig("figure1_14.png"); plt.show()
f=pd.ExcelWriter("tdata1_14.xlsx")
pd.DataFrame(c).to_excel(f,"Sheet1",index=False) #呼叫次数写入 Excel 文件
pd.DataFrame(d).to_excel(f,"Sheet2",index=False) #呼叫时长写入 Excel 文件
#第三题
e=pd.to_datetime(a.iloc[:, 0])          #起始时间的日期
em=(e-e.min()).dt.days+1                #日期的天编码
print(em)
# 第四题
w = e.dt.weekday+1                      #把起始时间转换为星期编码（1～5 代表星期一至星期五）
w[w==7]=0                               #星期日特殊处理
#第五题
g = np.zeros((n1, n2))                  #工作时间呼叫次数初始化
T1=e.dt.hour; T2=e.dt.minute/60
T3=e.dt.second/3600; T=T1+T2+T3
for k in range(N):                      #如果在周一至周五的 8—18 点，则进行以下操作：
    if (w[k] >= 1 and w[k] <= 5 and
        (T[k] >= 8 and T[k] <= 12 or T[k] >= 14 and T[k] <= 18)):
        i = np.where(np.isin(b1, a.iloc[k, 1]))[0][0]   #找主叫人编号
        j = np.where(np.isin(b2, a.iloc[k, 3]))[0][0]   #找被叫人编号
        g[i, j] += 1                    #增加工作期间呼叫次数
sg=g.sum()                              #求工作期间的总呼叫次数
pd.DataFrame(g).to_excel(f,"Sheet3", index=False)
f.close()
```

第 2 章 函数与极限习题解答

2.1 设

$$f(x)=\begin{cases}0, & x\leqslant 0,\\ x, & x\geqslant 0,\end{cases}\quad g(x)=\begin{cases}0, & x\leqslant 0,\\ -x^2, & x>0,\end{cases}$$

求 $f[f(x)]$、$g[g(x)]$、$f[g(x)]$、$g[f(x)]$。

解 $f[f(x)]=f(x)=\begin{cases}0, & x\leqslant 0,\\ x, & x>0.\end{cases}$

$g[g(x)]=0$. $f[g(x)]=0$.

$g[f(x)]=g(x)=\begin{cases}0, & x\leqslant 0,\\ -x^2, & x>0.\end{cases}$

```
#程序文件 xt2_1.py
import sympy as sp
x=sp.var("x")
f=sp.Piecewise((x,x>=0),(0,True))
g=sp.Piecewise((-x**2,x>0),(0,True))
ff=f.subs(x,f); ff=sp.simplify(ff); print(ff)
gg=g.subs(x,g); gg=sp.simplify(gg); print(gg)
fg=f.subs(x,g); fg=sp.simplify(fg); print(fg)
gf=g.subs(x,f); gf=sp.simplify(gf); print(gf)
```

2.2 Chebyshev 多项式的数学形式为 $T_1(x)=1$，$T_2(x)=x$，$T_n(x)=2xT_{n-1}(x)-T_{n-2}(x)$，$n=3,4,5,\cdots$，试计算 $T_3(x),T_4(x),\cdots,T_{10}(x)$。

解 计算结果见程序输出，这里不再赘述。

```
#程序文件 xt2_2.py
import sympy as sp
x=sp.var("x")
S=[]; T1=1; T2=x
for i in range(8):
    T3=2*x*T1-T2; T3=sp.expand(T3)
    S.append(T3)
    T1,T2=T2,T3
print(S)
```

2.3 试判定函数 $f(x)=\sqrt{1+x+x^2}-\sqrt{1-x+x^2}$ 的奇偶性。

解 因为 $f(x)+f(-x)=0$，所以 $f(x)$ 为奇函数。

```
#程序文件 xt2_3.py
import sympy as sp
x=sp.var("x")
f=sp.sqrt(1+x+x**2)-sp.sqrt(1-x+x**2)
F=f+f.subs(x,-x)
G=f-f.subs(x,-x)
```

2.4 如果 $f(x)=\ln\dfrac{1+x}{1-x}$ $(-1<x<1)$，试证明 $f(x)+f(y)=f\left(\dfrac{x+y}{1+xy}\right)$ $(-1<x,y<1)$．

解 可以验证得 $f(x)+f(y)-f\left(\dfrac{x+y}{1+xy}\right)=0$。

```
#程序文件 xt2_4.py
import sympy as sp
x,y=sp.var("x,y")
f=sp.log((1+x)/(1-x))
F1=f+f.subs(x,y)-f.subs(x,(x+y)/(1+x*y))
F2=sp.simplify(F1); F3=sp.collect(F2,x)
F4=sp.exp(F3); F5=sp.factor(F4)
print(F3); print(F5)
```

2.5 试求解下面的极限问题。

（1） $\lim\limits_{x\to a}\dfrac{\ln x-\ln a}{x-a}\,(a>0)$．

（2） $\lim\limits_{x\to+\infty}\left[\sqrt[3]{x^3+x^2+x+1}-\sqrt{x^2+x+1}\,\dfrac{\ln(e^x+x)}{x}\right]$．

（3） $\lim\limits_{x\to a}\dfrac{\sin(a+2x)-2\sin(a+x)+\sin a}{x^2}$．

解 求得

（1） $\lim\limits_{x\to a}\dfrac{\ln x-\ln a}{x-a}=\dfrac{1}{a}$．

（2） $\lim\limits_{x\to+\infty}\left[\sqrt[3]{x^3+x^2+x+1}-\sqrt{x^2+x+1}\,\dfrac{\ln(e^x+x)}{x}\right]=-\dfrac{1}{6}$．

（3） $\lim\limits_{x\to a}\dfrac{\sin(a+2x)-2\sin(a+x)+\sin a}{x^2}=\dfrac{\sin(a)-2\sin(2a)+\sin(3a)}{a^2}$．

```
#程序文件 xt2_5.py
import sympy as sp
x,a=sp.var("x,a")
f1=(sp.log(x)-sp.log(a))/(x-a)
s1=sp.limit(f1,x,a); print(s1)
f2=(x**3+x**2+x+1)**(1/3)-(x**2+x+1)**(1/2)*sp.log(sp.exp(x)+x)/x
s2=sp.limit(f2,x,sp.oo); print(s2)
f3=(sp.sin(a+2*x)-2*sp.sin(a+x)+sp.sin(a))/x**2
s3=sp.limit(f3,x,a); print(s3)
```

2.6 试由下面已知的极限值求出 a 和 b 的值。

（1）$\lim\limits_{x \to +\infty} \left(ax + b - \dfrac{x^3+1}{x^2+1} \right) = 0.$

（2）$\lim\limits_{x \to +\infty} \left(\sqrt{x^2 - x + 1} - ax - b \right) = 0.$

解 （1）$ax + b - \dfrac{x^3+1}{x^2+1} = x\left(a + \dfrac{b}{x} - \dfrac{x^3+1}{x(x^2+1)} \right)$，由于

$$\lim_{x \to +\infty} \left(ax + b - \frac{x^3+1}{x^2+1} \right) = 0,$$

所以

$$\lim_{x \to +\infty} \left(a + \frac{b}{x} - \frac{x^3+1}{x(x^2+1)} \right) = 0,$$

得到 $a = 1$，因而有

$$\lim_{x \to +\infty} \left(x + b - \frac{x^3+1}{x^2+1} \right) = 0,$$

可以求得 $b = \lim\limits_{x \to +\infty} \left(x - \dfrac{x^3+1}{x^2+1} \right) = 0$。

```
#程序文件 xt2_6_1.py
import sympy as sp
x,a,b=sp.var("x,a,b")
f=a*x+b-(x**3+1)/(x**2+1)
eq1=sp.limit(f/x,x,sp.oo)
sa=sp.solve(eq1,a)[0]      #求 a 的值
g=f.subs(a,sa); eq2=sp.limit(g,x,sp.oo)
sb=sp.solve(eq2,b)[0]      #求 b 的值
print(sa); print(sb)
```

（2）与（1）的求解方法类似，求得 $a = 1$，$b = -\dfrac{1}{2}$。

```
#程序文件 xt2_6_2.py
import sympy as sp
x,a,b=sp.var("x,a,b")
f=(x**2-x+1)**(1/2)-a*x-b
eq1=sp.limit(f/x,x,sp.oo)
sa=sp.solve(eq1,a)[0]      #求 a 的值
g=f.subs(a,sa); eq2=sp.limit(g,x,sp.oo)
sb=sp.solve(eq2,b)[0]      #求 b 的值
print(sa); print(sb)
```

2.7 研究方程 $\sin(x^3) + \cos\left(\dfrac{x}{2}\right) + x \sin x - 2 = 0$ 在区间 $\left[-\dfrac{\pi}{2}, \dfrac{\pi}{2} \right]$ 上解的情况，并求出所有的解。

解 首先画出函数 $f(x)=\sin(x^3)+\cos\left(\dfrac{x}{2}\right)+x\sin x-2$ 的图形如图 2.1 所示，从图形可以看出在区间 $\left[-\dfrac{\pi}{2},\dfrac{\pi}{2}\right]$ 上有 3 个解，求得的 3 个解分别为 -1.4365、0.8055、1.4994。

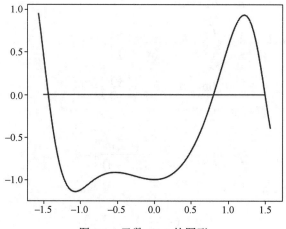

图 2.1　函数 $f(x)$ 的图形

```
#程序文件 xt2_7.py
import pylab as plt
from scipy.optimize import fsolve
import numpy as np
f=lambda x: np.sin(x**3)+np.cos(x/2)+x*np.sin(x)-2
x=np.linspace(-np.pi/2,np.pi/2,100);
plt.plot(x,f(x)); plt.plot([-1.5,1.5],[0,0])
xy=plt.ginput(3);    #%用鼠标点取 3 个近似解
S=[]
for i in range(3):
    s=fsolve(f,xy[i][0])
    S.append(s)
print(S)
```

第 3 章 导数与微分习题解答

3.1 设某工厂生产 x 件产品的成本为
$$C(x)=2000+100x-0.1x^2 \text{（元）},$$
函数 $C(x)$ 称为成本函数，成本函数 $C(x)$ 的导数 $C'(x)$ 在经济学中称为边际成本，试求：

（1）生产 100 件产品的边际成本；

（2）生产第 101 件产品的成本，并与（1）中求得的边际成本做比较，说明边际成本的实际意义。

解 （1）$C'(x)=100-0.2x$，$C'(100)=100-20=80$（元/件）.

（2）$C(101)=2000+100\times101-0.1\times101^2=11079.9$（元），
$$C(100)=2000+100\times100-0.1\times100^2=11000 \text{（元）},$$
$$\Delta C=C(101)-C(100)=11079.9-11000=79.9 \text{（元）}.$$

即生产第 101 件产品的成本为 79.9 元，与（1）中求得的边际成本比较，可以看出边际成本 $C'(x)$ 的实际意义是近似表达产量达到 x 单位时再增加一个单位产品所需的成本。

```
#程序文件 xt3_1.py
import sympy as sp
x=sp.var("x")
cx=2000+100*x-0.1*x**2
dc=cx.diff(x)
dc100=dc.subs(x,100)
c1=cx.subs(x,101); c2=cx.subs(x,100)
delta=c1-c2      #求增量
print(dc100); print(delta)
```

3.2 已知 $f(x)=\begin{cases}\sin x, & x<0,\\ x, & x\geqslant 0,\end{cases}$ 求 $f'(x)$.

解 $f'_-(0)=\lim\limits_{x\to 0^-}\dfrac{f(x)-f(0)}{x-0}=\lim\limits_{x\to 0^-}\dfrac{\sin x}{x}=1$,
$$f'_+(0)=\lim\limits_{x\to 0^+}\dfrac{f(x)-f(0)}{x-0}=\lim\limits_{x\to 0^+}\dfrac{x}{x}=1.$$

由于 $f'_-(0)=f'_+(0)=1$，故 $f'(0)=1$，因此
$$f'(x)=\begin{cases}\cos x, & x<0,\\ 1, & x\geqslant 0.\end{cases}$$

```
#程序文件 xt3_2.py
import sympy as sp
x=sp.var("x")
```

```
fx=sp.Piecewise((sp.sin(x),x<0),(x,x>=0))
df=fx.diff(x)
f0m=sp.limit((fx-fx.subs(x,0))/x,x,0,dir="-")
f0p=sp.limit((fx-fx.subs(x,0))/x,x,0,dir="+")
print(f0m); print(f0p)
```

3.3 求下列函数的导数。

(1) $y = \dfrac{\arcsin x}{\arccos x}$; (2) $y = \dfrac{\sqrt{1+x}-\sqrt{1-x}}{\sqrt{1+x}+\sqrt{1-x}}$;

(3) $y = x\arcsin\dfrac{x}{2}+\sqrt{4-x^2}$; (4) $y = \ln\operatorname{ch} x+\dfrac{1}{2\operatorname{ch}^2 x}$.

解 (1) $y' = -\dfrac{\pi}{2\sqrt{1-x^2}(\arccos x)^2}$; (2) $y' = -\dfrac{\sqrt{1-x}}{x^2\sqrt{1-x}+x\sqrt{x+1}-\sqrt{1-x}-\sqrt{x+1}}$;

(3) $y' = \arcsin\dfrac{x}{2}$; (4) $y' = \operatorname{th}^3 x = \dfrac{(\mathrm{e}^{2x}-1)^3}{(\mathrm{e}^{2x}+1)^3}$.

```
#程序文件 xt3_3.py
import sympy as sp
x=sp.var("x")
y1=sp.asin(x)/sp.acos(x); dy1=y1.diff(x)
dy1=sp.simplify(dy1); dy12=dy1.rewrite(sp.acos)
y2=(sp.sqrt(1+x)-sp.sqrt(1-x))/(sp.sqrt(1+x)+sp.sqrt(1-x))
y2r = y2.radsimp()             #分母有理化
y2s = sp.simplify(y2r)
dy2=y2s.diff(x); dy2=sp.simplify(dy2)
y3=x*sp.asin(x/2)+sp.sqrt(4-x**2)
dy3=y3.diff(x); dy3=sp.simplify(dy3)
y4=sp.log(sp.cosh(x))+1/sp.cosh(x)**2/2
dy4=y4.diff(x); dy4=sp.simplify(dy4)
print(dy12); print(dy2); print(dy3); print(dy4)
```

3.4 求下列函数所指定的阶的导数。

(1) $y = x^2\mathrm{e}^{2x}$,求 $y^{(20)}$; (2) $y = x^2\sin 2x$,求 $y^{(10)}$.

解 (1) $y^{(20)} = 1048576\mathrm{e}^{2x}(x^2+20x+95)$;

(2) $y^{(10)} = 512[-2x^2\sin(2x)+20x\cos(2x)+45\sin(2x)]$.

```
#程序文件 xt3_4.py
import sympy as sp
x=sp.var("x")
y1=x**2*sp.exp(2*x); dy1=y1.diff(x,20)
y2=x**2*sp.sin(2*x); dy2=y2.diff(x,10)
```

3.5 求由方程 $x-y+\dfrac{1}{2}\sin y = 0$ 所确定的隐函数的二阶导数 $\dfrac{\mathrm{d}^2 y}{\mathrm{d}x^2}$.

解 方程两边关于 x 求导数,得

$$1-\frac{dy}{dx}+\frac{1}{2}\cos y\cdot\frac{dy}{dx}=0,$$

于是

$$\frac{dy}{dx}=\frac{2}{2-\cos y}.$$

上式两边再对 x 求导，得

$$\frac{d^2y}{dx^2}=\frac{-2\sin y\dfrac{dy}{dx}}{(2-\cos y)^2}=\frac{-4\sin y}{(2-\cos y)^3}.$$

```
#程序文件 xt3_5.py
import sympy as sp
x=sp.var("x"); y=sp.var("y",cls=sp.Function)
eq=x-y(x)+sp.sin(y(x))/2
deq=sp.diff(eq,x)
dy=sp.solve(deq,y(x).diff(x))[0]
dy21=dy.diff(x)
dy22=dy21.subs(y(x).diff(x),dy)
```

3.6 当正在高度 H 飞行的飞机开始向机场跑道下降时，如图 3.1 所示，从飞机到机场的水平地面距离为 L。假设飞机下降的路径为三次函数 $y=ax^3+bx^2+cx+d$ 的图形，其中 $y|_{x=-L}=H$，$y|_{x=0}=0$。试确定飞机的降落路径。

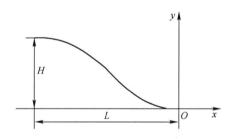

图 3.1　飞机降落路径

解 设立坐标系如图 3.1 所示。根据题意，可知

$$y|_{x=0}=0 \Rightarrow d=0,$$

$$y|_{x=-L}=H \Rightarrow -aL^3+bL^2-cL=H,$$

为使飞机平稳降落，尚需满足

$$y'|_{x=0}=0 \Rightarrow c=0,$$

$$y'|_{x=-L}=0 \Rightarrow 3aL^2-2bL=0.$$

解得 $a=\dfrac{2H}{L^3}$，$b=\dfrac{3H}{L^2}$，故飞机的降落路径为

$$y=Hx^2\frac{3L+2x}{L^3}.$$

```
#程序文件 xt3_6.py
import sympy as sp
a,b,c,d,H,L,x=sp.var("a,b,c,d,H,L,x")
y=a*x**3+b*x**2+c*x+d
eq1=y.subs(x,0)
eq2=y.subs(x,-L)-H
dy=y.diff(x); eq3=dy.subs(x,0)
eq4=dy.subs(x,-L)
s=sp.solve([eq1,eq2,eq3,eq4],[a,b,c,d])
print(s[a]); print(s[b]); print(s[c]); print(s[d])
sy=y.subs(s); print(sy)
```

3.7 某商品的需求函数 $q=200-2p$，p 为产品价格（单位：元/t），q 为产品产量（单位：t），总成本函数 $y(q)=500+20q$，试求产量 q 分别为 50t、80t 和 100t 时的边际利润，并说明其经济意义。

解 由 $q=200-2p$，得 $p=100-\frac{1}{2}q$，因而收益函数 $z(q)=pq=100q-\frac{1}{2}q^2$。总利润函数为

$$L(q)=z(q)-y(q)=-500+80q-\frac{1}{2}q^2.$$

故边际利润 $L'(q)=80-q$，且 $L'(50)=30$，$L'(80)=0$，$L'(100)=-20$。上述结果的经济学意义分别为 $L'(50)$ 表明当产量为 50t 时，多生产 1t，总利润增加 30 元；$L'(80)$ 表明当产量为 80t 时，多生产 1t，总利润不变；$L'(100)$ 表明当产量为 100t 时，多生产 1t，总利润减少 20 元。

```
#程序文件 xt3_7.py
import sympy as sp
q=sp.var("q"); p=100-q/2
y=500+20*q; z=p*q
L=z-y; L=sp.simplify(L)
dL=L.diff(q); s1=dL.subs(q,50)
s2=dL.subs(q,80); s3=dL.subs(q,100)
print(s1); print(s2); print(s3)
```

第4章 微分中值定理与导数的应用习题解答

4.1 证明：当 $x>0$ 时，$1+\frac{1}{2}x>\sqrt{1+x}$.

证明 取 $f(t)=1+\frac{1}{2}t-\sqrt{1+t}, t\in[0,x]$.

$$f'(t)=\frac{1}{2}-\frac{1}{2\sqrt{1+t}}=\frac{\sqrt{1+t}-1}{2\sqrt{1+t}}>0, t\in(0,x).$$

因此，函数 $f(t)$ 在 $[0,x]$ 上单调增加，故当 $x>0$ 时，$f(x)>f(0)$，即

$$1+\frac{1}{2}x-\sqrt{1+x}>1+\frac{1}{2}\cdot 0-\sqrt{1+0}=0,$$

易知 $1+\frac{1}{2}x>\sqrt{1+x}$ $(x>0)$.

```
#程序文件 xt4_1.py
import sympy as sp
t=sp.var("t",postive=True)
f=1+t/2-sp.sqrt(1+t)
df=f.diff(t); f0=f.subs(t,0)
print(df); print(f0)
```

4.2 求函数 $y=\frac{3x^2+4x+4}{x^2+x+1}$ 的极值。

解 $y'=\frac{(6x+4)(x^2+x+1)-(2x+1)(3x^2+4x+4)}{(x^2+x+1)^2}=\frac{-x(x+2)}{(x^2+x+1)^2}$.

令 $y'=0$ 得驻点 $x_1=-2$，$x_2=0$.

当 $-\infty<x<-2$ 时，$y'<0$，因此函数在 $(-\infty,-2]$ 内单调减少；当 $-2<x<0$ 时，$y'>0$，因此函数在 $[-2,0]$ 上单调增加；当 $0<x<+\infty$ 时，$y'<0$，因此函数在 $[0,+\infty)$ 内单调减少。从而可知 $y(-2)=\frac{8}{3}$ 为极小值，$y(0)=4$ 为极大值。

```
#程序文件 xt4_2.py
import sympy as sp
x=sp.var("x")
y=(3*x**2+4*x+4)/(x**2+x+1)
dy=y.diff(x); dy=sp.simplify(dy)
dy=sp.factor(dy)
s=sp.solve(dy)            #求驻点
s1=sp.is_decreasing(y,sp.Interval.open(-sp.oo, s[0]))
s2=sp.is_increasing(y,sp.Interval.open(s[0],s[1]))
s3=sp.is_decreasing(y,sp.Interval.open(s[1],sp.oo))
d2y=y.diff(x,2)           #求二阶导数
```

```
y1=y.subs(x,s[0])
y2=y.subs(x,s[1])
d21=d2y.subs(x,s[0])       #求驻点处的二阶导数值
d22=d2y.subs(x,s[1])       #求驻点处的二阶导数值
print(y1); print(y2)
```

4.3 从一块半径为 R 的圆铁片上挖去一个扇形做成一个漏斗（图4.1）。问留下的扇形的中心角 φ 取多大时，做成的漏斗的容积最大？

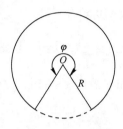

图 4.1　圆铁片图

解　如图 4.1 所示，设漏斗的高为 h，顶面的圆半径为 r，则漏斗的容积为 $V=\frac{1}{3}\pi r^2 h$，又

$$2\pi r = R\varphi, \quad h=\sqrt{R^2-r^2}.$$

故

$$V=\frac{R^3}{24\pi^2}\sqrt{4\pi^2\varphi^4-\varphi^6}, \quad 0<\varphi<2\pi,$$

$$V'=\frac{R^3}{24\pi^2}\cdot\frac{16\pi^2\varphi^3-6\varphi^5}{2\sqrt{4\pi^2\varphi^4-\varphi^6}}=\frac{R^3}{24\pi^2}\cdot\frac{8\pi^2\varphi-3\varphi^3}{\sqrt{4\pi^2-\varphi^2}}.$$

令 $V'=0$ 得 $\varphi=\frac{2\sqrt{6}}{3}\pi$。计算得 $V''=\frac{R^3(16\pi^4-18\pi^2\varphi^2+3\varphi^4)}{12\pi^2(4\pi^2-\varphi^2)^{3/2}}$，$V''\left(\frac{2\sqrt{6}}{3}\pi\right)=-\frac{\sqrt{3}R^3}{3\pi}<0$，因此 $\varphi=\frac{2\sqrt{6}}{3}\pi$ 为极大值点，又驻点唯一，从而 $\varphi=\frac{2\sqrt{6}}{3}\pi$ 也是最大值点，即当 φ 取 $\frac{2\sqrt{6}}{3}\pi$ 时，做成的漏斗的容积最大，最大容积为 $V=\frac{2\pi\sqrt{3}R^3}{27}$。

```
#程序文件 xt4_3.py
import sympy as sp
R,t=sp.var("R,t",positive=True)
r=R*t/(2*sp.pi); h=sp.sqrt(R**2-r**2)
V=sp.pi*r**2*h/3; V=sp.simplify(V)
dv11=V.diff(t)              #求一阶导数
dv12=sp.together(dv11)
s=sp.solve(dv12)[0]         #求解代数方程
f=V.subs(s)                 #求驻点处函数值
dv21=V.diff(t,2)            #求二阶导数
dv22=sp.together(dv21)
```

```
dv23=sp.simplify(dv22)
d20=dv23.subs(s)         #求驻点处二阶导数值
V0=V.subs(s)             #求最大值
```

4.4 求函数 $f(x)=\sin(x^5)+\cos(x^2)+x^2\sin x$ 在区间 $[-1.8,1.8]$ 上的最小值和最大值。

解 画出的函数 $f(x)$ 的图形如图 4.2 所示。在区间 $[-1.8,1.8]$ 上有多个极小点和极大点。调用 Python 函数 fminbound()无法求得最小值和最大值。

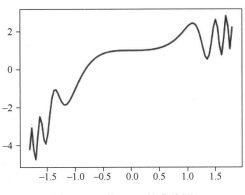

图 4.2 函数 $f(x)$ 的曲线图

我们使用 Python 的 ginput()函数在函数曲线上选取 4 个点，用于确定最小点和最大点的较为准确的取值范围，再调用 fminbound()函数求得的最小点为 $x_1=-1.7007$，对应的最小值为 $y_1=-4.8330$；求得的最大点为 $x_2=1.6998$，对应的最大值为 $y_2=2.8956$。

```
#程序文件 xt4_4.py
import pylab as plt
import numpy as np
from scipy.optimize import fminbound
f1=lambda x: np.sin(x**5)+np.cos(x**2)+x**2*np.sin(x)
x0=np.linspace(-1.8,1.8,100)
plt.plot(x0,f1(x0))
x1=fminbound(f1,-1.8,1.8); y1=f1(x1)
f2=lambda x: -f1(x)
x2=fminbound(f2,-1.8,1.8); y2=f1(x2)
print(np.round([x1,y1],4))
print(np.round([x2,y2],4))
print("请在曲线上点击 4 个点以选取最小点和最大点的范围\n")
xy=plt.ginput(4)
x3=fminbound(f1,xy[0][0],xy[1][0])    #求全局最小点
y3=f1(x3)
x4=fminbound(f2,xy[2][0],xy[3][0])    #求全局最大点
y4=f1(x4)
print(np.round([x3,y3],4))
print(np.round([x4,y4],4))
```

4.5 用二分法求 $f(x) = x^{600} - 12.41x^{180} + 11.41$ 在区间 $(1.0001, 1.01)$ 内的一个零点。

解 求得的零点为 1.0049。计算的 Python 程序如下：

```
#程序文件 xt4_5.py
y=lambda x: x**600-12.41*x**180+11.41        #定义匿名函数
a=1.0001; b=1.01
ya=y(a); yb=y(b); n=0                        #迭代次数的初值值
while abs(b-a)>=0.000001:
    x=(a+b)/2; yx=y(x)
    if yx==0:
        break
    elif ya*yx<0:
        b=x; yb=yx
    else:
        a=x; ya=yx
    n=n+1
print(x); print(yx); print(n)                #显示根的近似值、对应函数值及迭代次数
```

4.6 用牛顿法求 $f(x) = x^3 + x^2 + x - 1$ 在 0.5 附近的零点，要求误差不超过 10^{-6}。

解 求得的零点为 0.5437。计算的 Python 程序如下：

```
#程序文件 xt4_6.py
from scipy.optimize import root
y=lambda x: x**3+x**2+x-1                    #定义匿名函数
dy=lambda x: 3*x**2+2*x+1                    #定义导数的匿名函数
x0=0.5; x1=x0-y(x0)/dy(x0)                   #第一次迭代
n=1;
while abs(x1-x0)>=1e-6:
    x0=x1; x1=x0-y(x0)/dy(x0); n=n+1
print(x1); print(n)                          #显示根的近似值及迭代次数
x2=root(y,0.5); print(x2)                    #调用库函数求零点并显示
```

4.7 用一般迭代法求 $f(x) = x^3 - \cos x - 10x + 1 = 0$ 的一个根，误差 $\varepsilon = 10^{-6}$。并求 $f(x) = 0$ 在区间 $[-5, 5]$ 上的所有实根。

解 $f(x)$ 的图形如图 4.3 所示，从图中可以看出 $f(x) = 0$ 有三个实根。

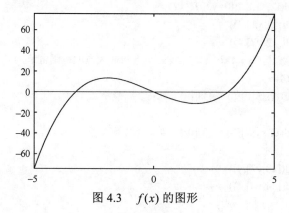

图 4.3　$f(x)$ 的图形

将原方程化成等价方程 $x = \sqrt[3]{\cos x + 10x - 1}$。取迭代序列
$$x_{n+1} = \sqrt[3]{\cos x_n + 10x_n - 1},$$
其中初值取 $x_0 = 3.5$，求得的根是 3.0573。

原方程也可以化成等价方程 $x = \dfrac{\cos x + 10x - 1}{x^2}$。取迭代序列
$$x_{n+1} = \frac{\cos x_n + 10x_n - 1}{x_n^2},$$
其中初值取 $x_0 = 0.1$，求得的根也是 3.0573。

最后调用库函数 root() 并取不同的初值，求得 $f(x) = 0$ 在区间 $[-5, 5]$ 上的三个实根分别为 -3.2576、0、3.0573。

```
#程序文件 xt4_7.py
from scipy.optimize import root
import numpy as np
import pylab as plt

def iterate1(x0):
    g=lambda x: (np.cos(x)+10*x-1)**(1/3)
    x1=g(x0)
    while abs(x0-x1)>=1e-6:
        x0=x1; x1=g(x0)
    return x1
def iterate2(x0):
    g=lambda x: (np.cos(x)+10*x-1)/x**2
    x1=g(x0)
    while abs(x0-x1)>=1e-6:
        x0=x1; x1=g(x0)
    return x1

f=lambda x: x**3-np.cos(x)-10*x+1
x=np.linspace(-5,5,100)
plt.plot(x,f(x)); plt.plot([-5,5],[0,0])
x1=iterate1(3.5); x2=iterate2(0.1)
print(x1); print(x2)
#下面调用库函数求方程的根
s1=root(f,-4); s2=root(f,-0.5); s3=root(f,3)
print(s1.x); print(s2.x); print(s3.x)   #显示方程的根
plt.show()
```

第 5 章 函数的积分习题解答

5.1 求下列不定积分。

（1）$\int \dfrac{x^3}{(1+x^8)^2}\mathrm{d}x$ ； （2）$\int \dfrac{\cot x}{1+\sin x}\mathrm{d}x$.

解 利用 Python 软件，求得

（1）$\int \dfrac{x^3}{(1+x^8)^2}\mathrm{d}x = \dfrac{1}{8}\arctan x^4 + \dfrac{x^4}{8(1+x^8)} + C$ ；

（2）$\int \dfrac{\cot x}{1+\sin x}\mathrm{d}x = -\ln(2\sin(x)+2) + \ln(2\sin(x)) + C$.

```
#程序文件 xt5_1.py
import sympy as sp
x=sp.var("x")                    #定义符号变量
I1=sp.integrate(x**3/(1+x**8)**2)
f21=sp.cot(x)/(1+sp.sin(x))
I21=sp.integrate(f21)            #直接积分无法求符号解
f22=f21.rewrite(sp.sin(x))       #被积函数改写为弦函数
I22=sp.integrate(f22)
```

5.2 求下列定积分。

（1）$\int_{-1}^{0}\dfrac{3x^4+3x^2+1}{x^2+1}\mathrm{d}x$ ； （2）$\int_{0}^{\sqrt{3}a}\dfrac{\mathrm{d}x}{a^2+x^2}$ ；

（3）$\int_{0}^{2}f(x)\mathrm{d}x$ ，其中 $f(x) = \begin{cases} x+1, & x \leqslant 1, \\ \dfrac{1}{2}x^2, & x > 1. \end{cases}$

解 利用 Python 软件，求得

（1）$\int_{-1}^{0}\dfrac{3x^4+3x^2+1}{x^2+1}\mathrm{d}x = 1 + \dfrac{\pi}{4}$ ； （2）$\int_{0}^{\sqrt{3}a}\dfrac{\mathrm{d}x}{a^2+x^2} = \dfrac{\pi}{3a}$ ； （3）$\int_{0}^{2}f(x)\mathrm{d}x = \dfrac{8}{3}$.

```
#程序文件 xt5_2.py
import sympy as sp
a=sp.var("a",positive=True)      #定义正的符号量
x=sp.var("x")                    #定义符号变量
I1=sp.integrate((3*x**4+3*x**2+1)/(x**2+1),(x,-1,0))
I2=sp.integrate(1/(a**2+x**2),(x,0,sp.sqrt(3)*a))
f=sp.Piecewise((x+1,x<=1),(x**2/2,x>1))
I3=sp.integrate(f,(x,0,2))
```

5.3 设

$$f(x) = \begin{cases} \dfrac{1}{2}\sin x, & 0 \leqslant x \leqslant \pi, \\ 0, & x < 0 \text{ 或 } x > \pi. \end{cases}$$

求 $\Phi(x) = \int_0^x f(t)\mathrm{d}t$ 在 $(-\infty, +\infty)$ 内的表达式。

解 利用 Python 软件，求得

$$\Phi(x) = \begin{cases} 0, & x < 0, \\ (1 - \cos x)/2, & 0 \leqslant x \leqslant \pi, \\ 1, & x > \pi. \end{cases}$$

```
#程序文件 xt5_3.py
import sympy as sp
t,x=sp.var("t,x")
f=sp.Piecewise((sp.sin(t)/2,sp.And(t>=0,t<=sp.pi)),(0,True))
g1=sp.integrate(f,(t,0,x))
g2=sp.simplify(g1)
```

5.4 设 $F(x) = \int_0^x \dfrac{\sin t}{t} \mathrm{d}t$，求 $F'(0)$。

解 $F'(0) = \lim\limits_{x\to 0} \dfrac{F(x) - F(0)}{x} = \lim\limits_{x\to 0} \dfrac{\int_0^x \dfrac{\sin t}{t}\mathrm{d}t}{x} = \lim\limits_{x\to 0} \dfrac{\dfrac{\sin x}{x}}{1} = 1$。

```
#程序文件 xt5_4.py
import sympy as sp
t,x=sp.var("t,x")
F=sp.integrate(sp.sin(t)/t,(t,0,x))
s=sp.limit((F.subs(t,x)-F.subs(x,0))/x,x,0)
```

5.5 计算定积分

$$\int_0^1 (1-x^2)^{\frac{m}{2}} \mathrm{d}x, m \in \mathbf{N}_+.$$

解 求得 $\int_0^1 (1-x^2)^{\frac{m}{2}} \mathrm{d}x = \dfrac{B\left(\dfrac{1}{2}, 1+\dfrac{m}{2}\right)}{2}$。

```
#程序文件 xt5_5.py
import sympy as sp
m=sp.var("m",positive=True, integer=True)
x=sp.var("x")
I11=sp.integrate((1-x**2)**(m/2),(x,0,1))
I12=I11.rewrite(sp.beta)
```

注 5.1 该题的计算结果采用 MATLAB 的表达式。

5.6 计算下列反常积分的值。

（1）$\int_0^{+\infty} \mathrm{e}^{-pt} \sin \omega t \,\mathrm{d}t, p > 0, \omega > 0$； （2）$\int_0^{+\infty} \dfrac{\mathrm{d}x}{(1+x)(1+x^2)}$。

解 利用 Python 软件求得

（1）$\int_0^{+\infty} \mathrm{e}^{-pt} \sin \omega t \,\mathrm{d}t = \dfrac{\omega}{p^2 + \omega^2}$； （2）$\int_0^{+\infty} \dfrac{\mathrm{d}x}{(1+x)(1+x^2)} = \dfrac{\pi}{4}$。

```
#程序文件 xt5_6.py
import sympy as sp
p,w=sp.var("p,w",positive=True)
t,x=sp.var("t,x")
I11=sp.integrate(sp.exp(-p*t)*sp.sin(w*t),(t,0,sp.oo))
I12=sp.simplify(I11)
f1=1/((1+x)*(1+x**2))
f2=sp.apart(f1)                    #进行部分分式分解
I21=sp.integrate(f1,(x,0,sp.oo))   #直接积分得到复杂的表示式
I22=sp.integrate(f2,(x,0,sp.oo))   #部分分式分解再求符号积分
```

5.7 计算积分

$$\int_0^{+\infty} x^{2n+1} e^{-x^2} dx, n \in \mathbf{N}.$$

解 利用 Python 软件求得

$$\int_0^{+\infty} x^{2n+1} e^{-x^2} dx = \frac{\Gamma(n+1)}{2}.$$

```
#程序文件 xt5_7.py
import sympy as sp
n=sp.var("n",positive=True)    #定义整型符号量
x=sp.var("x")
I=sp.integrate(x**(2*n+1)*sp.exp(-x**2),(x,0,sp.oo))
```

第 6 章 定积分的应用习题解答

6.1 求 $y=\frac{1}{2}x^2$ 与 $x^2+y^2=8$ 所围图形的面积（两部分都要计算）。

解 如图 6.1 所示，先计算图形 D_1（阴影部分）的面积，容易求得 $y=\frac{1}{2}x^2$ 与 $x^2+y^2=8$ 的交点为 $(-2,2)$ 和 $(2,2)$。取 x 为积分变量，则 x 的变化范围为 $[-2,2]$，相应于 $[-2,2]$ 上的任一小区间 $[x,x+\mathrm{d}x]$ 的窄条面积近似于高为 $\sqrt{8-x^2}-\frac{1}{2}x^2$、底为 $\mathrm{d}x$ 的窄矩形的面积，因此图形 D_1 的面积

$$A_1=\int_{-2}^{2}\left(\sqrt{8-x^2}-\frac{1}{2}x^2\right)\mathrm{d}x=2\pi+\frac{4}{3}.$$

图形 D_2 的面积

$$A_2=\pi\left(2\sqrt{2}\right)^2-\left(2\pi+\frac{4}{3}\right)=6\pi-\frac{4}{3}.$$

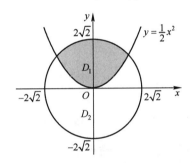

图 6.1 抛物线与圆所围成的图形

```
#程序文件 xt6_1.py
import sympy as sp
x,y=sp.var("x,y")
s=sp.solve([y-x**2/2,x**2+y**2-8])        #求解代数方程
A1=sp.integrate(sp.sqrt(8-x**2)-x**2/2,(x,s[0][x],s[1][x]))  #积分计算面积
A2=sp.pi*8-A1
```

6.2 求由抛物线 $y^2=4ax$ 与过焦点的弦所围成的图形面积的最小值。

解 抛物线的焦点为 $(a,0)$，设过焦点的直线为 $y=k(x-a)$，则该直线与抛物线的交点的纵坐标为 $y_1=\dfrac{2a-2a\sqrt{1+k^2}}{k}$，$y_2=\dfrac{2a+2a\sqrt{1+k^2}}{k}$，面积为

$$A=\int_{y_1}^{y_2}\left(a+\frac{y}{k}-\frac{y^2}{4a}\right)\mathrm{d}y=\frac{8a^2}{3}\left(1+\frac{1}{k^2}\right)^{3/2},$$

故面积是 k^2 的单调减少函数，因此其最小值在 $k\to\infty$ 即弦为 $x=a$ 时取到，最小值为

$\dfrac{8}{3}a^2$。

```
#程序文件 xt6_2.py
import sympy as sp
a,k,x,y=sp.var("a,k,x,y")
s=sp.solve([y**2-4*a*x,-y+k*(x-a)],[x,y]) #求解代数方程组
y1=s[0][1]; y2=s[1][1]
A1=sp.integrate(a+y/k-y**2/(4*a),(y,y1,y2))
A2=sp.simplify(A1)
```

6.3 求圆盘 $x^2+y^2 \leqslant a^2$ 绕 $x=-b$ $(b>a>0)$ 旋转所成旋转体的体积。

解 记由曲线 $x=\sqrt{a^2-y^2}$，$x=-b$，$y=-a$，$y=a$ 围成的图形绕 $x=-b$ 旋转所得旋转体的体积为 V_1，由曲线 $x=-\sqrt{a^2-y^2}$，$x=-b$，$y=-a$，$y=a$ 围成的图形绕 $x=-b$ 旋转所得旋转体的体积为 V_2，则所求体积为

$$V=V_1-V_2$$
$$=\int_{-a}^{a}\pi\left(\sqrt{a^2-y^2}+b\right)^2 dy - \int_{-a}^{a}\pi\left(-\sqrt{a^2-y^2}+b\right)^2 dy$$
$$=\int_{-a}^{a}4\pi b\sqrt{a^2-y^2}\,dy=2\pi^2 a^2 b.$$

```
#程序文件 xt6_3.py
import sympy as sp
a,b=sp.var("a,b",positive=True)
y=sp.var("y")
V=sp.integrate(4*sp.pi*b*sp.sqrt(a**2-y**2),(y,-a,a))
```

6.4 计算半立方抛物线 $y^2=\dfrac{2}{3}(x-1)^3$ 被抛物线 $y^2=\dfrac{x}{3}$ 截得的一段弧的长度。

解 半立方抛物线 $y^2=\dfrac{2}{3}(x-1)^3$ 与抛物线 $y^2=\dfrac{x}{3}$ 的位置关系如图 6.2 所示。

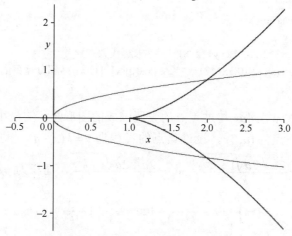

图 6.2 两曲线的位置关系图

联立两个方程 $\begin{cases} y^2 = \dfrac{2}{3}(x-1)^3, \\ y^2 = \dfrac{x}{3}, \end{cases}$ 得到两条曲线的交点为 $\left(2, \dfrac{\sqrt{6}}{3}\right)$ 和 $\left(2, -\dfrac{\sqrt{6}}{3}\right)$，由于曲线关于 x 轴对称，因此所求弧段长为第一象限部分的 2 倍，第一象限部分弧段为 $y = \sqrt{\dfrac{2}{3}(x-1)^3}$ $(1 \leqslant x \leqslant 2)$，$y' = \sqrt{\dfrac{3}{2}(x-1)}$，故所求弧的长度为

$$s = 2\int_1^2 \sqrt{1 + \dfrac{3}{2}(x-1)}\,\mathrm{d}x = \dfrac{10\sqrt{10}}{9} - \dfrac{8}{9}.$$

```
#程序文件 xt6_4.py
import sympy as sp
import pylab as plt
x,y=sp.var("x,y")
fig1=sp.plot_implicit(y**2-2*(x-1)**3/3,(x,-0.5,3),show=False)    #隐函数绘图
fig2=sp.plot_implicit(y**2-x/3,(x,-0.5,3),(y,-2.5,2.5),show=False)
fig2.append(fig1[0])
plt.rc("text",usetex=True)
plt.ion(); fig2.show()
plt.ylabel(""); plt.text(-0.1,1.5,"$y$")
plt.ioff()
xy=sp.solve([y**2-2*(x-1)**3/3,y**2-x/3])
Y=sp.sqrt(2*(x-1)**3/3)
dY=Y.diff(x); dY=sp.simplify(dY)
ds=sp.sqrt(1+dY**2)                                               #计算弧微分
s=2*sp.integrate(ds,(x,1,2))
```

6.5 （1）证明：把质量为 m 的物体从地球表面升高到 h 处所做的功是

$$W = \dfrac{mgRh}{R+h},$$

其中 g 是重力加速度，R 是地球的半径。

（2）一颗人造地球卫星的质量为 173kg，在高于地面 630km 处进入轨道。问把这颗卫星从地面送到 630km 的高空处，克服地球引力要作多少功？已知 $g = 9.8\mathrm{m}/\mathrm{s}^2$，地球半径 $R = 6370$ km。

证明 （1）记地球的质量为 M，质量为 m 的物体与地球中心相距 x 时，引力为 $F = G\dfrac{mM}{x^2}$，根据条件 $mg = G\dfrac{mM}{R^2}$，因此有 $G = \dfrac{R^2 g}{M}$，从而做的功为

$$W = \int_R^{R+h} \dfrac{mgR^2}{x^2}\,\mathrm{d}x = \dfrac{mgRh}{R+h}.$$

（2）做的功为 $W = \dfrac{mgRh}{R+h} = 9.7197 \times 10^5$ （kJ）。

```
#程序文件 xt6_5.py
import sympy as sp
G,m,M,g,R,h,x=sp.var("G,m,M,g,R,h,x")
```

```
F1=G*m*M/x**2
G0=sp.solve(m*g-G*m*M/R**2,G)[0]                    #求万有引力常数
F2=F1.subs(G,G0)
W1=sp.integrate(F2,(x,R,R+h))
W2=sp.simplify(W1)
W3=W2.subs({R:6370,h:630,g:9.8,m:173}) #代入具体值
```

6.6 已知生产某产品的固定成本为 10 万元，边际成本 $y'(x) = x^2 - 5x + 40$（单位：万元/t），边际收益为 $z'(x) = 50 - 2x$（单位：万元/t）。求：

（1）总成本函数；

（2）总收益函数；

（3）总利润函数及总利润达到最大时的产量。

解 （1）总成本函数

$$y(x) = y(0) + \int_0^x y'(t)\mathrm{d}t = 10 + \int_0^x (t^2 - 5t + 40)\mathrm{d}t = \frac{1}{3}x^3 - \frac{5}{2}x^2 + 40x + 10.$$

（2）总收益函数

$$z(x) = \int_0^x z'(t)\mathrm{d}t = \int_0^x (50 - 2t)\mathrm{d}t = 50x - x^2.$$

（3）总利润函数

$$L(x) = z(x) - y(x) = -\frac{x^3}{3} + \frac{3}{2}x^2 + 10x - 10.$$

令 $\dfrac{\mathrm{d}L}{\mathrm{d}x} = -x^2 + 3x + 10 = 0$，得驻点 $x = 5$ 或 $x = -2$（舍去）。$L''(5) < 0$，因此，当 $x = 5$ 时，利润 $L(5) = \dfrac{215}{6}$ 最大。

```
#程序文件 xt6_7.py
import sympy as sp
x=sp.var("x")
dy=x**2-5*x+40; dz=50-2*x
y=10+sp.integrate(dy,(x,0,x))       #计算总成本
z=sp.integrate(dz,(x,0,x))          #计算总收益
L=z-y                                #计算总利润
dL=dz-dy                             #求利润的一阶导数
s=sp.solve(dL)                       #求驻点
ss=s[1]                              #提取正的取值
ddL=dL.diff(x)                       #求利润的二阶导数
dd0=ddL.subs(x,ss)                   #求驻点处的二阶导数
Lm=L.subs(x,ss)                      #求最大利润
```

6.7 某企业投资 100 万元建一条生产线，并于一年后建成投产，开始获得经济效益。设流水线的收入是均衡货币流，年收入为 30 万元，已知银行年利率为 10%，问该企业多少年后可收回投资？

解 设该企业 T 年后可收回投资，投资总收益的现值为

$$F = \int_1^T 30\mathrm{e}^{-0.1t}\mathrm{d}t = 300(\mathrm{e}^{-0.1} - \mathrm{e}^{-0.1T}).$$

解方程
$$300(\mathrm{e}^{-0.1} - \mathrm{e}^{-0.1T}) = 100,$$

得 $T = -10\ln\left(\mathrm{e}^{-0.1} - \dfrac{1}{3}\right) = 5.5948$（年）。

```
#程序文件 xt6_8.py
import sympy as sp
t,T=sp.var("t,T")
F=sp.integrate(30*sp.exp(-0.1*t),(t,1,T))
s=sp.solve(F-100)[0]    #求解代数方程
```

第 7 章 常微分方程习题解答

7.1 一曲线通过点 $(3,4)$，它在两坐标轴间的任一切线线段均被切点所平分，求该曲线的方程。

解 设曲线方程为 $y = y(x)$，切点为 (x, y)。依条件，切线在 x 轴与 y 轴上的截距分别为 $2x$ 与 $2y$，于是切线的斜率

$$y' = \frac{2y-0}{0-2x} = -\frac{y}{x}.$$

因而得到 $y(x)$ 的微分方程为

$$\begin{cases} y' = -\dfrac{y}{x}, \\ y(3) = 4. \end{cases}$$

解之，得 $y = 12/x$。

```
#程序文件 xt7_1.py
import sympy as sp
x=sp.var("x"); y=sp.Function("y")
s=sp.dsolve(y(x).diff(x)+y(x)/x,ics={y(3):4}).args[1]
```

7.2 小船从河边点 O 处出发驶向对岸（两岸为平行直线）。设船速为 a，船行方向始终与河岸垂直，又设河宽为 h，河中任一点处的水流速度与该点到两岸距离的乘积成正比（比例系数为 k）。求小船的航行路线。

解 设小船的航行路线为

$$C: \begin{cases} x = x(t), \\ y = y(t), \end{cases}$$

则在时刻 t，小船的实际航行速度为 $v(t) = [x'(t), y'(t)]$，其中 $x'(t) = ky(h-y)$ 为水的流速，$y'(t) = a$ 为小船的主动速度。

由于小船航行路线的切线方向就是小船的实际速度方向（图 7.1），故有

$$\frac{\mathrm{d}y}{\mathrm{d}x} = \frac{y'(t)}{x'(t)} = \frac{a}{ky(h-y)}.$$

即

$$\frac{\mathrm{d}x}{\mathrm{d}y} = \frac{ky(h-y)}{a}.$$

由于小船始发点 $(0,0)$，有初值条件 $x(0) = 0$，求得小船航行的路线方程为

$$x = \frac{k}{6a} y^2 (3h - 2y).$$

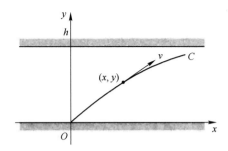

图 7.1　小船航行路线示意图

```
#程序文件 xt7_2.py
import sympy as sp
a,k,h,y=sp.var("a,k,h,y"); x=sp.Function("x")
sx1=sp.dsolve(x(y).diff(y)-k*y*(h-y)/a,ics={x(0):0}).args[1]
sx2=sp.factor(sx1)
```

7.3　一个单位质量的质点在数轴上运动，开始时质点在原点 O 处且速度为 v_0，在运动过程中，它受到一个力的作用，这个力的大小与质点到原点的距离成正比（比例系数 $k_1>0$）而方向与初速一致。又介质的阻力与速度成正比（比例系数 $k_2>0$）。求反映该质点运动规律的函数。

解　设质点的位置函数为 $x=x(t)$。由题意得
$$x''=k_1x-k_2x',$$
即 $x''+k_2x'-k_1x=0$，且 $x(0)=0$，$x'(0)=v_0$。解之，得
$$x=\frac{v_0}{\sqrt{k_2^2+4k_1}}\left(e^{\frac{-k_2+\sqrt{k_2^2+4k_1}}{2}t}-e^{\frac{-k_2-\sqrt{k_2^2+4k_1}}{2}t}\right).$$

```
#程序文件 xt7_3.py
import sympy as sp
k1,k2,v0=sp.var("k1,k2,v0",positive=True)
t=sp.var("t"); x=sp.Function("x")
sx1=sp.dsolve(x(t).diff(t,2)-k1*x(t)+k2*x(t).diff(t),
              ics={x(0):0,x(t).diff(t).subs(t,0):v0})
sx2=sp.simplify(sx1)
```

7.4　大炮以仰角 α、初速 v_0 发射炮弹，若不计空气阻力，求弹道曲线。

解　取炮口为原点，炮弹前进的水平方向为 x 轴，铅直向上为 y 轴，设在时刻 t，炮弹位于 $(x(t),y(t))$。按题意，有
$$\begin{cases}\dfrac{d^2y}{dt^2}=-g,\\\dfrac{d^2x}{dt^2}=0,\end{cases}$$
且满足初值条件

$$\begin{cases} y(0)=0,\ y'(0)=v_0\sin\alpha,\\ x(0)=0,\ x'(0)=v_0\cos\alpha. \end{cases}$$

解之，得弹道曲线为

$$\begin{cases} x=v_0 t\cos\alpha,\\ y=v_0 t\sin\alpha-\dfrac{1}{2}gt^2. \end{cases}$$

```
#程序文件 xt7_4.py
import sympy as sp
a,v0,g,t=sp.var("a,v0,g,t")
x,y=sp.var("x,y",cls=sp.Function)
[s1,s2]=sp.dsolve([y(t).diff(t,2)+g,x(t).diff(t,2)],
         ics={y(0):0,y(t).diff(t).subs(t,0):v0*sp.sin(a),
              x(0):0,x(t).diff(t).subs(t,0):v0*sp.cos(a)})
```

7.5 一链条悬挂在一钉子上，启动时一端离开钉子 8m，另一端离开钉子 12m，分别在以下两种情况下求链条滑下来所需要的时间：

（1）不计钉子对链条所产生的摩擦力；

（2）摩擦力等于 1m 长的链条的重量。

解 设链条的线密度为 ρ（kg/m），则链条的质量为 20ρ（kg）。又设在时刻 t，链条的一端离钉子 $x=x(t)$，则另一端离钉子 $20-x$（图 7.2），当 $t=0$ 时，$x=12$。

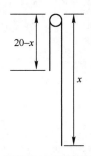

图 7.2 链条悬挂在钉子上示意图

（1）不计摩擦力，则运动过程中的链条所受力的大小为 $[x-(20-x)]\rho g$，按牛顿定律，有

$$20\rho x''=[x-(20-x)]\rho g,$$

即

$$x''-\frac{g}{10}x=-g.$$

且有初值条件

$$x(0)=12,\quad x'(0)=0.$$

解之，得微分方程的特解为

$$x=\mathrm{e}^{\frac{\sqrt{10g}}{10}t}+\mathrm{e}^{-\frac{\sqrt{10g}}{10}t}+10.$$

令
$$e^{\frac{\sqrt{10g}}{10}t}+e^{-\frac{\sqrt{10g}}{10}t}+10=20,$$
得
$$t=2.3157\,(\mathrm{s}).$$

（2）摩擦力等于 1m 长的链条的重量即 ρg 时，运动过程中的链条所受力的大小为
$$[x-(20-x)]\rho g-\rho g,$$
按牛顿定律，有
$$20\rho x''=[x-(20-x)]\rho g-\rho g,$$
即
$$x''-\frac{g}{10}x=-\frac{21}{20}g.$$
且有初值条件
$$x(0)=12,\quad x'(0)=0.$$
解之，得微分方程的特解为
$$x=\frac{3}{4}\left(e^{\frac{\sqrt{10g}}{10}t}+e^{-\frac{\sqrt{10g}}{10}t}\right)+\frac{21}{2}.$$
令
$$\frac{3}{4}\left(e^{\frac{\sqrt{10g}}{10}t}+e^{-\frac{\sqrt{10g}}{10}t}\right)+\frac{21}{2}=20,$$
得
$$t=2.5584\,(\mathrm{s}).$$

```
#程序文件 xt7_5.py
import sympy as sp
g,t=sp.var("g,t"); x=sp.Function("x")
s1=sp.dsolve(x(t).diff(t,2)-g*x(t)/10+g,
    ics={x(0):12, x(t).diff(t).subs(t,0):0}).args[1]
t11=sp.solve(s1-20,t)
t12=[t11[0].subs(g,9.8).n(),t11[1].subs(g,9.8).n()]   #转换为小数格式

s2=sp.dsolve(x(t).diff(t,2)-g*x(t)/10+21*g/20,
    ics={x(0):12, x(t).diff(t).subs(t,0):0}).args[1]
t21=sp.solve(s2-20,t)
t22=[s.subs(g,9.8).n() for s in t21]                  #转换为小数格式
```

7.6 已知某车间的容积为 $30\mathrm{m}\times30\mathrm{m}\times6\mathrm{m}$，其中的空气含 0.12%的 CO_2。现输入含 CO_2 0.04%的新鲜空气，问每分钟应输入多少，才能在 30min 后使车间空气中 CO_2 的含量不超过 0.06%？（假定输入的新鲜空气与原有空气很快混合均匀后，以相同的流量排出。）

解 设每分钟输入 v（m^3）的空气。又设在时刻 t 车间中 CO_2 的浓度为 $x = x(t)$（%），则在时间间隔 $[t, t+dt]$ 内，车间内 CO_2 的含量的改变量为

$$30 \times 30 \times 6 dx = 0.04 \times 10^{-2} v dt - vx dt,$$

即

$$x'(t) = \frac{v(0.0004 - x)}{5400},$$

且有初值条件 $x(0) = 0.0012$。解之，得

$$x = 0.0004 + 0.0008 e^{-0.000185 vt}.$$

依题意，当 $t = 30$ 时，$x \leqslant 0.0006$，将 $t = 30$，$x = 0.0006$ 代入上式，解得

$$v \approx 250 \ (\mathrm{m}^3).$$

故每分钟至少输入新鲜空气 $250 \ \mathrm{m}^3$。

```
#程序文件 xt7_6.py
import sympy as sp
v,t=sp.var("v,t"); x=sp.Function("x")
sx=sp.dsolve(x(t).diff(t)-v*(0.0004-x(t))/5400, ics={x(0):0.0012}).args[1]
sv=sp.solve(sx.subs(t,30)-0.0006)[0]
```

7.7 （1）一架重 5000kg 的飞机以 800km/h 的航速开始着陆，在减速伞的作用下滑行 500 米后减速为 100km/h。设减速伞的阻力与飞机的速度成正比，并忽略飞机所受的其他外力，试计算减速伞的阻力系数。

（2）将同样的减速伞配备在 8000kg 的飞机上，现已知机场跑道长度为 1200m，若飞机着陆速度为 600km/h，问跑道长度能否保障飞机安全着陆。

解 设飞机的质量为 m (kg)，飞机接触跑道开始计时，在 t 时刻飞机的滑行距离为 $x(t)$ (m)，速度为 $v(t)$ (km/h)。

（1）减速伞的阻力系数模型。

建立速度函数 v 和距离函数 x 的数学模型，由牛顿第二定律，得

$$m \frac{dv}{dt} = -kv,$$

由于

$$\frac{dv}{dt} = \frac{dv}{dx} \cdot \frac{dx}{dt} = v \frac{dv}{dx},$$

所以得到如下初值问题：

$$\begin{cases} \dfrac{dv}{dx} = -\dfrac{k}{m}, \\ v(0) = 800 \times 1000 / 3600, \end{cases}$$

解之，得

$$v(x) = \frac{2000}{9} - \frac{kx}{5000},$$

将 $x = 500 \ \mathrm{m}$ 时 $v = 100 \mathrm{km/h}$ 代入上式，解方程得 $k = \dfrac{17500}{9} \mathrm{kg/s}$。

(2) 飞行滑行距离模型。

由牛顿第二定律，得

$$m\frac{\mathrm{d}^2 x}{\mathrm{d}t^2} = -k\frac{\mathrm{d}x}{\mathrm{d}t},$$

因而，得到如下的二阶常微分方程的初值问题：

$$\begin{cases} \dfrac{\mathrm{d}^2 x}{\mathrm{d}t^2} + \dfrac{k}{m}\dfrac{\mathrm{d}x}{\mathrm{d}t} = 0, \\ x\big|_{t=0} = 0, \\ \dfrac{\mathrm{d}x}{\mathrm{d}t}\bigg|_{t=0} = 600 \times 1000 / 3600. \end{cases}$$

将 $k = \dfrac{17500}{9}\mathrm{kg/s}$，$m = 8000\mathrm{kg}$ 代入，解得

$$x = \frac{4800}{7}\left(1 - \mathrm{e}^{-\frac{35}{144}t}\right) \text{（m）}.$$

所以 $s = \lim\limits_{t \to +\infty} x(t) = \dfrac{4800}{7} \approx 685.7143\mathrm{m} < 1200\mathrm{m}$，因而跑道长度能保证飞机安全着陆。

```
#程序文件 xt7_7.py
import sympy as sp
k,x,t=sp.var("k,x,t")
v,y=sp.var("v,y",cls=sp.Function)
m1=5000; m2=8000;
v1=sp.dsolve(v(x).diff(x)+k/m1,ics={v(0):sp.Rational(800*1000,3600)}).args[1]
k0=sp.solve(v1.subs(x,500)-sp.Rational(100*1000,3600))[0]

y1=sp.dsolve(y(t).diff(t,2)+k*y(t).diff(t)/m2,
    ics={y(0):0, y(t).diff(t).subs(t,0):sp.Rational(600*1000,3600)}).args[1]
y2=y1.subs(k,k0)                   #代入参数 k 的具体值
L1=sp.limit(y2,t,sp.oo)            #求极限
L2=L1.n(7)                         #显示 7 位有效数字
```

7.8 求方程

$$x^2 y'' - xy' + y = x\ln x, \quad y(1) = y'(1) = 1$$

的解析解和数值解，并进行比较。

解 所求的解析解为 $y = x + \dfrac{x\ln^3 x}{6}$，解析解的图形如图 7.3（a）所示。

Python 无法直接求解高阶常微分方程的数值解，必须先做变换，将其化成一阶常微分方程组，才能使用 Python 求数值解。令 $y_1 = y$，$y_2 = y'$，可以把原二阶微分方程化成一阶微分方程组

$$\begin{cases} y_1' = y_2, & y_1(1) = 1, \\ y_2' = \dfrac{1}{x} y_2 - \dfrac{1}{x^2} y_1 + \dfrac{\ln x}{x}, & y_2(1) = 1. \end{cases}$$

求得的数值解的图形如图 7.3（b）所示。

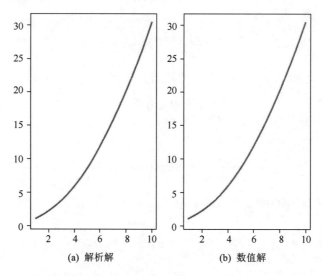

(a) 解析解　　　　　(b) 数值解

图 7.3　常微分方程解析解和数值解对比图

```
#程序文件 xt7_8.py
import sympy as sp
import pylab as plt
from scipy.integrate import odeint
import numpy as np
x=sp.var("x"); y=sp.Function("y")
s1=sp.dsolve(x**2*y(x).diff(x,2)-x*y(x).diff(x)+y(x)-x*sp.log(x),
    ics={y(1):1, y(x).diff(x).subs(x,1):1}).args[1]      #求符号解
sx=sp.lambdify(x,s1)                                     #符号函数转换为匿名函数

dy=lambda y,x: [y[1],y[1]/x-y[0]/x**2+np.log(x)/x]
t=np.linspace(1,10,100)
s2=odeint(dy,[1,1],t)                                    #求数值解
plt.subplot(121); plt.plot(t,sx(t))                      #画符号解曲线
plt.subplot(122); plt.plot(t,s2[:,0])                    #画数值解曲线
plt.show()
```

7.9 试求下列常微分方程组的解析解和数值解。

$$\begin{cases} x''(t)=-2x(t)-3x'(t), \\ y''(t)=2x(t)-3y(t)-4x'(t)-4y'(t), \end{cases} \quad x(0)=1, x'(0)=2, \\ y(0)=3, y'(0)=4.$$

解　所求的解析解为

$$x(t)=4\mathrm{e}^{-t}-3\mathrm{e}^{-2t},\quad y(t)=30\mathrm{e}^{-2t}-\frac{29}{2}\mathrm{e}^{-t}-\frac{25}{2}\mathrm{e}^{-3t}+12t\mathrm{e}^{-t}.$$

解析解的图形如图 7.4 所示。

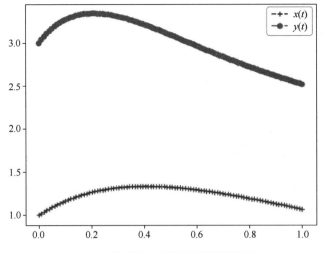

图 7.4　常微分方程组符号解的图形

求数值解时必须先做变换，化成一阶常微分方程组。令 $z_1=x$，$z_2=x'$，$z_3=y$，$z_4=y'$，则把原高阶常微分方程组化为一阶常微分方程组

$$\begin{cases} z_1'=z_2, & z_1(0)=1,\\ z_2'=-2z_1-3z_2, & z_2(0)=2,\\ z_3'=z_4, & z_3(0)=3,\\ z_4'=2z_1-3z_3-4z_2-4z_4, & z_4(0)=4. \end{cases}$$

求得数值解的图形如图 7.5 所示。

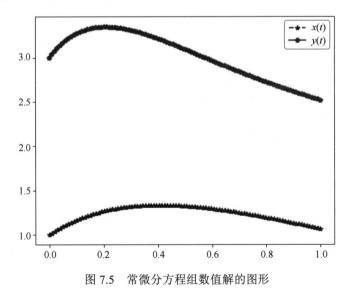

图 7.5　常微分方程组数值解的图形

```
#程序文件 xt7_9.py
import sympy as sp
import pylab as plt
from scipy.integrate import odeint
```

```python
import numpy as np
t=sp.var("t")
x,y=sp.var("x,y",cls=sp.Function)
[sx,sy]=sp.dsolve([x(t).diff(t,2)+2*x(t)+3*x(t).diff(t),
         y(t).diff(t,2)-2*x(t)+3*y(t)+4*x(t).diff(t)+4*y(t).diff(t)],
         ics={x(0):1, x(t).diff(t).subs(t,0):2,
         y(0):3, y(t).diff(t).subs(t,0):4})       #求微分方程组的符号解
plt.rc("text",usetex=True)
fx=sp.lambdify(t,sx.args[1]); fy=sp.lambdify(t,sy.args[1])
t=np.linspace(0,1,100)
plt.plot(t,fx(t),"b--+"); plt.plot(t,fy(t),"r-.o")
plt.legend(["$x(t)$","$y(t)$"])

dz=lambda z,t: [z[1],-2*z[0]-3*z[1],z[3],2*z[0]-3*z[2]-4*z[1]-4*z[3]]
z0=range(1,5);
z=odeint(dz,z0,t)                                  #求微分方程组的数值解
plt.figure(); plt.plot(t,z[:,0],"b*--",t,z[:,2],"rp-")
plt.legend(["$x(t)$","$y(t)$"]); plt.show()
```

第 8 章 向量代数与空间解析几何习题解答

8.1 求过 $(1,1,-1)$、$(-2,-2,2)$ 和 $(1,-1,2)$ 三点的平面方程。

解 设 (x,y,z) 为所求平面上的任一点，由
$$\begin{vmatrix} x-1 & y-1 & z+1 \\ -2-1 & -2-1 & 2+1 \\ 1-1 & -1-1 & 2+1 \end{vmatrix}=0,$$

得 $x-3y-2z=0$，即为所求平面方程。

```
#程序文件 xt8_1.py
import sympy as sp
X=sp.Matrix(sp.var("x1:4")); A=sp.Matrix([1,1,-1])
B=sp.Matrix([-2,-2,2]); C=sp.Matrix([1,-1,2])
D=sp.Matrix(3,3,sp.Matrix([X-A,B-A,C-A]))
eq1=D.det(); eq2=sp.factor(eq1)
```

注 8.1 设 $M(x,y,z)$ 为平面上任一点，$M_i(x_i,y_i,z_i)$ $(i=1,2,3)$ 为平面上已知点，由
$$\overrightarrow{M_1M} \cdot (\overrightarrow{M_1M_2} \times \overrightarrow{M_1M_3}) = 0,$$

即
$$\begin{vmatrix} x-x_1 & y-y_1 & z-z_1 \\ x_2-x_1 & y_2-y_1 & z_2-z_1 \\ x_3-x_1 & y_3-y_1 & z_3-z_1 \end{vmatrix}=0,$$

它就表示过已知三点 $M_i(i=1,2,3)$ 的平面方程。

8.2 求直线 $\begin{cases} 5x-3y+3z-9=0, \\ 3x-2y+z-1=0 \end{cases}$ 与直线 $\begin{cases} 2x+2y-z+23=0, \\ 3x+8y+z-18=0 \end{cases}$ 的夹角的余弦。

解 两已知直线的方向向量分别为
$$s_1 = \begin{vmatrix} i & j & k \\ 5 & -3 & 3 \\ 3 & -2 & 1 \end{vmatrix} = [3,4,-1], \quad s_2 = \begin{vmatrix} i & j & k \\ 2 & 2 & -1 \\ 3 & 8 & 1 \end{vmatrix} = [10,-5,10],$$

因此，两直线的夹角的余弦
$$\cos\theta = \frac{|s_1 \cdot s_2|}{\|s_1\|\|s_2\|} = 0.$$

```
#程序文件 xt8_2.py
import sympy as sp
a=sp.Matrix([5,-3,3]); b=sp.Matrix([3,-2,1])
```

```
c=sp.Matrix([2,2,-1]); d=sp.Matrix([3,8,1])
s1=a.cross(b); s2=c.cross(d)    #向量的叉乘积
cost=abs(s1.dot(s2))/s1.norm()/s2.norm()
```

8.3 求过点 $(3,1,-2)$ 且通过直线 $\dfrac{x-4}{5}=\dfrac{y+3}{2}=\dfrac{z}{1}$ 的平面方程。

解 利用平面束方程，过直线 $\dfrac{x-4}{5}=\dfrac{y+3}{2}=\dfrac{z}{1}$ 的平面束方程为

$$\dfrac{x-4}{5}-\dfrac{y+3}{2}+t\left(\dfrac{y+3}{2}-z\right)=0,$$

将点 $(3,1,-2)$ 代入上式得 $t=\dfrac{11}{20}$。因此所求平面方程为

$$\dfrac{x-4}{5}-\dfrac{y+3}{2}+\dfrac{11}{20}\left(\dfrac{y+3}{2}-z\right)=0,$$

即 $8x-9y-22z-59=0$。

```
#程序文件 xt8_3.py
import sympy as sp
t,x,y,z=sp.var("t,x,y,z")
f=(x-4)/5-(y+3)/2+t*((y+3)/2-z)
eq=f.subs({x:3,y:1,z:-2})        #构造代数方程
t0=sp.solve(eq)[0]               #求参数 t 的取值
seq1=f.subs(t,t0)
seq2=sp.factor(seq1)             #因式分解
```

8.4 求点 $P(3,-1,2)$ 到直线 $\begin{cases} x+y-z+1=0, \\ 2x-y+z-4=0 \end{cases}$ 的距离。

解 直线的方向向量 $\boldsymbol{s}=\begin{vmatrix} \boldsymbol{i} & \boldsymbol{j} & \boldsymbol{k} \\ 1 & 1 & -1 \\ 2 & -1 & 1 \end{vmatrix}=[0,-3,-3]$。

在直线上取点 $Q(1,-2,0)$，则点 P 到所求直线的距离

$$d=\dfrac{\|\boldsymbol{s}\times\overrightarrow{QP}\|}{\|\boldsymbol{s}\|}=\dfrac{3\sqrt{2}}{2}.$$

```
#程序文件 xt8_4.py
import sympy as sp
x,y,z=sp.var("x,y,z"); P=sp.Matrix([3,-1,2])
n1=sp.Matrix([1,1,-1]); n2=sp.Matrix([2,-1,1])
s1=n1.cross(n2)                              #求直线方向向量
s2=sp.solve([x+y-z+1,2*x-y+z-4])             #求解变量 x、y 的方程
Q=sp.Matrix([s2[x].subs(z,0),s2[y].subs(z,0),0])  #在直线上取 Q 点
QP=P-Q                                       #计算向量 QP
d=(s1.cross(QP)).norm()/s1.norm()            #计算距离
```

8.5 画出下列各方程所表示的曲面。

（1）$\dfrac{x^2}{9}+\dfrac{z^2}{4}=1$； （2）$z=2-x^2$。

解 所画的图形如图 8.1 所示。

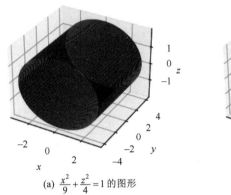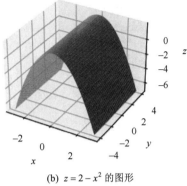

(a) $\dfrac{x^2}{9}+\dfrac{z^2}{4}=1$ 的图形　　　　(b) $z=2-x^2$ 的图形

图 8.1　二次曲面的图形

```
#程序文件 xt8_5.py
import numpy as np
import pylab as plt
x=np.linspace(-3,3,200); y=np.linspace(-4,4,400)
X,Y=np.meshgrid(x,y); Z1=2*np.sqrt(1-X**2/9)
plt.rc("text",usetex=True)
ax=plt.subplot(121,projection="3d")
ax.plot_surface(X,Y,Z1,color="m")
ax.plot_surface(X,Y,-Z1,color="m")
ax.set_xlabel("$x$"); ax.set_ylabel("$y$")
ax.set_zlabel("$z$")

Z2=2-X**2; ax2=plt.subplot(122,projection="3d")
ax2.plot_surface(X,Y,Z2,color="y")
ax2.set_xlabel("$x$"); ax2.set_ylabel("$y$")
ax2.set_zlabel("$z$"); plt.show()
```

8.6 画出下列各曲面所围的立体图形。

$x=0$，$y=0$，$z=0$，$x^2+y^2=4$，$y^2+z^2=4$（在第一卦限内）．

```
#程序文件 xt8_6.py
import numpy as np
import pylab as plt
x=np.linspace(0,2,100)
y=np.linspace(0,2,100)
X,Y=np.meshgrid(x,y)          #构造网格数据
plt.rc("text",usetex=True)
ax=plt.axes(projection="3d")
```

```
ax.plot_surface(X,Y,X*0)        #画平面 z=0
ax.plot_surface(X*0,Y,X)        #画平面 x=0
ax.plot_surface(X,Y*0,Y)        #画平面 y=0
Y2=np.sqrt(4-X**2)
ax.plot_surface(X,Y2,Y)         #画柱面 x**2+y**2=4
Z=np.sqrt(4-Y**2)
ax.plot_surface(X,Y,Z)          #画柱面 y**2+z**2=4
ax.set_xlabel("$x$"); ax.set_ylabel("$y$")
ax.set_zlabel("$z$"); plt.show()
```

曲面所围的立体图形如图 8.2 所示。

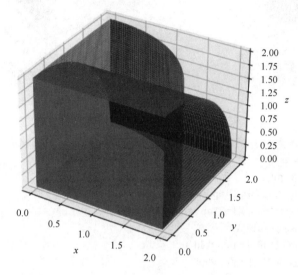

图 8.2　曲面所围立体的图形

8.7　设一平面垂直于平面 $z=0$，并通过从点 $(1,-1,1)$ 到直线 $\begin{cases} y-z+1=0, \\ x=0 \end{cases}$ 的垂线，求此平面的方程。

解　直线 $\begin{cases} y-z+1=0, \\ x=0 \end{cases}$ 的方向向量

$$s = \begin{vmatrix} i & j & k \\ 0 & 1 & -1 \\ 1 & 0 & 0 \end{vmatrix} = [0,-1,-1].$$

作过点 $P(1,-1,1)$ 且以 $s=[0,-1,-1]$ 为法向量的平面：

$$-1(y+1)-(z-1)=0, \text{ 即 } y+z=0,$$

联立 $\begin{cases} y-z+1=0, \\ x=0, \\ y+z=0 \end{cases}$ 得垂足 $Q\left(0,-\frac{1}{2},\frac{1}{2}\right)$，$\overrightarrow{PQ}=\left[-1,\frac{1}{2},-\frac{1}{2}\right]$，则所求平面的法线向量

$$n = \begin{vmatrix} \boldsymbol{i} & \boldsymbol{j} & \boldsymbol{k} \\ 0 & 0 & 1 \\ -1 & 1/2 & -1/2 \end{vmatrix} = \left[-\frac{1}{2}, -1, 0\right].$$

因此所求平面方程为 $-\frac{1}{2}(x-1) - 1(y+1) = 0$，即 $x + 2y + 1 = 0$。

```
#程序文件 xt8_7.py
import sympy as sp
x,y,z=sp.var("x,y,z")
t1=sp.Matrix([0,1,-1]); t2=sp.Matrix([1,0,0])
s1=t1.cross(t2)                    #直线的方向向量
P=sp.Matrix([1,-1,1]); X=sp.Matrix([x,y,z])
eq1=(X-P).dot(s1)                  #过 P 点且以 s1 为法向量的平面
s21=sp.solve([eq1,y-z+1,x])        #求解代数方程组的解得到垂足 Q
s22=sp.Matrix(list(s21.values()))  #转换为列向量
PQ=s22-P
n=PQ.cross(sp.Matrix([0,0,1]))     #计算法线向量
eq2=(X-P).dot(n)                   #计算所求平面
```

8.8 求过点 $(-1,0,4)$，且平行于平面 $3x - 4y + z - 10 = 0$，又与直线 $\frac{x+1}{1} = \frac{y-3}{1} = \frac{z}{2}$ 相交的直线的方程。

解 设所求直线的方向向量 $\boldsymbol{s} = [m,n,p]$。所求直线平行于平面 $3x - 4y + z - 10 = 0$，故有

$$3m - 4n + p = 0，\tag{8.1}$$

又所求直线与直线 $\frac{x+1}{1} = \frac{y-3}{1} = \frac{z}{2}$ 相交，故有

$$\begin{vmatrix} -1-(-1) & 3-0 & 0-4 \\ 1 & 1 & 2 \\ m & n & p \end{vmatrix} = 0，$$

即

$$10m - 4n - 3p = 0.\tag{8.2}$$

联立式（8.1）和式（8.2）可得

$$n = \frac{19m}{16}，\quad p = \frac{7m}{4}，$$

取 $m = 16$，$n = 19$，$p = 28$。因此所求直线方程为

$$\frac{x+1}{16} = \frac{y}{19} = \frac{z-4}{28}.$$

```
#程序文件 xt8_8.py
import sympy as sp
m,n,p=sp.var("m,n,p")
s=sp.Matrix([m,n,p])
n1=sp.Matrix([3,-4,1])             #平面的法线向量
```

```
eq1=s.dot(n1)                    #构造第一个方程
P1=sp.Matrix([-1,0,4])
P2=sp.Matrix([-1,3,0])
t=sp.Matrix([1,1,2])             #直线的方向向量
A=sp.Matrix(3,3,sp.Matrix([(P1-P2),t,s]))
eq2=A.det()                      #计算行列式构造第二个方程
s2=sp.solve([eq1,eq2],[n,p])     #求 n、p 的解
```

注 8.2 若两直线 $l_1: \dfrac{x-x_1}{m_1}=\dfrac{y-y_1}{n_1}=\dfrac{z-z_1}{p_1}$，$l_2: \dfrac{x-x_2}{m_2}=\dfrac{y-y_2}{n_2}=\dfrac{z-z_2}{p_2}$ 相交，则 l_1 与 l_2 必共面，故

$$\begin{vmatrix} x_2-x_1 & y_2-y_1 & z_2-z_1 \\ m_1 & n_1 & p_1 \\ m_2 & n_2 & p_2 \end{vmatrix}=0.$$

第 9 章 多元函数微分法及其应用习题解答

9.1 设 $z = x\ln(xy)$，求 $\dfrac{\partial^3 z}{\partial x^2 \partial y}$，$\dfrac{\partial^3 z}{\partial x \partial y^2}$ 及 $\dfrac{\partial^3 z}{\partial x \partial y^2}\bigg|_{(1,1)}$。

解 求得 $\dfrac{\partial^3 z}{\partial x^2 \partial y} = 0$，$\dfrac{\partial^3 z}{\partial x \partial y^2} = -\dfrac{1}{y^2}$，$\dfrac{\partial^3 z}{\partial x \partial y^2}\bigg|_{(1,1)} = -1$。

```
#程序文件 xt9_1.py
import sympy as sp
x,y=sp.var("x,y"); z=x*sp.log(x*y)
d1=z.diff(x,x,y); d2=z.diff(x,y,y)
s2=d2.subs({x:1,y:1})
```

9.2 求函数 $z = e^{xy}$ 当 $x=1$，$y=1$，$\Delta x = 0.15$，$\Delta y = 0.1$ 时的全微分。

解 $dz = \dfrac{\partial z}{\partial x}\Delta x + \dfrac{\partial z}{\partial y}\Delta y = ye^{xy}\Delta x + xe^{xy}\Delta y$。

当 $x=1$，$y=1$，$\Delta x = 0.15$，$\Delta y = 0.1$ 时，全微分
$$dz = 0.15e + 0.1e = 0.25e.$$

```
#程序文件 xt9_2.py
import sympy as sp
x,y,dx,dy=sp.var("x,y,dx,dy"); z=sp.exp(x*y)
gradz=sp.Matrix([z]).jacobian([x,y])
dz=gradz@sp.Matrix([dx,dy])
dz0=dz.subs({x:1,y:1,dx:0.15,dy:0.1})
```

9.3 设 $z = \arctan\dfrac{x}{y}$，而 $x = u+v$，$y = u-v$，验证
$$\dfrac{\partial z}{\partial u} + \dfrac{\partial z}{\partial v} = \dfrac{u-v}{u^2+v^2}.$$

```
#程序文件 xt9_3.py
import sympy as sp
u,v=sp.var("u,v"); x=u+v; y=u-v;
z=sp.atan(x/y); s1=z.diff(u)+z.diff(v)
s2=sp.simplify(s1)
```

9.4 设 $e^z - xyz = 0$，求 $\dfrac{\partial^2 z}{\partial x^2}$。

解 设 $F(x,y,z) = e^z - xyz$，则 $F_x = -yz$，$F_z = e^z - xy$。于是当 $F_z \neq 0$ 时，有
$$\dfrac{\partial z}{\partial x} = -\dfrac{F_x}{F_z} = \dfrac{yz}{e^z - xy},$$

$$\frac{\partial^2 z}{\partial x^2} = \frac{\partial}{\partial x}\left(\frac{\partial z}{\partial x}\right) = \frac{2y^2 z e^z - 2xy^3 z - y^2 z^2 e^z}{(e^z - xy)^3}.$$

```
#程序文件 xt9_4.py
import sympy as sp
x,y,z=sp.var("x,y,z"); F=sp.exp(z)-x*y*z
Fx=F.diff(x); Fz=F.diff(z)
zx=-Fx/Fz                            #求 z 关于 x 的偏导数
z21=zx.diff(x)+zx.diff(z)*zx         #求 z 关于 x 的二阶偏导数
z22=sp.simplify(z21)
```

9.5 求曲线 $\begin{cases} x^2 + y^2 + z^2 - 3x = 0, \\ 2x - 3y + 5z - 4 = 0 \end{cases}$ 在点 $(1,1,1)$ 处的切线及法平面方程。

解 所求曲线的切线，也就是曲面 $x^2 + y^2 + z^2 - 3x = 0$ 在点 $(1,1,1)$ 处的切平面与平面 $2x - 3y + 5z = 4$ 的交线，利用曲面的切平面方程得所求切线为

$$\begin{cases} -(x-1) + 2(y-1) + 2(z-1) = 0, \\ 2x - 3y + 5z = 4. \end{cases}$$

即

$$\begin{cases} -x + 2y + 2z = 3, \\ 2x - 3y + 5z = 4. \end{cases}$$

这切线的方向向量为 $[16, 9, -1]$，于是所求法平面方程为

$$16(x-1) + 9(y-1) - (z-1) = 0,$$

即

$$16x + 9y - z - 24 = 0.$$

```
#程序文件 xt9_5.py
import sympy as sp
x,y,z=sp.var("x,y,z"); X=sp.Matrix([x,y,z])
F=x**2+y**2+z**2-3*x; P=sp.ones(3,1)
dF=sp.Matrix([F]).jacobian([x,y,z])      #求梯度向量
n1=dF.subs({x:1,y:1,z:1})                #求切平面的法线向量
eq1=n1 @ (X-P)                           #求切平面方程
n2=sp.Matrix([2,-3,5])                   #平面的法线向量
s=n1.cross(n2)                           #切线的方向向量
eq2=s @ (X-P)                            #求法平面方程
```

9.6 求椭球面 $x^2 + 2y^2 + z^2 = 1$ 上平行于平面 $x - y + 2z = 0$ 的切平面方程。

解 设 $F(x,y,z) = x^2 + 2y^2 + z^2 - 1$，则曲面在点 (x,y,z) 的一个法向量 $\boldsymbol{n} = [F_x, F_y, F_z] = [2x, 4y, 2z]$。已知平面的法向量为 $[1,-1,2]$，由已知平面与所求切平面平行，得

$$\frac{2x}{1} = \frac{4y}{-1} = \frac{2z}{2}, \quad \text{即} \quad x = \frac{1}{2}z, \quad y = -\frac{1}{4}z.$$

代入椭球面方程得

$$\left(\frac{z}{2}\right)^2 + 2\left(-\frac{z}{4}\right)^2 + z^2 = 1.$$

解得

$$z = \pm 2\sqrt{\frac{2}{11}}, \quad \text{则} \ x = \pm\sqrt{\frac{2}{11}}, \quad y = \mp\frac{1}{2}\sqrt{\frac{2}{11}}.$$

所以切点为

$$\left(\pm\sqrt{\frac{2}{11}}, \mp\frac{1}{2}\sqrt{\frac{2}{11}}, \pm 2\sqrt{\frac{2}{11}}\right).$$

所求切平面方程为

$$\left(x \pm \sqrt{\frac{2}{11}}\right) - \left(y \mp \frac{1}{2}\sqrt{\frac{2}{11}}\right) + 2\left(z \pm 2\sqrt{\frac{2}{11}}\right) = 0,$$

即

$$x - y + 2z = \pm\sqrt{\frac{11}{2}}.$$

```
#程序文件 xt9_6.py
import sympy as sp
import numpy as np
t,x,y,z=sp.var("t,x,y,z")
F=x**2+2*y**2+z**2-1
dF=sp.Matrix([F]).jacobian([x,y,z])
n=np.array([1,-1,2])
eq1=[dF[i]/n[i]-t for i in range(3)]    #构造代数方程组
s1=sp.solve(eq1,[x,y,z])                #求解代数方程组
eq2=F.subs(s1)                          #构造代数方程
st=sp.solve(eq2)                        #求切点对应的 t 值
P1=sp.Matrix(list(s1.values())).subs(t,st[0])   #第一个切点
P2=sp.Matrix(list(s1.values())).subs(t,st[1])   #第二个切点
X=sp.Matrix([x,y,z])
eq31=sp.Matrix(1,3,n) @ (X-sp.Matrix(P1))       #第一个切平面方程
eq32=sp.Matrix(1,3,n) @ (X-sp.Matrix(P2))       #第二个切平面方程
print("切平面方程为\n",eq31,"\n",eq32)
```

9.7 求函数 $u = xyz$ 在点 $(5,1,2)$ 处沿从点 $(5,1,2)$ 到点 $(9,4,14)$ 的方向的方向导数。

解 按题意，方向 $\boldsymbol{l} = [4,3,12]$，$\boldsymbol{e_l} = \left[\dfrac{4}{13}, \dfrac{3}{13}, \dfrac{12}{13}\right]$。又

$$\frac{\partial u}{\partial x} = yz, \quad \frac{\partial u}{\partial y} = xz, \quad \frac{\partial u}{\partial z} = xy,$$

$$\left.\frac{\partial u}{\partial x}\right|_{(5,1,2)} = 2, \quad \left.\frac{\partial u}{\partial y}\right|_{(5,1,2)} = 10, \quad \left.\frac{\partial u}{\partial z}\right|_{(5,1,2)} = 5,$$

故

$$\left.\frac{\partial u}{\partial \boldsymbol{l}}\right|_{(5,1,2)} = 2\cdot\frac{4}{13} + 10\cdot\frac{3}{13} + 5\cdot\frac{12}{13} = \frac{98}{13}.$$

```
#程序文件 xt9_7.py
import sympy as sp
x,y,z=sp.var("x,y,z"); u=x*y*z
P=sp.Matrix([5,1,2]); Q=sp.Matrix([9,4,14])
PQ=Q-P; e=PQ/PQ.norm()                    #计算单位向量
du=sp.Matrix([u]).jacobian([x,y,z])
du0=du.subs({x:5,y:1,z:2})
s=du0 @ e                                  #计算方向导数
```

9.8 求函数 $f(x,y) = (6x - x^2)(4y - y^2)$ 的极值。

解 解方程组

$$\begin{cases} f_x = (6-2x)(4y-y^2) = 0, \\ f_y = (6x-x^2)(4-2y) = 0, \end{cases}$$

求得 5 个驻点：$(0,0), (0,4), (6,0), (3,2), (6,4)$。

再利用 Hessian 矩阵可以判断出只有 $(3,2)$ 为极大点，对应的极大值为 36；其他 4 个驻点都是非极值点。

```
#程序文件 xt9_8.py
import sympy as sp
x, y = sp.var("x, y")
F=(6*x-x**2)*(4*y-y**2)
gradF=[F.diff(var) for var in (x,y)]
sol=sp.solve(gradF)                        #求驻点
H=sp.hessian(F,[x,y])                      #计算二阶导数阵
for s in sol:
    Hs=H.subs(s); Fs=F.subs(s)
    eigv=Hs.eigenvals()                    #计算二阶导数阵的特征值
    if Hs.is_positive_definite:
        print(f"驻点{s}是极小点！")
        print(f"对应的极小值为{Fs}.")
    elif Hs.is_negative_definite:
        print(f"驻点{s}是极大点！")
        print(f"对应的极大值为{Fs}")
    elif all(list(eigv)):
        print(f"驻点{s}非极值点！")
    else:
        print(f"驻点{s}需人工判断是否为极值点！")
```

9.9 抛物面 $z = x^2 + y^2$ 被平面 $x + y + z = 1$ 截成一椭圆，求这椭圆上的点到原点的距离的最大值与最小值。

解 设椭圆上的点为 (x,y,z)，则椭圆上的点到原点的距离平方为

$$d^2 = x^2 + y^2 + z^2.$$

x、y、z 满足条件 $z = x^2 + y^2$，$x + y + z = 1$。

作拉格朗日函数
$$L(x,y,z,\lambda,\mu) = x^2 + y^2 + z^2 + \lambda(z - x^2 - y^2) + \mu(x + y + z - 1).$$

令
$$\begin{cases} L_x = 2x - 2\lambda x + \mu = 0, \\ L_y = 2y - 2\lambda y + \mu = 0, \\ L_z = 2z + \lambda + \mu = 0, \\ L_\lambda = z - x^2 - y^2 = 0, \\ L_\mu = x + y + z - 1 = 0, \end{cases}$$

求得 (λ,μ,x,y,z) 4 个驻点：

$$\left(\frac{5\sqrt{3}}{3} + 3, -\frac{11\sqrt{3}}{3} - 7, -\frac{\sqrt{3}}{2} - \frac{1}{2}, -\frac{\sqrt{3}}{2} - \frac{1}{2}, \sqrt{3} + 2\right),$$

$$\left(3 - \frac{5\sqrt{3}}{3}, \frac{11\sqrt{3}}{3} - 7, \frac{\sqrt{3}}{2} - \frac{1}{2}, \frac{\sqrt{3}}{2} - \frac{1}{2}, 2 - \sqrt{3}\right),$$

$$\left(1, 0, \frac{3}{4} + \frac{\sqrt{13}}{4}i, \frac{3}{4} - \frac{\sqrt{13}}{4}i, -\frac{1}{2}\right) \text{（舍去）},$$

$$\left(1, 0, \frac{3}{4} - \frac{\sqrt{13}}{4}i, \frac{3}{4} + \frac{\sqrt{13}}{4}i, -\frac{1}{2}\right) \text{（舍去）}.$$

显然第 3、4 个驻点中 $z = -\frac{1}{2}$ 是不符合题意的，要舍去。于是得到两个可能的极值点：

$$M_1\left(-\frac{\sqrt{3}}{2} - \frac{1}{2}, -\frac{\sqrt{3}}{2} - \frac{1}{2}, \sqrt{3} + 2\right), \quad M_2\left(\frac{\sqrt{3}}{2} - \frac{1}{2}, \frac{\sqrt{3}}{2} - \frac{1}{2}, 2 - \sqrt{3}\right),$$

由题意可知这种距离的最大值和最小值一定存在，所以距离的最大值和最小值分别在这两点取得，最大值与最小值分别为

$$d_{\max} = d_{M_1} = \sqrt{9 + 5\sqrt{3}}, \quad d_{\min} = d_{M_2} = \sqrt{9 - 5\sqrt{3}}.$$

```
#程序文件 xt9_9.py
import sympy as sp
lamda,mu,x,y=sp.var("lamda,mu,x,y")
z=sp.var("z",pos=True)
L=x**2+y**2+z**2+lamda*(z-x**2-y**2)+mu*(x+y+z-1)
dL=sp.Matrix([L]).jacobian([x,y,z,lamda,mu])
s=sp.solve(dL)
d=sp.sqrt(x**2+y**2+z**2)                    #定义距离表达式
dd=[sp.simplify(d.subs(e)) for e in s]       #计算对应的距离值
print("对应的距离值分别为",dd)
```

9.10 求函数 $f(x,y) = e^x \ln(1 + y)$ 在点 $(0,0)$ 的三阶泰勒公式。

解 求得 $f(x,y) = e^x \ln(1+y) = y - \dfrac{y^2}{2} + xy - \dfrac{xy^2}{2} + \dfrac{x^2 y}{2} - \dfrac{x^2 y^2}{4} + R_3$，其中 R_3 为余项。

```
#程序文件 xt9_10.py
import sympy as sp
x,y=sp.var("x,y")
f=sp.exp(x)*sp.log(1+y)
g1=sp.series(f, x, 0, n=3).removeO()
print(g1)
g2=sp.series(g1, y, 0, n=3).removeO()
g3=sp.expand(g2); print(g3)
```

注 9.1 Sympy 库中没有直接把二元函数展开为泰勒级数的函数，上述分别关于 x 和 y 展开为泰勒级数。

9.11 某种合金的含铅量百分比为 p（%），其熔解温度为 θ（℃），由实验测得 p 与 θ 的数据如表 9.1 所示，试用最小二乘法建立 θ 与 p 之间的经验公式 $\theta = ap + b$。

表 9.1　θ 与 p 的观测数据

p	36.9	46.7	63.7	77.8	84.0	87.5
θ	181	197	235	270	283	292

解 记 p 和 θ 的观测值分别为 $p_i, \theta_i (i=1,2,\cdots,6)$。拟合参数 a、b 的准则是最小二乘准则，即求 a、b，使得

$$\delta(a,b) = \sum_{i=1}^{6}(ap_i + b - \theta_i)^2$$

达到最小值，由极值的必要条件，得

$$\begin{cases} \dfrac{\partial \delta}{\partial a} = 2\sum_{i=1}^{6}(ap_i + b - \theta_i)p_i = 0, \\ \dfrac{\partial \delta}{\partial b} = 2\sum_{i=1}^{6}(ap_i + b - \theta_i) = 0, \end{cases}$$

化简，得到正规方程组

$$\begin{cases} a\sum_{i=1}^{6}p_i^2 + b\sum_{i=1}^{6}p_i = \sum_{i=1}^{6}\theta_i p_i, \\ a\sum_{i=1}^{6}p_i + 6b = \sum_{i=1}^{6}\theta_i. \end{cases}$$

解得 a、b 的估计值分别为

$$\hat{a} = \dfrac{\sum_{i=1}^{6}(p_i - \bar{p})(\theta_i - \bar{\theta})}{\sum_{i=1}^{6}(p_i - \bar{p})^2},$$

$$\hat{b} = \bar{\theta} - \hat{a}\bar{p},$$

其中 $\bar{p} = \frac{1}{6}\sum_{i=1}^{6} p_i$，$\bar{\theta} = \frac{1}{6}\sum_{i=1}^{6} \theta_i$ 分别为 p_i 的均值和 θ_i 的均值。

利用给定的观测值和 Python 软件，求得 a、b 的估计值分别为 $\hat{a} = 2.2337$，$\hat{b} = 95.3524$。所以经验公式为 $\theta = 2.2337p + 95.3524$。

```
#程序文件 xt9_11.py
import numpy as np
d=np.loadtxt("data9_11.txt")
p=d[0,:]; y=d[1,:]
pb=p.mean(); yb=y.mean()
ah=(p-pb)@(y-yb)/sum((p-pb)**2)    #求 a 的估计值
bh=yb-ah*pb                         #求 b 的估计值
cs=np.polyfit(p,y,1)                #直接拟合一次多项式
print("a,b 的估计值分别为：\n",ah,bh)
print("直接拟合的结果为：\n",cs)
```

9.12 设有一小山，取它的底面所在的平面为 xOy 坐标面，其底部所占的闭区域 $D = \{(x,y) | x^2 + y^2 - xy \leqslant 75\}$，小山的高度函数为 $h = f(x,y) = 75 - x^2 - y^2 + xy$。

（1）设 $M(x_0, y_0) \in D$，问 $f(x,y)$ 在该点沿平面上什么方向的方向导数最大？若记此方向导数的最大值为 $g(x_0, y_0)$，试写出 $g(x_0, y_0)$ 的表达式。

（2）现欲利用此小山开展攀岩活动，为此需要在山脚找一上山坡度最大的点作为攀岩的起点，也就是说，要在 D 的边界线 $x^2 + y^2 - xy = 75$ 上找出（1）中的 $g(x,y)$ 达到最大值的点。试确定攀岩起点的位置。

解 （1）由梯度与方向导数的关系知，$h = f(x,y)$ 在点 $M(x_0, y_0)$ 处沿梯度
$$\mathrm{grad} f(x_0, y_0) = (y_0 - 2x_0)\boldsymbol{i} + (x_0 - 2y_0)\boldsymbol{j}$$
方向的方向导数最大，方向导数的最大值为该梯度的模，所以
$$g(x_0, y_0) = \sqrt{(y_0 - 2x_0)^2 + (x_0 - 2y_0)^2} = \sqrt{5x_0^2 + 5y_0^2 - 8x_0 y_0}.$$

（2）欲在 D 的边界上求 $g(x,y)$ 达到最大值的点，只需求 $F(x,y) = g^2(x,y) = 5x^2 + 5y^2 - 8xy$ 达到最大值的点。因此，作拉格朗日函数
$$L(x, y, \mu) = 5x^2 + 5y^2 - 8xy + \mu(75 - x^2 - y^2 + xy).$$

令
$$\begin{cases} L_x = 10x - 8y + \mu(y - 2x) = 0, \\ L_y = 10y - 8x + \mu(x - 2y) = 0, \\ L_\mu = 75 - x^2 - y^2 + xy = 0. \end{cases}$$

求解上述方程组，得到四个可能的极值点：
$$M_1(5, -5), \quad M_2(-5, 5), \quad M_3(5\sqrt{3}, 5\sqrt{3}), \quad M_4(-5\sqrt{3}, -5\sqrt{3}).$$

由于 $g(M_1) = g(M_2) = 15\sqrt{2}$，$g(M_3) = g(M_4) = 5\sqrt{6}$，故 $M_1(5, -5)$ 或 $M_2(-5, 5)$ 可作为

攀岩的起点。

```python
#程序文件 xt9_12.py
import numpy as np
import sympy as sp
mu,x,y=sp.var("mu,x,y",real=True)
f=75-x**2-y**2+x*y
df=sp.Matrix([f]).jacobian([x,y])
g=df.norm()                    #求梯度向量的 2 范数
L=g**2+mu*f                    #构造拉格朗日函数
dL=sp.Matrix([L]).jacobian([x,y,mu])
s=sp.solve(dL)                 #求驻点
h=[g.subs(e) for e in s]       #求梯度的模在驻点处的取值
print("驻点：\n",s); print("对应值：\n",h)
```

第 10 章 重积分习题解答

10.1 画出积分区域，并计算二重积分
$$\iint\limits_{D} e^{x+y} d\sigma,$$
其中 $D = \{(x,y) \mid |x|+|y| \leqslant 1\}$.

解 积分区域如图 10.1 所示。
$$\iint\limits_{D} e^{x+y} d\sigma = \int_{-1}^{0} dx \int_{-x-1}^{x+1} e^{x+y} dy + \int_{0}^{1} dx \int_{x-1}^{-x+1} e^{x+y} dy = e - e^{-1}.$$

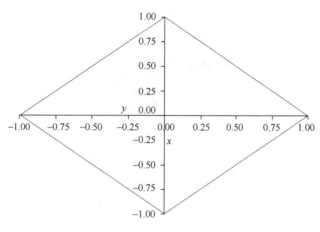

图 10.1 积分区域

```
#程序文件 xt10_1.py
from sympy import plot_implicit as pt
import sympy as sp
import pylab as plt
x,y=sp.var("x,y")
f0=sp.Abs(x)+sp.Abs(y)-1
plt.rc("text",usetex=True)
pt(f0,(x,-1,1),(y,-1,1))
plt.xlabel("$x$"); plt.ylabel("$y$",rotation=0)
f=sp.exp(x+y)
s1=sp.integrate(sp.integrate(f,(y,-x-1,x+1)),(x,-1,0))
s2=sp.integrate(sp.integrate(f,(y,x-1,-x+1)),(x,0,1))
s=s1+s2; print("积分值为：",s)
```

10.2 画出曲面 $z = x^2 + 2y^2$ 及 $z = 6 - 2x^2 - y^2$ 所围成的立体图形，并求立体图形的体积。

解 两曲面所围成的立体图形如图 10.2 所示。由

$$\begin{cases} z = x^2 + 2y^2, \\ z = 6 - 2x^2 - y^2, \end{cases}$$

消去 z，得 $x^2 + y^2 = 2$，故所求立体在 xOy 面上的投影区域为

$$D = \{(x, y) | x^2 + y^2 \leqslant 2\}.$$

所求立体图形的体积

$$V = \iint_D [(6 - 2x^2 - y^2) - (x^2 + 2y^2)]d\sigma = 6\pi.$$

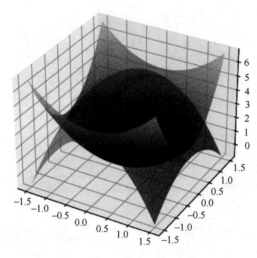

图 10.2 两曲面所围成的立体图形

```
#程序文件 xt10_2.py
import numpy as np
import sympy as sp
import pylab as plt
x0=np.linspace(-1.5,1.5,50)
X,Y=np.meshgrid(x0,x0)
Z1=X**2+2*Y**2; Z2=6-2*X**2-Y**2
ax=plt.axes(projection="3d")
ax.plot_surface(X,Y,Z1,cmap="winter",alpha=0.7)
ax.plot_surface(X,Y,Z2,alpha=0.7)
x,y,r,theta=sp.var("x,y,r,theta")
z1=x**2+2*y**2; z2=6-2*x**2-y**2; z=z2-z1
f=z.subs({x:r*sp.cos(theta),y:r*sp.sin(theta)})*r
f=sp.simplify(f)
s=sp.integrate(f,(r,0,sp.sqrt(2)))*2*sp.pi
print("积分值为",s)
```

10.3 选用适当的坐标计算

$$\iint_D \sqrt{\frac{1-x^2-y^2}{1+x^2+y^2}} \mathrm{d}\sigma,$$

其中 D 是由圆周 $x^2+y^2=1$ 及坐标轴所围成的在第一象限内的闭区域。

解 根据积分区域 D 的形状和被积函数的特点，选用极坐标为宜。

$$D=\left\{(\rho,\theta)\bigg|0\leqslant\rho\leqslant1,0\leqslant\theta\leqslant\frac{\pi}{2}\right\},$$

故

$$原式=\int_0^{\frac{\pi}{2}}\mathrm{d}\theta\int_0^1\sqrt{\frac{1-\rho^2}{1+\rho^2}}\rho\mathrm{d}\rho=\frac{\pi(\pi-2)}{8}.$$

```
#程序文件 xt10_3.py
import sympy as sp
x,y,r,theta=sp.var("x,y,r,theta")
f=sp.sqrt((1-x**2-y**2)/(1+x**2+y**2))
g=f.subs({x:r*sp.cos(theta),y:r*sp.sin(theta)})*r
g=sp.simplify(g)
s=sp.integrate(g,(r,0,1))*sp.pi/2
s=sp.simplify(s); print("积分值为",s)
```

10.4 计算 $\iiint_\Omega z\sqrt{x^2+y^2+z^2+1}\mathrm{d}x\mathrm{d}y\mathrm{d}z$ 的符号解和数值解，其中 Ω 为柱面 $x^2+y^2=4$ 与 $z=0$、$z=6$ 两平面所围成的空间区域。

解 符号解 $\iiint_\Omega z\sqrt{x^2+y^2+z^2+1}\mathrm{d}x\mathrm{d}y\mathrm{d}z = \dfrac{2\pi(1+1681\sqrt{41}-1369\sqrt{37}-25\sqrt{5})}{15}$，数值解 $\iiint_\Omega z\sqrt{x^2+y^2+z^2+1}\mathrm{d}x\mathrm{d}y\mathrm{d}z = 997.5387$。

```
#程序文件 xt10_4.py
import sympy as sp
from sympy import integrate
from scipy.integrate import tplquad
import numpy as np
x, y, z, r, theta = sp.symbols("x,y,z,r,theta")
f = z*sp.sqrt(x**2 + y**2 + z**2 + 1)
g = f.subs({x: r*sp.cos(theta), y: r*sp.sin(theta)})*r
g = sp.simplify(g)
s1 = integrate(integrate(integrate(g, (z, 0, 6)),
     (r, 0, 2)), (theta, 0, 2*sp.pi))  #求符号积分
print("符号解：", s1)
print("符号解的浮点数表示:", s1.n())
h = sp.lambdify([z, y, x], f)     #符号表达式转换为匿名函数
yb = lambda x: np.sqrt(4-x**2)
```

```
ya = lambda x: -yb(x)
s2, _ = tplquad(h,-2,2,ya,yb,0,6)
print("数值解：", s2)
```

10.5 选用适当的坐标计算三重积分

$$\iiint_\Omega \sqrt{x^2+y^2+z^2}\,\mathrm{d}v,$$

其中 Ω 是由球面 $x^2+y^2+z^2=z$ 所围成的闭区域。

解 在球面坐标系中，球面 $x^2+y^2+z^2=z$ 的方程为 $r^2=r\cos\varphi$，即 $r=\cos\varphi$。Ω 可表示为

$$0\leqslant r\leqslant \cos\varphi,\quad 0\leqslant \varphi\leqslant \frac{\pi}{2},\quad 0\leqslant \theta\leqslant 2\pi.$$

于是

$$\iiint_\Omega \sqrt{x^2+y^2+z^2}\,\mathrm{d}v = \int_0^{2\pi}\mathrm{d}\theta\int_0^{\frac{\pi}{2}}\mathrm{d}\varphi\int_0^{\cos\varphi} r\cdot r^2\sin\varphi\,\mathrm{d}r = \frac{\pi}{10}.$$

```
#程序文件 xt10_5.py
import sympy as sp
from sympy import integrate
x, y, z, theta, phi = sp.var("x,y,z,theta,phi")
r=sp.var("r",positive=True)
f = sp.sqrt(x**2 + y**2 + z**2)
g = f.subs({x: r*sp.sin(phi)*sp.cos(theta),
      y: r*sp.sin(phi)*sp.sin(theta),z:r*sp.cos(phi)})
g = sp.simplify(g)*r**2*sp.sin(phi)
s = integrate(integrate(integrate(g, (r, 0, sp.cos(phi))),
      (phi, 0, sp.pi/2)), (theta, 0, 2*sp.pi)) #求符号积分
print("符号解：", s)
```

10.6 一均匀物体（密度 ρ 为常量）占有的闭区域 Ω 由曲面 $z=x^2+y^2$ 和平面 $z=0$，$|x|=a$，$|y|=a$ 所围成。（1）求物体的体积；（2）求物体的质心；（3）求物体关于 z 轴的转动惯量。

解 （1）由 Ω 的对称性可知

$$V = 4\int_0^a \mathrm{d}x\int_0^a \mathrm{d}y\int_0^{x^2+y^2}\mathrm{d}z = \frac{8}{3}a^4.$$

（2）由对称性可知，质心位于 z 轴上，故 $\bar{x}=\bar{y}=0$。

$$\bar{z} = \frac{1}{V}\iiint_\Omega z\,\mathrm{d}v = \frac{4}{V}\int_0^a\mathrm{d}x\int_0^a\mathrm{d}y\int_0^{x^2+y^2}z\,\mathrm{d}z = \frac{7}{15}a^2.$$

（3）$I_z = \iiint_\Omega \rho(x^2+y^2)\,\mathrm{d}v = 4\rho\int_0^a\mathrm{d}x\int_0^a\mathrm{d}y\int_0^{x^2+y^2}(x^2+y^2)\,\mathrm{d}z = \frac{112}{45}\rho a^6.$

#程序文件 xt10_6.py

```
import sympy as sp
from sympy import integrate
x, y, z, rho, a = sp.var("x,y,z,rho,a")
V = 4*integrate(integrate(integrate(1,(z,0,x**2+y**2)),
    (y,0,a)),(x,0,a))
zb = 4*integrate(integrate(integrate(z,(z,0,x**2+y**2)),
    (y,0,a)),(x,0,a))/V
Iz = 4*rho*integrate(integrate(integrate(x**2+y**2,
    (z,0,x**2+y**2)),(y,0,a)),(x,0,a))
print("体积：",V); print("质心：",zb); print("转动惯量：",Iz)
```

10.7 求由抛物线 $y=x^2$ 及直线 $y=1$ 所围成的均匀薄片（面密度为常数 μ）对于直线 $y=-1$ 的转动惯量。

解 闭区域 $D=\{(x,y)\big|-\sqrt{y}\leqslant x\leqslant\sqrt{y}, 0\leqslant y\leqslant 1\}$，所求的转动惯量为

$$I=\iint\limits_{D}\mu(y+1)^2\mathrm{d}\sigma=\mu\int_0^1\mathrm{d}y\int_{-\sqrt{y}}^{\sqrt{y}}(y+1)^2\mathrm{d}x=\frac{368}{105}\mu.$$

```
#程序文件 xt10_7.py
import sympy as sp
x, y, mu = sp.var("x,y,mu"); f = mu*(y+1)**2
I1 = sp.integrate(f,(x,-sp.sqrt(y),sp.sqrt(y)))
I2 = sp.integrate(I1,(y,0,1)); print("积分值：",I2)
```

第 11 章 曲线积分与曲面积分习题解答

11.1 计算对弧长的曲线积分 $\int_L y^2 ds$，其中 L 为摆线的一拱 $x = a(t-\sin t)$，$y = a(1-\cos t)$（$0 \leqslant t \leqslant 2\pi$）。

解 计算得 $\int_L y^2 ds = 8a^3 \int_0^{2\pi} \sin^5 \dfrac{t}{2} dt$，Python 无法直接求 $[0,2\pi]$ 上的符号积分，可以继续手工化简，并利用 Python 软件求得

$$\int_L y^2 ds = 16a^3 \int_0^{\pi} \sin^5 u\, du = 32 a^3 \int_0^{\frac{\pi}{2}} \sin^5 u\, du = \frac{256}{15} a^3 \text{。}$$

```
#程序文件 xt11_1.py
import sympy as sp
t=sp.var("t"); a=sp.var("a",pos=True)
x=a*(t-sp.sin(t)); y=a*(1-sp.cos(t))
f1=y**2*sp.sqrt(x.diff(t)**2+y.diff(t)**2)
f2=sp.simplify(f1)
f=sp.sin(t)**5  #重新输入手工化简的被积函数
s=32*a**3*sp.integrate(f,(t,0,sp.pi/2))
print("积分值为",s)
```

11.2 设螺旋形弹簧一圈的方程为 $x = a\cos t$，$y = a\sin t$，$z = kt$，其中 $0 \leqslant t \leqslant 2\pi$，它的线密度 $\rho(x,y,z) = x^2 + y^2 + z^2$，求：

（1）它关于 z 轴的转动惯量 I_z；

（2）它的质心。

解 （1）$I_z = \int_L (x^2+y^2)\rho(x,y,z)ds = \dfrac{2}{3}\pi a^2 \sqrt{a^2+k^2}(3a^2+4\pi^2 k^2)$。

（2）设质心位置为 $(\bar{x},\bar{y},\bar{z})$。

$$M = \int_L \rho(x,y,z)ds = \frac{2}{3}\pi\sqrt{a^2+k^2}(3a^2+4\pi^2 k^2)\text{，}$$

$$\bar{x} = \frac{1}{M}\int_L x\rho(x,y,z)ds = \frac{6ak^2}{3a^2+4\pi^2 k^2}\text{，}$$

$$\bar{y} = \frac{1}{M}\int_L y\rho(x,y,z)ds = \frac{-6\pi ak^2}{3a^2+4\pi^2 k^2}\text{，}$$

$$\bar{z} = \frac{1}{M}\int_L z\rho(x,y,z)ds = \frac{3\pi k(a^2+2\pi^2 k^2)}{3a^2+4\pi^2 k^2}\text{。}$$

```
#程序文件 xt11_2.py
import sympy as sp
t,k=sp.var("t,k"); a=sp.var("a",positive=True)
x=a*sp.cos(t); y=a*sp.sin(t); z=k*t
```

```
rho=x**2+y**2+z**2; rho=sp.simplify(rho)
ds=sp.sqrt(x.diff(t)**2+y.diff(t)**2+z.diff(t)**2)
ds=sp.simplify(ds)
Iz=sp.integrate((x**2+y**2)*rho*ds,(t,0,2*sp.pi))    #求转动惯量
M=sp.integrate(rho*ds,(t,0,2*sp.pi))                  #求质量
xb=sp.integrate(x*rho*ds,(t,0,2*sp.pi))/M
xb=sp.simplify(xb)
yb=sp.integrate(y*rho*ds,(t,0,2*sp.pi))/M
yb=sp.simplify(yb)
zb=sp.integrate(z*rho*ds,(t,0,2*sp.pi))/M
zb=sp.simplify(zb)
```

11.3 计算 $\int_L (x+y)\mathrm{d}x + (y-x)\mathrm{d}y$，其中 L 是抛物线 $y^2 = x$ 上从点 $(1,1)$ 到点 $(4,2)$ 的一段弧。

解 化为对 y 的定积分。$L: x = y^2$，y 从 1 变到 2，则

$$原式 = \int_1^2 [(y^2+y)\cdot 2y + (y-y^2)]\mathrm{d}y = \frac{34}{3}.$$

```
#程序文件 xt11_3.py
import sympy as sp
y=sp.var("y"); x=y**2; f=(x+y)*x.diff(y)+(y-x)
s=sp.integrate(f,(y,1,2)); print("积分值: ",s)
```

11.4 利用曲线积分，求星形线 $x = a\cos^3 t$，$y = a\sin^3 t$ 所围成的图形的面积。

解 正向星形线的参数方程中的参数 t 从 0 变到 2π。因此所围图形的面积

$$A = \frac{1}{2}\oint_L x\mathrm{d}y - y\mathrm{d}x = \frac{3}{8}\pi a^2.$$

```
#程序文件 xt11_4.py
import sympy as sp
t,a=sp.var("t,a"); x=a*sp.cos(t)**3; y=a*sp.sin(t)**3
f=(x*y.diff(t)-y*x.diff(t))/2; f=sp.simplify(f)
s=sp.integrate(f,(t,0,2*sp.pi)); print("积分值: ",s)
```

11.5 计算曲线积分 $\oint_L \dfrac{y\mathrm{d}x - x\mathrm{d}y}{2(x^2+y^2)}$，其中 L 为圆周 $(x-1)^2 + y^2 = 2$，方向为逆时针方向。

解 在 L 所围的区域内的点 $(0,0)$，函数 $P(x,y) = \dfrac{y}{2(x^2+y^2)}$，$Q(x,y) = -\dfrac{x}{2(x^2+y^2)}$ 均无意义。现取 r 为适当小的正数，使圆周 l（取逆时针方向）：$x = r\cos t$，$y = r\sin t$ 位于 L 所围的区域内，则在由 L 和 l^- 所围成的复连通区域 D 上（图 11.1）可应用格林公式，有

$$\frac{\partial Q}{\partial x} = \frac{x^2 - y^2}{2(x^2+y^2)^2} = \frac{\partial P}{\partial y},$$

于是由格林公式得

$$\oint_L \frac{y\mathrm{d}x - x\mathrm{d}y}{2(x^2+y^2)} + \oint_{l^-} \frac{y\mathrm{d}x - x\mathrm{d}y}{2(x^2+y^2)} = \iint_D \left(\frac{\partial Q}{\partial x} - \frac{\partial P}{\partial y}\right)\mathrm{d}x\mathrm{d}y = 0,$$

从而

$$\oint_L \frac{y\mathrm{d}x - x\mathrm{d}y}{2(x^2+y^2)} = \oint_l \frac{y\mathrm{d}x - x\mathrm{d}y}{2(x^2+y^2)} = -\pi.$$

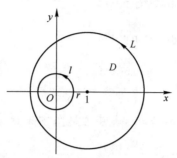

图 11.1　L 和 l^- 所围成的闭区域

```
#程序文件 xt11_5.py
import sympy as sp
x,y,r,t=sp.var("x,y,r,t")
P=y/2/(x**2+y**2); Q=-x/2/(x**2+y**2)
Py=P.diff(y); Qx=Q.diff(x); check=sp.simplify(Py-Qx)
f=P.subs({x:r*sp.cos(t),y:r*sp.sin(t)})*(r*sp.cos(t)).diff(t)+\
  Q.subs({x:r*sp.cos(t),y:r*sp.sin(t)})*(r*sp.sin(t)).diff(t)
f=sp.simplify(f); s=sp.integrate(f,(t,0,2*sp.pi))
print("积分值：",s)
```

11.6 证明下列曲线积分在整个 xOy 面内与路径无关，并计算积分值。

$$\int_{(1,2)}^{(3,4)} (6xy^2 - y^3)\mathrm{d}x + (6x^2y - 3xy^2)\mathrm{d}y.$$

解 函数 $P = 6xy^2 - y^3$，$Q = 6x^2y - 3xy^2$ 在 xOy 面这个单连通区域内具有一阶连续偏导数，且

$$\frac{\partial Q}{\partial x} = 12xy - 3y^2 = \frac{\partial P}{\partial y},$$

故曲线积分在 xOy 面内与路径无关。求得 $[P,Q]$ 的势函数 $u(x,y) = 3x^2y^2 - xy^3 - 4$，则积分值为

$$u(3,4) - u(1,2) = 236.$$

```
#程序文件 xt11_6.py
import sympy as sp
x,y=sp.var("x,y")
P=6*x*y**2-y**3; Q=6*x**2*y-3*x*y**2
Py=P.diff(y); Qx=Q.diff(x)
u=sp.integrate(P.subs(y,2),(x,1,x))+\
  sp.integrate(Q,(y,2,y))        #求势函数
```

```
s=u.subs({x:3,y:4})-u.subs({x:1,y:2})
print("势函数：",u); print("积分值：",s)
```

11.7 计算曲面积分 $\iint_{\Sigma}(x^2+y^2)\mathrm{d}S$，其中 Σ 为抛物面 $z=2-(x^2+y^2)$ 在 xOy 面上方的部分。

解
$$\iint_{\Sigma}(x^2+y^2)\mathrm{d}S = \iint_{x^2+y^2\leq 2}(x^2+y^2)\sqrt{1+4x^2+4y^2}\mathrm{d}x\mathrm{d}y$$
$$= \int_0^{2\pi}\mathrm{d}\theta\int_0^{\sqrt{2}}r^2\sqrt{1+4r^2}r\mathrm{d}r = \frac{149}{30}\pi$$

```
#程序文件 xt11_7.py
import sympy as sp
x,y,r,t=sp.var("x,y,r,t"); z=2-(x**2+y**2)
f=(x**2+y**2)*sp.sqrt(1+z.diff(x)**2+z.diff(y)**2)
g=f.subs({x:r*sp.cos(t),y:r*sp.sin(t)}); h=sp.simplify(g*r)
s=sp.integrate(sp.integrate(h,(r,0,sp.sqrt(2))),(t,0,2*sp.pi))
print("积分值：",s)
```

11.8 求面密度为 μ 的均匀半球壳 $x^2+y^2+z^2=a^2$ $(z\geq 0)$ 对于 z 轴的转动惯量。

解 $I_z = \iint_{\Sigma}(x^2+y^2)\mu\mathrm{d}S = \mu\iint_{x^2+y^2\leq a^2}(x^2+y^2)\sqrt{1+\frac{x^2+y^2}{a^2-x^2-y^2}}\mathrm{d}x\mathrm{d}y = \frac{4}{3}\pi a^4\mu$.

```
#程序文件 xt11_8.py
import sympy as sp
x,y,a,mu,r,t=sp.var("x,y,a,mu,r,t"); z=sp.sqrt(a**2-x**2-y**2)
f=mu*(x**2+y**2)*sp.sqrt(1+z.diff(x)**2+z.diff(y)**2)
g=f.subs({x:r*sp.cos(t),y:r*sp.sin(t)}); h=sp.simplify(g*r)
s=sp.integrate(sp.integrate(h,(r,0,a)),(t,0,2*sp.pi))
print("积分值：",s)
```

11.9 计算 $\oiint_{\Sigma}xy\mathrm{d}y\mathrm{d}z + yz\mathrm{d}z\mathrm{d}x + xz\mathrm{d}x\mathrm{d}y$，其中 Σ 是平面 $x=0$，$y=0$，$z=0$，$x+y+z=1$ 所围成的空间区域的整个边界曲面的外侧。

解法一 在坐标平面 $x=0$，$y=0$ 和 $z=0$ 上，积分值均为零，因此只需计算在 Σ'：$x+y+z=1$（取上侧）上的积分值。

将 $\iint_{\Sigma'}xy\mathrm{d}y\mathrm{d}z$ 和 $\iint_{\Sigma'}yz\mathrm{d}z\mathrm{d}x$ 均化为关于坐标 x 和 y 的曲面积分计算。

$$\iint_{\Sigma'}xy\mathrm{d}y\mathrm{d}z = \iint_{\Sigma'}xy\begin{vmatrix}y_x & y_y \\ z_x & z_y\end{vmatrix}\mathrm{d}x\mathrm{d}y = \iint_{\Sigma'}xy\mathrm{d}x\mathrm{d}y,$$

$$\iint_{\Sigma'}yz\mathrm{d}z\mathrm{d}x = \iint_{\Sigma'}yz\begin{vmatrix}z_x & z_y \\ x_x & x_y\end{vmatrix}\mathrm{d}x\mathrm{d}y = \iint_{\Sigma'}yz\mathrm{d}x\mathrm{d}y,$$

因此
$$\iint_{\Sigma'} xy\mathrm{d}y\mathrm{d}z + yz\mathrm{d}z\mathrm{d}x + xz\mathrm{d}x\mathrm{d}y$$
$$= \iint_{\Sigma'} (xy + yz + xz)\mathrm{d}x\mathrm{d}y$$
$$= \int_0^1 \mathrm{d}x \int_0^{1-x} [xy + y(1-x-y) + x(1-x-y)]\mathrm{d}y$$
$$= \frac{1}{8}.$$

于是原式 $= \frac{1}{8}$。

```
#程序文件 xt11_9_1.py
import sympy as sp
x,y=sp.var("x,y"); z=1-x-y
J1=sp.Matrix([y,z]).jacobian([x,y]).det()
J2=sp.Matrix([z,x]).jacobian([x,y]).det()
f=x*y*J1+y*z*J2+x*z; f=sp.simplify(f)
s=sp.integrate(sp.integrate(f,(y,0,1-x)),(x,0,1))
print("积分值：",s)
```

解法二 利用高斯公式计算得
$$\oiint_{\Sigma} xy\mathrm{d}y\mathrm{d}z + yz\mathrm{d}z\mathrm{d}x + xz\mathrm{d}x\mathrm{d}y$$
$$= \iiint_{\Omega} (y + z + x)\mathrm{d}v$$
$$= \int_0^1 \mathrm{d}x \int_0^{1-x} \mathrm{d}y \int_0^{1-x-y} (y + z + x)\mathrm{d}z$$
$$= \frac{1}{8}.$$

```
#程序文件 xt11_9_2.py
import sympy as sp
x,y,z=sp.var("x,y,z"); A=sp.Matrix([x*y,y*z,x*z])
B=A.jacobian([x,y,z])              #计算雅可比矩阵
f=sum(B.diagonal())                #提出对角线元素并求和
s1=sp.integrate(f,(z,0,1-x-y))
s2=sp.integrate(s1,(y,0,1-x))
s3=sp.integrate(s2,(x,0,1)); print("积分值：",s3)
```

11.10 求力 $\boldsymbol{F} = y\boldsymbol{i} + z\boldsymbol{j} + x\boldsymbol{k}$ 沿着有向闭曲线 Γ 所做的功，其中 Γ 为平面 $x + y + z = 1$ 被三个坐标面所截成的三角形的整个边界，从 z 轴正向看去，沿顺时针方向。

解 $W = \int_{\Gamma} \boldsymbol{F} \cdot \mathrm{d}\boldsymbol{r} = \int_{\Gamma} y\mathrm{d}x + z\mathrm{d}y + x\mathrm{d}z$.

下面利用斯托克斯公式计算上面这个积分。取 Σ 为平面 $x + y + z = 1$ 的下侧被 Γ 所围

的部分，则 Σ 在任一点处的单位法向量为 $\boldsymbol{n} = [\cos\alpha, \cos\beta, \cos\gamma] = \left[-\dfrac{1}{\sqrt{3}}, -\dfrac{1}{\sqrt{3}}, -\dfrac{1}{\sqrt{3}}\right]$，由斯托克斯公式得

$$\int_\Gamma y\mathrm{d}x + z\mathrm{d}y + x\mathrm{d}z = \iint_\Sigma \begin{vmatrix} -\dfrac{1}{\sqrt{3}} & -\dfrac{1}{\sqrt{3}} & -\dfrac{1}{\sqrt{3}} \\ \dfrac{\partial}{\partial x} & \dfrac{\partial}{\partial y} & \dfrac{\partial}{\partial z} \\ y & z & x \end{vmatrix} \mathrm{d}S = \sqrt{3}\iint_\Sigma \mathrm{d}S = \dfrac{3}{2}.$$

```
#程序文件 xt11_10.py
import sympy as sp
x,y,z=sp.var("x,y,z"); a0=sp.sqrt(3)
n=-sp.Matrix([1/a0,1/a0,1/a0])
A=sp.Matrix([y,z,x])
curlA=sp.Matrix([A[2].diff(y)-A[1].diff(z),
        A[0].diff(z)-A[2].diff(x),A[1].diff(x)-A[0].diff(y)])
f=n.dot(curlA)                #求被积函数
a=sp.sqrt(2); b=a; c=a; L=(a+b+c)/2
s=sp.sqrt(L*(L-a)*(L-b)*(L-c))    #用海伦公式计算三角形面积
w=f*s; print("所做的功 w=",w)
```

第 12 章 无穷级数习题解答

12.1 求下列级数的和。

(1) $\sum_{n=1}^{\infty}\dfrac{n^2}{3^n}$； (2) $\sum_{n=1}^{\infty}\dfrac{1}{n^2(n+1)^2(n+2)^2}$.

解 (1) $\sum_{n=1}^{\infty}\dfrac{n^2}{3^n}=\dfrac{3}{2}$；

(2) $\sum_{n=1}^{\infty}\dfrac{1}{n^2(n+1)^2(n+2)^2}=\dfrac{\pi^2}{4}-\dfrac{39}{16}$.

#程序文件 xt12_1.py
```
import sympy as sp
n=sp.var("n",integer=True,positive=True)
s1=sp.summation(n**2/3**n,(n,1,sp.oo))
s2=sp.summation(1/(n**2*(n+1)**2*(n+2)**2),(n,1,sp.oo))
```

12.2 求下列幂级数的和。

(1) $\sum_{n=1}^{\infty}\dfrac{x^n}{n\cdot 3^n}$； (2) $\sum_{n=1}^{\infty}(-1)^n\dfrac{x^{2n+1}}{2n+1}$； (3) $\sum_{n=1}^{\infty}(n+2)x^{n+3}$.

解 (1) $\sum_{n=1}^{\infty}\dfrac{x^n}{n\cdot 3^n}=-\ln\left(1-\dfrac{x}{3}\right),-3\leqslant x<3$；(2) $\sum_{n=1}^{\infty}(-1)^n\dfrac{x^{2n+1}}{2n+1}=\arctan x-x,-1\leqslant x\leqslant 1$；

(3) $\sum_{n=1}^{\infty}(n+2)x^{n+3}=\dfrac{x^4(3-2x)}{(x-1)^2},-1<x<1$.

#程序文件 xt12_2.py
```
import sympy as sp
n=sp.var("n",integer=True,positive=True)
x=sp.var("x",real=True)
s1=sp.summation(x**n/(n*3**n),(n,1,sp.oo))
s21=sp.summation((-1)**n*x**(2*n+1)/(2*n+1),(n,1,sp.oo))
s22=sp.simplify(s21)
s31=sp.summation((n+2)*x**(n+3),(n,1,sp.oo))
s32=sp.simplify(s31)
```

12.3 求下列幂级数的收敛半径。

(1) $\sum_{n=1}^{\infty}\dfrac{2^n}{n^2+1}x^n$； (2) $\sum_{n=1}^{\infty}\dfrac{2n-1}{2^n}x^{2n-2}$.

解 (1) $\lim\limits_{n\to+\infty}\dfrac{|a_{n+1}|}{|a_n|}=\lim\limits_{n\to+\infty}2\dfrac{n^2+1}{(n+1)^2+1}=2$，故收敛半径为 $\dfrac{1}{2}$。

（2）我们根据比值审敛法来求收敛半径。

$$\lim_{n\to+\infty}\left|\frac{\frac{2n+1}{2^{n+1}}x^{2n}}{\frac{2n-1}{2^n}x^{2n-2}}\right|=\frac{x^2}{2},$$

当 $|x|<\sqrt{2}$ 时，级数绝对收敛；当 $|x|>\sqrt{2}$ 时，级数发散。故级数收敛半径为 $\sqrt{2}$ 。

```
#程序文件 xt12_3.py
import sympy as sp
n=sp.var("n",integer=True,positive=True)
x=sp.var("x",real=True)
an=2**n/(n**2+1); L1=sp.limit(an.subs(n,n+1)/an,n,sp.oo)
bn=(2*n-1)/2**n*x**(2*n-2)
L2=sp.limit(bn.subs(n,n+1)/bn,n,sp.oo)
print("L1=",L1); print("L2=",L2)
```

12.4 在一个图形界面，分别绘制 $f(x)=x$ ， $g(x)=-x$ ， $x\in[-\pi,\pi]$ 的一至六项傅里叶展开式的曲线。

解 绘制的 12 条曲线叠加的效果如图 12.1 所示。

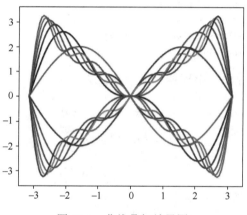

图 12.1 曲线叠加效果图

```
#程序文件 xt12_4.py
import sympy as sp
import pylab as plt
x=sp.var("x"); x0=plt.linspace(-plt.pi,plt.pi,100)
for i in range(1,7):
    fi=sp.fourier_series(x,(x,-sp.pi,sp.pi)).truncate(n=i)
    fn=sp.lambdify(x,fi)        #符号函数转换为匿名函数
    plt.plot(x0,fn(x0))
    gi=sp.fourier_series(-x,(x,-sp.pi,sp.pi)).truncate(n=i)
    gn=sp.lambdify(x,gi)        #符号函数转换为匿名函数
    plt.plot(x0,gn(x0))
plt.show()
```

12.5 设 $f(x)$ 是周期为 2π 的周期函数，它在 $[-\pi,\pi)$ 上的表达式为

$$f(x)=\begin{cases} -\dfrac{\pi}{2}, & -\pi\leqslant x<-\dfrac{\pi}{2},\\ x, & -\dfrac{\pi}{2}\leqslant x<\dfrac{\pi}{2},\\ \dfrac{\pi}{2}, & \dfrac{\pi}{2}\leqslant x<\pi, \end{cases}$$

将 $f(x)$ 展开成傅里叶级数。

解 $f(x)$ 是奇函数，故 $a_n=0$，$n=0,1,2,\cdots$，

$$b_n=\dfrac{2}{\pi}\int_0^{\pi}f(x)\sin nx\,\mathrm{d}x=\dfrac{2}{n^2\pi}\sin\dfrac{n\pi}{2}+\dfrac{1}{n}\left(2\sin^2\dfrac{n\pi}{2}-1\right)=\dfrac{2}{n^2\pi}\sin\dfrac{n\pi}{2}+\dfrac{(-1)^{n+1}}{n},\quad n=1,2,3,\cdots.$$

故

$$f(x)=\sum_{n=1}^{\infty}\left[\dfrac{(-1)^{n+1}}{n}+\dfrac{2}{n^2\pi}\sin\dfrac{n\pi}{2}\right]\sin nx,\quad x\neq(2k+1)\pi\,(k\in\mathbf{Z}).$$

```
#程序文件 xt12_5.py
import sympy as sp
x=sp.var("x"); n=sp.var("n",integer=True,pos=True)
f=sp.Piecewise((-sp.pi/2,sp.And(x>=-sp.pi,x<-sp.pi/2)),
    (x,sp.And(x>=-sp.pi/2,x<sp.pi/2)),
    (sp.pi/2,sp.And(x>=sp.pi/2,x<sp.pi)))
bn1=2*sp.integrate(f*sp.sin(n*x),(x,0,sp.pi))/sp.pi
bn2=sp.simplify(bn1); print(bn2)
```

12.6 周期函数 $f(x)$ 在一个周期内的表达式为

$$f(x)=\begin{cases} x, & -1\leqslant x<0,\\ 1, & 0\leqslant x<\dfrac{1}{2},\\ -1, & \dfrac{1}{2}\leqslant x<1, \end{cases}$$

将 $f(x)$ 展开成傅里叶级数。

解 函数 $f(x)$ 的半周期 $L=1$。

$$a_0=\int_{-1}^{1}f(x)\mathrm{d}x=-\dfrac{1}{2},$$

$$a_n=\int_{-1}^{1}f(x)\cos(n\pi x)\mathrm{d}x=\dfrac{1-(-1)^n}{n^2\pi^2}+\dfrac{2\sin\dfrac{n\pi}{2}}{n\pi},\quad n=1,2,3,\cdots,$$

$$b_n=\int_{-1}^{1}f(x)\sin(n\pi x)\mathrm{d}x=\dfrac{1-2\cos\dfrac{n\pi}{2}}{n\pi},\quad n=1,2,3,\cdots.$$

因 $f(x)$ 满足收敛定理的条件，其间断点为 $x=2k,2k+\dfrac{1}{2},k\in\mathbf{Z}$，故有

$$f(x)=-\dfrac{1}{4}+\sum_{n=1}^{\infty}\left\{\left[\dfrac{1-(-1)^n}{n^2\pi^2}+\dfrac{2\sin\dfrac{n\pi}{2}}{n\pi}\right]\cos n\pi x+\dfrac{1-2\cos\dfrac{n\pi}{2}}{n\pi}\sin n\pi x\right\},$$

其中，$x \in \mathbf{R} \setminus \left\{ 2k, 2k+\dfrac{1}{2} \Big| k \in \mathbf{Z} \right\}$.

```
#程序文件 xt12_6.py
import sympy as sp
x=sp.var("x"); n=sp.var("n",integer=True,pos=True)
f=sp.Piecewise((x,sp.And(x>=-1,x<0)),(1,sp.And(x>=0,x<1/2)),
               (-1,sp.And(x>=1/2,x<1)))
a0=sp.integrate(f,(x,-1,1))
an=sp.integrate(f*sp.cos(n*sp.pi*x),(x,-1,1))
bn=sp.integrate(f*sp.sin(n*sp.pi*x),(x,-1,1))
```

12.7 设 $f(x)$ 是周期为 2 的周期函数，它在 $[-1,1)$ 内的表达式为 $f(x) = \mathrm{e}^{-x}$。试将 $f(x)$ 展开成复数形式的傅里叶级数。

解 $f(x)$ 满足收敛定理的条件，且除了点 $x = 2k+1 (k \in \mathbf{Z})$ 外处处连续。

$$c_n = \frac{1}{2}\int_{-1}^{1} \mathrm{e}^{-x} \mathrm{e}^{-\mathrm{i}n\pi x} \mathrm{d}x = \frac{(-1)^n \sinh 1}{1-n\pi \mathrm{i}}, \quad n = 0, \pm 1, \pm 2, \cdots,$$

故

$$f(x) = \sum_{n=-\infty}^{\infty} \frac{(-1)^n \sinh 1}{1-n\pi \mathrm{i}} \mathrm{e}^{\mathrm{i}n\pi x}, \quad x \in \mathbf{R} \setminus \left\{ 2k+1 \big| k \in \mathbf{Z} \right\}.$$

```
#程序文件 xt12_7.py
import sympy as sp
x=sp.var("x"); n=sp.var("n",integer=True)
cn1=sp.integrate(sp.exp(-x)*sp.exp(-sp.I*n*sp.pi*x),(x,-1,1))/2
cn2=sp.simplify(cn1); cn3=sp.expand(cn2)
```

参 考 文 献

[1] 薛定宇. MATLAB 程序设计[M]. 北京：清华大学出版社，2019.
[2] 史家荣. MATLAB 程序设计及数学实验与建模[M]. 西安：西安电子科技大学出版社，2019.
[3] 薛定宇. MATLAB 微积分运算[M]. 北京：清华大学出版社，2019.
[4] 同济大学数学系. 高等数学[M]. 7 版. 北京：高等教育出版社，2014.
[5] 同济大学数学系. 高等数学习题全解指南[M]. 8 版. 北京：高等教育出版社，2014.
[6] 李雪枫，袁涛. 傅里叶级数图案设计初探[J]. 湖南工程学院学报，2010,3,20(1)：21-23.